普通高等教育"十三五"规划教材

数据结构
（C语言描述）

李晔　主编

雷西玲　孙旭霞　参编

U0370093

化学工业出版社

·北京·

"数据结构"是计算机科学及相关学科的一门核心专业基础课，主要讨论各种数据结构在计算机中的存储表示及算法实现，是一门集技术性、理论性和实践性于一体的课程。本书综合了诸多院校的课程教学大纲以及教育部 2018 年考研大纲中《计算机学科专业基础综合考试大纲》进行编写，书中所有算法描述均采用标准 C 语言。教材内容安排合理，难易程度适中，讲解深入浅出。每部分内容都配备有对应的程序实例和丰富的习题，可有效增强读者对经典算法的理解和运用能力。全书共 9 章，内容包括绪论、线性表、栈和队列、串、数组和广义表、树和二叉树、图、查找、排序。

　　本书主要面向本科及大中专计算机及相关专业的在校学生和具有 C 语言程序设计基础的数据结构自学者，既可作为高校数据结构课程的教材，又可供从事软件设计和开发的技术人员参考。

图书在版编目（CIP）数据

　　数据结构：C 语言描述/李晔主编.—北京：化学工业出版社，2019.8

　　普通高等教育"十三五"规划教材

　　ISBN 978-7-122-34639-1

　　Ⅰ．①数…　Ⅱ．①李…　Ⅲ．①C 语言-数据结构-高等学校-教材　Ⅳ．①TP311.12②TP312.8

　　中国版本图书馆 CIP 数据核字（2019）第 107134 号

责任编辑：满悦芝	文字编辑：陈　喆
责任校对：宋　玮	装帧设计：张　辉

出版发行：化学工业出版社（北京市东城区青年湖南街 13 号　邮政编码 100011）
印　　刷：三河市延风印装有限公司
装　　订：三河市宇新装订厂
787mm×1092mm　1/16　印张 15　字数 366 千字　2020 年 1 月北京第 1 版第 1 次印刷

购书咨询：010-64518888　　售后服务：010-64518899
网　　址：http://www.cip.com.cn
凡购买本书，如有缺损质量问题，本社销售中心负责调换。

　　定　　价：**39.00 元**

前　言

　　"数据结构"是计算机科学及相关学科的一门核心专业基础课，该门课程在计算机科学及相关学科的课程体系中处于承上启下的核心地位，它一方面扩展和深化了在"离散数学""程序设计语言"等课程学到的基本技术和方法，另一方面为进一步学习其他专业课，如"算法设计与分析""计算方法""操作系统""编译原理""软件工程"等奠定坚实的理论与实践基础。此外，数据结构中所研究的常见数据组织和存储形式及经典算法还是所有计算机软件开发人员必须掌握的技术。正是由于"数据结构"课程的重要作用，目前绝大多数高校研究生招生专业课考试中都将"数据结构"列入必考科目，许多IT企业的面试和笔试也都广泛地涉及对数据结构相关知识的考查。

　　本书共分为9章，内容基本覆盖了大多数高校的"数据结构"课程教学大纲和考研大纲。第1章为绪论，介绍了数据结构中的基本概念和常用术语；第2章到第7章详细地介绍了常用的线性数据结构和非线性结构，其中包括线性表、栈和队列、串、数组和广义表、树和二叉树以及图；第8章和第9章分别介绍了数据处理中经常需要使用的经典查找和排序算法。目录中标记"*"的部分是选学内容。本书中涉及的所有算法均采用C语言描述，并在VC++ 6.0下全部进行了调试和运行。读者应在学习教材中的算法之前，提前复习一下C语言中的指针、函数、结构体、动态内存分配和预定义等内容。

　　本书的主要特点如下：

　　1. 内容选择及组织合理，涵盖了"数据结构"课程的核心知识和主要算法。教材编写主要针对计算机及相关专业本科及大中专在校学生，面向数据结构的初学者，既适用于高校学生的教学，又适用于技术人员的自学。

　　2. 编写深入浅出，内容详略得当，重点突出，难易适中，着重对学生学习中常见的问题和难点进行详细讲解，有效减少学生学习该课程的困难。本书配备了丰富的习题，便于学生的课下复习和巩固。

　　3. 全部算法均采用标准C语言进行描述，程序风格简洁易懂，注释详细，算法分析充分，便于学生的学习理解及上机实践，可帮助学生培养良好的程序设计风格，掌握进行复杂程序设计的技能。

　　4. 各部分内容均配套应用实例进行讲解，使读者可以深入理解数据结构中的经典算法，并将其应用于解决实际问题。

　　教材的编者均为具有"数据结构"及相关课程一线教学经验长达二十年以上的高校教师，对课程内容和授课对象特点十分熟悉，对知识体系中的重点和难点问题把握得当，内容讲解深入浅出，算法描述清晰易懂，理论知识和应用实例紧密结合。教材中每部分内容都配备有对应的程序实例和课后上机实验题目，能够有效增强学生对经典算法的理解和运用能力。教材的第1章到第4章由西安理工大学计算机学院雷西玲老师编写；第5、6、8、9章由西安理工大学计算机学院李晔老师编写；第7章由西安理工大学自动化学院孙旭霞老师编写。

本书的出版获得西安理工大学教材立项的支持，西安理工大学计算机学院的院领导及教学专家对于本书的编写给予了热情的帮助和指导，西安理工大学计算机学院的罗作民老师对本书的章节设置和内容选择提出了宝贵的意见，在此一并表示衷心的感谢。

本书既可作为普通高等学校计算机科学及相关学科本科及专科学生"数据结构"课程的教材使用，也可作为考研学生、软件水平考试人员和计算机程序员的参考读物。

由于编者水平有限，书中难免存在疏漏之处，敬请读者批评指正。

编　者

2019 年 10 月

目　　录

第1章 绪论

1.1 什么是数据结构

1946 年 2 月，第一台电子计算机诞生在美国，它为解决新武器弹道问题中的许多复杂的科学计算立下了汗马功劳。在随后的七十多年中，计算机的应用领域日益广泛：从单纯的科学计算扩展到情报检索、信息管理、大数据分析等方面，其处理对象也由简单的数值运算发展到了对大量而复杂的非数值数据的处理。因此，"计算机"不再只是用于计算的机器，更确切地说，它是用于数据处理的机器。要处理这些复杂的非数值数据，必须首先研究数据元素之间的逻辑关系，根据元素之间的逻辑关系及要进行的运算确定数据的存储方法，只有在此基础上再考虑其算法的实现，才能设计出良好的程序。这三方面的内容正是数据结构的实质所在。

1.2 数据结构的概念及有关术语

数据：数据是指所有能输入计算机并能被加工处理的信息的集合。它可以是用于运算的一组数值型数据，也可以是一些文字、符号，或者一幅图、一张表、一组声音等。

数据元素：数据元素是数据处理的基本单位。数据是由若干个数据元素组成的，每个数据元素可以包含若干个**数据项**，数据项是数据处理的最小单位。

数据结构：数据结构是指数据元素及其相互关系。

请看下面几个例子。

例 1-1 学生成绩管理问题。

某班有 30 个学生，每个学生的主要信息包含学号、姓名、各科成绩。这些学生的信息可用表 1-1 来表示。

表 1-1 学生信息表

学 号	姓 名	计算机	英 语	数 学
98032001	李 华	85	65	97
98032002	王 平	87	70	90
98032003	张小娟	76	76	88
98032004	赵 静	95	85	76
...	...	...	...	...
98032030	王 海	89	90	78

表 1-1 就是数据结构中的**数据**。每一个学生信息就是数据结构中的**数据元素**，所有数据元素包含相同的**数据项**，即学号、姓名、计算机、英语、数学，数据项是数据进行输入/输出操作的最小单位。

从表 1-1 中可以看出：各个数据元素之间并不是孤立的，它们之间存在着明显的前后关系。在该表中除第一个元素只有后继元素，最后一个元素只有前趋元素外，其他元素均有且仅有一个前趋元素、有且仅有一个后继元素，每个数据元素具有相同的数据类型。这样，如果我们抛开数据元素的具体内容来看数据元素之间的关系，可以将每个元素看作一个点，该表的所有元素连起来就呈线状关系，具有这种结构的数据称为**线性数据结构**。类似的还有职工工资信息表、商品信息表等。

例 1-2 在计算机中，对计算机中系统资源的组织，采取了目录树的形式，如 E 盘中的资源具有如图 1-1 所示结构。

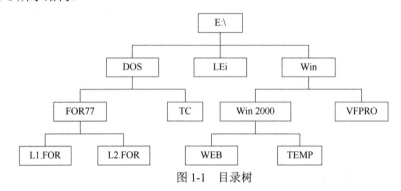

图 1-1　目录树

该目录树就是数据，而每个目录或文件就是数据元素。在该目录树中，数据元素之间的逻辑关系呈明显的层次关系，最顶层是唯一称作"根"的元素，除根之外，其余元素有且仅有一个与它相关的上层元素，但可有多个与它相关的下层元素，元素之间的逻辑关系很像一棵倒立的树。因此，我们把具有这种结构的数据称为**树形数据结构**，很显然，它是一种**非线性**的数据结构。类似的还有家谱、某单位各组织机构。

例 1-3 如果我们要在 A、B、C、D、E 五座城市之间组网，我们总希望以最小的代价来完成组网工作。这样，我们就要分析每两个可以联网的城市间的代价，最后找出把所有城市联系在一起的最小代价。假如该五个城市之间存在图 1-2 所示关系。

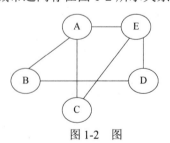

图 1-2　图

在这种结构中，数据元素之间的关系是任意的，任何两个元素之间都可能相关，具有这种关系的数据叫做**图**。图也是一种非线性结构。在图中，用于表示元素之间关系的连线（图中叫边）不只是表示它们之间是否存在着关系，必要时，它还可以表示一定的"量"值。如：在该例中，元素之间的连线表示连接两座城市时所付出的代价，线越长代价越大，有时为明显起见，也可在线上加上数字来表示量值。类似的还有电子线路图、大型工程子工程施工工序图、网络分布图等。

以上提到的线性、树形、图是最常见的三种数据结构，它们的区别在于元素之间的逻辑关系。线性表中元素之间的逻辑关系是一对一的，树中元素之间关系是一对多的，图中元素之间关系是多对多的。在数据结构中，把数据元素之间的逻辑关系称为**逻辑结构**。除了以上三种逻辑结构外，还有一种数据逻辑结构"集合"，只要所处理的所有数据元素同属于一个集合，其逻辑结构就是集合，如我们要在一组元素中查找某个元素，这一组元素就属于一个集合。由于集合类型元素之间关系松散，结构简单，我们一般不专门研究其运算（图1-3）。

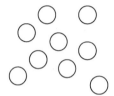

图1-3　集合类型

在解决实际问题时，首先要做的就是分析问题，从中提取要处理的对象，建立对象的数学模型，分析数据元素之间的逻辑关系。在此基础上，再分析采用什么样的方式存储数据，存储结构决定了数据在计算机中的物理表现。因此，存储结构中不仅要把元素的数据信息表示出来，还要把元素之间的逻辑关系反映出来，也就是说，要能通过存储结构还原出数据的逻辑结构。经常采用的存储结构有顺序存储结构、链式存储结构、索引存储结构、散列存储结构四种。

顺序存储结构：用一组地址连续的存储单元依次存放各个元素。如例1-1中的学生信息表可以用图1-4（b）所示方式存储。

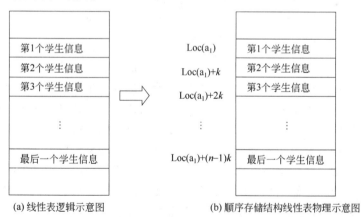

(a) 线性表逻辑示意图　　　　　　　(b) 顺序存储结构线性表物理示意图

图1-4　顺序存储结构

对于顺序存储结构，我们只需知道第一个元素的地址和每个元素所占的存储单元数就可以算出任何一个元素所在的位置。若第一个元素所在的位置为 $Loc(a_1)$，每个元素所占的存储单元数为 k 个，则第 i 个元素的位置为 $Loc(a_1)+(i-1)k$。可以看出，顺序存储结构的线性表其逻辑结构和存储结构是一致的。顺序存储结构的思想与高级语言中"数组"变量对数据的组织方法类似，因此，顺序存储结构常常借助于高级语言中的**数组**来实现。

链式存储结构：用一组**任意**的存储单元存放数据元素，这组存储单元可以是连续的，也可以是不连续的。这样，逻辑上相邻的元素其物理位置不一定相邻，如图1-5（b）所示。

在图 1-5 （b）中，由于每个元素的存放位置是随机的，要访问任一元素必须知道其地址。而高级语言中的指针变量存放的就是变量的地址，因此，链式结构常常借助于高级语言的**指针**来实现。在线性表的链式存储结构中，经常采用的方法是：为每个元素分配的存储空间除了存放本元素的数据信息之外，还要存放其直接后继元素的地址，这两方面的信息合称为"结点"，每个结点的信息包括：本元素的数据信息以及其后继元素所在结点的物理地址（即指针），元素之间的逻辑关系就是通过这个地址表示的，如线性表的链式存储结构，如图 1-5 （c）所示。对于链表，我们只要知道第一个结点的地址，其余结点的地址就可以通过"顺藤摸瓜"的方式方便地找到。这样，既解决了每个元素存放地址的问题，又反映出了元素之间的逻辑关系。对我们编程人员来说，并不关心具体的物理地址是多少，只关心其所指向的内容是什么，因此，我们可将图 1-5 （b）的物理结构简单而形象地用图 1-5 （c）来表示。

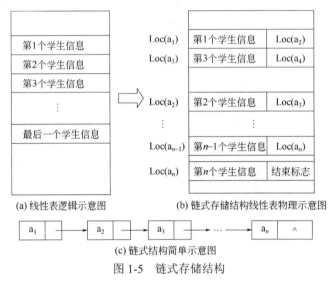

图 1-5   链式存储结构

索引存储结构： 在索引存储结构中，除存储所有元素信息外，再建立一个附加的索引表。该索引表由若干索引项组成。如果每个元素在索引表中都有一个索引项，该索引表称为稠密索引。如果一组元素在索引表中只对应于一个索引项，则该索引表称为稀疏索引。索引项一般包括关键字和元素存放的地址两项。在搜索引擎中，需要按某些关键字的值来查找记录，可以按关键字建立索引，这种索引就叫做倒排索引，带有倒排索引的文件就称为倒排索引文件。倒排文件可以实现快速检索，这种索引存储方法是目前搜索引擎最常用的存储方法。

散列存储结构： 散列存储结构也叫哈希存储。此方法的基本思想是：所有元素存放在一片连续的地址区间，地址区间的长度大于等于元素个数。元素在该地址区间存放时不一定连续存放，两个元素之间可能存在空的地址空间。每一个元素的存放位置是根据一个称为哈希的函数计算出来的，如果计算出来的地址与其他元素地址冲突，则用某种有效的冲突解决方法解决冲突，确保每个位置只存放一个元素，这样在实现查找运算时可以通过关键字很快地找到元素的存放位置，提高了查找效率。

索引存储和散列存储广泛应用在查找运算中，有效地提高了查找的效率，这两种存储结构将在第 8 章中运用到，其具体的存储方法参见相关内容。

确定了数据的逻辑结构和存储结构后，研究在此基础上的**运算**或叫**操作**的实现，这是我们的最终目的。在数据结构中，我们是针对某种逻辑结构采取某种存储结构存储时讨论其运算，这时，我们并不关心具体的数据类型，也就是说，数据元素的类型是不确定的，本书中我们把元素的数据类型抽象为 DataType 类型。当我们解决具体的问题时，用具体的数据类型代替 DataType 即可。算法中的代码全部采用标准的 C 语言来描述。本书中，我们将根据不同的逻辑结构用不同的存储结构进行存储，分别介绍它们的常用运算的实现方法。例如线性表，我们将研究分别用顺序存储结构和链式存储结构进行存储时的初始化运算、查找运算、插入运算、删除运算等，如树和图主要研究其遍历运算等，最后介绍常用的查找和排序算法。

总结本节内容，可以将数据结构的研究内容表示如下：

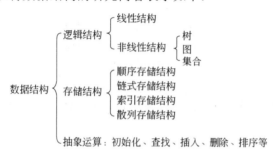

1.3　算法和算法分析

（1）算法

算法是对特定问题求解步骤的一种描述，它是指令的有限序列，其中每一条指令表示一个或多个操作。

算法应具有下面五大重要特性：

① 有穷性：每一条指令执行的次数及时间是有限的。

② 确定性：每一条指令的含义明确，无二义性。且在任何条件下，算法只有唯一的执行路径，即对于相同的输入只能有相同的输出。

③ 可行性：算法中描述的操作都是可以通过有限次的基本运算来实现的。

④ 输入：一个算法应具有零个或多个输入。

⑤ 输出：一个算法应具有一个或多个输出。

算法的含义与程序十分相似但又有区别。算法给出了问题求解方法，而程序是算法在计算机上的实现。一个算法若用程序设计语言来描述，则此时算法也就是一个程序。一个程序不一定满足有穷性，例如，只要计算机不关机，操作系统程序的执行就不会停止，因此，操作系统不是一个算法。此外，程序中的语句最终都要转化（编译）成计算机上可以执行的指令；而算法中的指令则无此限制，即一个算法可采用自然语言如英语、汉语描述，也可以采用图形方式如流程图、拓扑图描述。

（2）算法的描述

常用的算法描述语言有自然语言、图形工具、类 PASCAL 语言等，它们都需转换成标准的语言如 FORTRAN 语言、C 语言、VB 语言、VC 语言等才能在计算机上运行。本书将涉及的所有算法用标准 C 语言进行描述。

（3）算法的评价

一个算法首先应该保证是一个"正确的"算法，即能正确完成题目的要求。除此之外，通常根据以下三方面来衡量算法的优劣：

① 时间复杂度　根据算法编制成程序后，在计算机上运行时所消耗的时间。

② 空间复杂度　根据算法编制成程序后，在计算机上运行时所占的存储单元的多少，其中主要考虑运行时所需的辅助存储单元。

③ 其他　算法的易读易修改性、算法的可移植性、算法的健壮性等。

在实际应用中，我们通常以随着问题规模的扩大，算法所需的时间（空间）的增长速度为标准来衡量算法的好坏。假设问题的规模为 n，那么算法执行的时间（空间）将是 n 的某个函数。在这里，借用一个数学记号 "O" 来表示数量级的概念，例如：O(1)、O(n)、O(n^2)、O(2^n)、O($n\log_2 n$)等，我们称其为时间（空间）复杂度。

对时间复杂度，我们常常依据随着问题规模的增大，算法中语句执行的最大次数。

例如，对下面三个程序段：

```
① x=x+1;
② for (i=1; i<=n; i++) x=x+1;
③ for (i=1; i<=n; i++)
      for (j=1; j<=n; j++)
          x=x+1;
```

① 中语句 x=x+1 与 n 无关，其时间复杂度为 O(1)；②中语句 x=x+1 执行 n 次，则时间复杂度为 O(n)；③中语句 x=x+1 执行 n^2 次，则时间复杂度为 O(n^2)。

需要说明的是，时间复杂度不仅依赖于问题的规模，也依赖于处理的数据。处理的数据不同会直接影响程序执行的流程，而影响程序执行的时间。

算法转换成程序最终在计算机上运行时所需的存储空间包括三部分：存储算法本身所占用的存储空间，算法的输入输出数据所占用的存储空间，以及算法在运行过程中临时占用的存储空间。存储算法本身所占用的存储空间与算法书写的长短成正比，要压缩这方面的存储空间，就必须编写出较短的算法。算法的输入输出数据所占用的存储空间是由要解决的问题决定的，它不随算法的不同而改变。算法在运行过程中临时占用的存储空间随算法的不同而异，有的算法只需要占用少量的临时工作单元，而且不随问题规模的大小而改变，我们称这种算法是"原地工作"，如排序这一章要讲的插入排序；有的算法需要占用的临时工作单元数与解决问题的规模 n 有关，它随着 n 的增大而增大，当 n 较大时，将占用较多的存储单元，例如快速排序和归并排序算法就属于这种情况。一个算法的空间复杂度一般只考虑在运行过程临时占用的存储空间。目前，随着计算机硬件的快速发展，存储空间基本能满足程序的需要，基本上不考虑存储空间的问题了。

算法的易读易修改性是指算法应易于阅读理解，以便于调试、修改和扩充。可移植性是指当环境发生改变时，算法不用修改或做很小的修改就能使用，因此，设计算法时，我们要力求一个算法不仅能解决某一个问题，而且最好能解决某一类问题。健壮性也称容错性，是指当算法中出现不合理的数据或非法的操作时，能够对这些问题进行检查、纠正，不要因此中断程序的执行。健壮性是算法的一个升华，当用户刚开始学习写算法时可以忽略它的存在，在逐渐学习中要努力让算法更加完美。

从主观上讲，我们希望选用一个既不占用很多的存储单元，运行时间又短，其他性能也好的算法。然而，实际上往往不能十全十美。一个书写很简单的程序，也许它的运行时间要比一个书写很复杂的程序运行时间长；而一个运行时间很短的程序也许占用较多的存储空间。因此，在不同的情况下应有不同的选择。若该程序只使用一次或几次，则力求算法简明易读；若该程序需反复多次运行，则应选运行时间尽可能少的算法；若问题所需的数据量太大，而计算机存储空间较小，则相应算法应主要考虑如何节省存储空间。

在软件设计中，我们力求正确、易读、高效，占用较少的存储空间，具有较强的健壮性。

习题

一、单项选择题

1. 研究数据结构就是研究（　　　）。

A. 数据的逻辑结构   B. 数据的存储结构

C. 数据的逻辑结构和存储结构   D. 数据的逻辑结构、存储结构及其抽象运算

2. 在数据结构中，从逻辑上将数据结构分成（　　　）。

A. 动态结构和静态结构   B. 紧凑结构和非紧凑结构

C. 线性结构和非线性结构   D. 顺序的和链式的

3. 数据结构在内存中的表示是指（　　　）。

A. 数据的存储结构   B. 数据的逻辑结构

C. 数据元素的值在内存中的表示

D. 数据元素之间的逻辑关系在内存中的表示

4. 在存储结构中，除了存放元素的数据信息之外，还应该存放（　　　）。

A. 元素之间的逻辑关系   B. 数据元素的类型

C. 对数据的处理方法   D. 数据的存储方法

5. 数据元素是（　　　）。

A. 数据集合中的一个个体   B. 数据的基本单位

C. 数据的最小单位   D. 一个结点   E. 一个记录

6. 算法的五大特性有：输入、输出和（　　　）等特性。

A. 可执行性、可移植性和可扩充性   B. 可行性、确定性和有穷性

C. 确定性、有穷性和稳定性   D. 易读性、稳定性和安全性

二、填空题

1. 数据结构包括数据的逻辑结构、数据的存储结构和_____三方面内容。

2. 数据的逻辑结构可以分为_____和_____两大类型。

3. 对于给定的 n 个元素，可以构造出的逻辑结构有线性、树形、_____和_____四种。

4. 数据的存储结构有顺序存储结构、链式存储结构、_____和_____四种。

5. 组成数据的基本单位是_____。

6. 线性结构中的元素之间存在一对一的关系，树形结构中元素之间存在_____的关系，

图结构中的元素之间存在_____关系，而集合结构中的元素之间不存在关系。

7. 在算法正确的前提下，评价一个算法好坏的两个主性能指标是_____复杂度和_____复杂度。

8. 算法可以用不同语言来描述，如果用 C 语言或类 PASCAL 语言描述，则算法实际上就是程序了，这个说法是否正确？_____

三、简答题

1. 名词解释：
（1）数据；（2）数据元素；（3）数据项；（4）数据结构；（5）逻辑结构；（6）存储结构。
2. 试说明算法与程序有哪些区别。
3. 举一个数据结构的例子，叙述其逻辑结构、存储结构和抽象运算三方面的内容。
4. 什么叫算法效率？如何度量算法效率？
5. 数据的逻辑结构与存储结构的区别和联系是什么？
6. 算法有什么特性？评价一个算法有几个标准？
7. 有如下递归函数 fact(n)，分析其时间复杂度。

```
int fact(int n)
{
  if(n<1) return i;
  else return n*fact(n-1);
}
```

第2章 线性表

　　线性表是一种逻辑结构简单、应用很广泛的数据结构。其主要的特点是：除了第一个元素只有一个直接后继元素、最后一个元素只有一个直接前驱元素外，其余每一个元素，其直接前驱是唯一的，直接后继也是唯一的，元素之间的逻辑关系呈"线"状。如我们日常生活中经常遇到的学生信息表、货物信息表、职工工资表都属于线性表。

2.1 线性表的定义

　　定义：线性表是由 n 个相同类型的数据元素{a_1，a_2，a_3，…，a_n}组成的有限序列。在该线性表中，除第一个元素没有直接前趋元素、最后一个元素没有直接后继元素之外，其余元素有且只有一个直接前趋元素，有且只有一个直接后继元素。

　　在线性表定义中，a_i 既可以是表示一个学生信息的结构体数据，也可以是表示一个学生成绩的整型数据，甚至可以是更为复杂的数据结构，其数据类型根据具体的问题来定。

　　n 为线性表的**表长**，它表示线性表中元素的个数。表长为 0 的线性表叫做"空表"。

　　根据定义可以看出，一个线性表具有以下特点：

　　① 所有元素具有相同的数据类型。

　　② 第一个元素没有直接前驱元素，最后一个元素没有直接后继元素，其余元素有且仅有一个直接前驱和直接后继，元素之间具有一对一的关系。

　　③ 元素之间存在着序偶关系，体现在当 $i=2,3,4,\cdots,n-1$ 时，a_{i-1} 在 a_i 之前，a_{i+1} 在 a_i 之后。

2.2 线性表的基本运算

　　常用的线性表的操作有：

　　① 将线性表初始化为一个空的线性表。

　　② 求线性表的长度。

　　③ 读取线性表中第 i 个元素。

　　④ 修改线性表中第 i 个元素。

　　⑤ 在线性表第 i 个元素之前或之后插入一个新元素。

　　⑥ 删除线性表第 i 个元素的元素或删除满足某个条件的元素。

　　⑦ 在线性表中查找满足某个条件的元素。

　　⑧ 对线性表进行排序。

　　以上 8 种运算只是常用的几种运算，实际应用时，也许要对某个运算稍加改动或要将某几种运算混合使用。如：对于一个升序排列的整型线性表，要在其中插入一个元素，使得线性表依然有序，需要用到算法⑦查找插入位置再用算法⑤进行插入。因此，实际应用时算法很灵活，我们学习算法，绝对不能死记硬背，一定要理解其思想，将其灵活运用到实际问题中。

2.3　顺序存储结构线性表

2.3.1　线性表的顺序存储结构

顺序存储结构的线性表简称为**顺序表**。

顺序存储结构：将数据元素依次存放在一片连续的存储单元中。顺序存储结构要求存储空间连续而且元素必须在存储空间中连续存放，元素之间不允许有空的位置。由于高级语言中数组存储数组元素就是这么组织的，所以在算法实现时，常用数组来表示顺序存储结构的线性表。顺序表存储结构如图 2-1 所示。

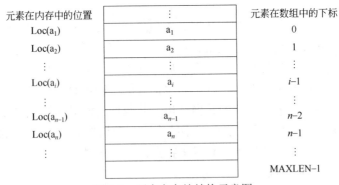

图 2-1　顺序表存储结构示意图

可以看出，线性表通过顺序存储结构存储时，元素之间的逻辑关系与其物理存储顺序刚好是一致的。相邻两个元素之间位置相距为一个元素的位置，假设第一个元素的起始位置为 $Loc(a_1)$，每个元素占 k 个存储单元，则任意一个元素的存放位置 $Loc(a_i)$ 可以通过公式 $Loc(a_i)=Loc(a_1)+(i-1)k$ 计算得出。因此，在顺序存储结构的线性表中，实现随机访问任意元素很容易。

在 C 语言中，我们可以做如下定义：

```
DataType a[MAXLEN];
```

其中：DataType 为该线性表数据元素的数据类型，它是我们抽象出来的数据类型，具体编程时，要根据实际问题具体进行定义。如果我们处理的线性表是整型的线性表，我们将用 int 代替算法中的 DataType；如果我们处理的线性表是结构体类型的线性表，我们将用自定义的结构体类型名来代替算法中的 DataType。

MAXLEN 是一个常量标识符，表示顺序表最多可容纳的元素个数。该条数组声明语句确定了数组元素类型、起始位置以及最多可容纳的元素个数，而顺序表中元素的实际个数 n 满足 $0 \leq n \leq MAXLEN$。这样，要确定一个顺序存储结构的线性表，必须知道存放该线性表的数组和表长，因此，顺序表可以用以下结构体来表示顺序表的数据类型：

```
typedef struct
{
```

```
    DataType list[MAXLEN];
    int len;
}SeqList;
```

在 C 语言中，数组元素存放时总是从 0 位置开始，这样，第 i 个元素在数组中对应的下标实际为 $i-1$，这样元素的存储位置与序号不一致，给实际编程带来了很多不便。本书中，我们约定：元素的存放位置都从 1 位置开始存放。这样，上述结构体定义中，最多可以存放的实际元素个数为 MAXLEN-1 个，要想最多存放 MAXLEN 个元素，可将上述定义修改为

```
typedef struct
{
    DataType list[MAXLEN+1];
    int len;
}SeqList;
```

本书中就以该定义作为顺序存储结构线性表的类型定义。该线性表中，元素可以放在 1～MAXLEN 位置，第 i 个元素的实际存放位置就是 i，所有元素的数据信息存储在 list 域中。len 为线性表的表长，在这种线性表类型定义中，表长与最后一个元素的位置是一致的。

根据以上类型定义，可以进行如下变量声明：

```
SeqList  sl, *seql;
```

这样，sl 是一个结构体变量，seql 是一个指向结构体的指针变量；sl.list[i] 和 seql->list[i] 均表示顺序表中第 i 个元素的值；sl.len 和 seql->len 均表示顺序表的表长。在下面讲的几种运算中，由于插入、删除运算要改变顺序表的内容，算法中均用指针变量 seql 形式描述顺序表。

2.3.2 顺序存储结构线性表的基本运算

本书主要讨论顺序表的插入、删除运算及查找运算，其他算法比较简单，留给读者自己思考。

（1）插入运算

定义：假如顺序表中已经存放了 n 个元素 a_1～a_n，将元素 x 插入到元素 a_i 之前，即插入到 i 位置上，使得 seql 所指的顺序表中元素个数增加 1。

运算方法：
非法情况：
- 当 seql->len=MAXLEN 时，顺序表已放满元素，不能再进行插入。
- 当 $i<1$ 或 $i>$MAXLEN 时，i 超出数组范围，这时 i 位置是一个不能进行插入操作的非法位置。
- 当 seql->len+1$<i\leqslant$MAXLEN 时，尽管没有超出数组的范围，但如果在 i 位置存放元素，数组元素将不再存放在连续的存储单元中，这时 i 也非法。

后面两点可以用 $i<1$ 或 $i>$seql->len+1 表示非法位置。
排除以上不能插入的情况，正常插入的过程分为以下三步。
第一步：元素后移。将 seql->len（最后一个位置）至 i 位置的元素依次后移。注意必须是从后到前依次后移。
第二步：插入元素。将元素 x 存放在 i 位置。
第三步：修改表长。表长加 1。

可用图 2-2 描述该插入运算过程。

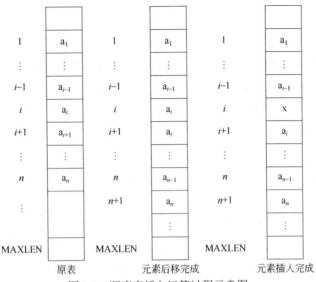

图 2-2 顺序表插入运算过程示意图

算法实现：

```
//在顺序表 seql 的第 i 个位置插入元素 x，正常插入返回 1，否则返回 0 或-1
int SeqIns(SeqList *seql,int i, DataType x)
{  int j;
   if (seql->len==MAXLEN)            //表满
     { printf("表已满! \n");
       return 0;
     }
   else if (i<1‖i>seql->len+1)      //位置不对
     { printf("位置不对\n ");
       return -1;
     }
   else                            //正常插入
     { for (j=seql->len;j>=i;j--)
         seql->list[j+1]=seql->list[j];//元素后移
       seql->list[i]=x;              //插入元素
       (seql->len)++;                //表长加 1
       return 1;

     }
 }
```

说明：插入元素 x 后线性表的表长加 1，作为函数参数的线性表 seql 必须以地址的方式将其修改后的结果传给主调函数，因此，这里的线性表必须用指针类型。调用该函数时，形参 seql 对应的实参可以是一个 SeqList 型的变量的地址或一个已经申请空间的 SeqList 的指针变量。删除操作也是如此。

时间复杂度：该算法的执行时间主要取决于用于元素后移的 for 循环，而 for 循环的执行次数既依赖于表长 n 又依赖于插入位置 i。当 $i=1$ 时，全部 n 个元素都要后移，即移动 n 次；当 $i=n+1$

时，不需移动元素。假设在 i 位置插入元素的概率 p_i 是相等的，$p_i=1/(n+1)$，在第 i 个位置插入元素需移动的元素的次数为 $n-i+1$,则平均移动次数为

$$E = \frac{1}{n+1}\sum_{i=1}^{n+1}(n-i+1) = \frac{n}{2}$$

该算法的时间复杂度为 O(n)。

（2）删除运算

定义：假如顺序表中已经存放了 n 个元素 $a_1 \sim a_n$，删除顺序表中的第 i 个元素 a_i，删除后使得表长减 1。

运算方法：

① **非法情况**：

* 当 seql->len=0 时，顺序表已经为空，不能删除。
* 当 $i<1$ 或 $i>$seql->len，i 位置没有元素，不能删除。

② **正常删除的过程分两步**：

第一步：元素前移。将 $i+1$ 至 seql->len 位置的元素依次前移。

第二步：修改表长。使得表长 n 减 1。

删除过程示意图如图 2-3 所示。

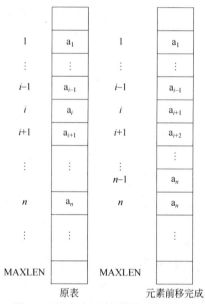

图 2-3 顺序表元素删除运算示意图

算法实现：

```
// 删除顺序表 seql 的第 i 个元素，其值通过参数 px 返回
int  SeqDel (SeqList * seql,int i, DataType* px)
{ int j ;
  if (seql->len==0)                //表空
    { printf("表已满 l\n");
      return 0;
    }
```

```
    elseif(i<1||i>seql->len)              //位置不对
       { printf("\n 位置不对");
         return -1;
       }
    else                                  //正常删除
   { *px=seql->list[i];                   //删除元素通过参数 px 返回
     for (j=i+1;j<=seql->len;j++)
         seql->list[j-1]=seql->list[j];//元素前移
     (seql->len)--;                       //表长减 1
     return 1;
     }
}
```

时间复杂度：同插入算法类似，删除算法的执行时间主要取决于用于元素前移的 for 循环，而 for 循环的执行次数既依赖于表长 n 又依赖于删除位置 i。当 $i=1$ 时，2~n 位置上的元素都要前移，即移动 $n-1$ 次；当 $i=n$ 时，不需移动元素，只要修改表长就可以了。假设删除 1~n 位置元素的概率 p_i 是相等的，$p_i=1/n$，则元素平均移动次数为

$$E = \frac{1}{n}\sum_{i=1}^{n}(n-i) = \frac{n-1}{2}$$

该算法的时间复杂度为 O(n)。

如果要删除满足某个条件的元素，首先要找到该元素所在位置 i，然后再运用以上算法删除该元素。要查找满足某个条件的元素，将在第 8 章中专门讨论，下面只讲述一个最简单常用的查找算法。

（3）查找运算

定义：在顺序表 {a_1，a_2，…，a_n} 中查找满足某个条件的元素 x，如果找到该元素，则返回其位置，如果找不到该元素，则返回一个空位置。

说明：一般来说，查找的数据元素具有多个数据项，即元素类型是结构体类型的数据，查找运算往往是根据某个或某几个数据项进行查找的，相应的数据项叫关键字。比如，要查找学号为"03540018"的某个学生的其他信息，只要按照关键字"学号"进行比较就可以了。

运算方法：从第一个元素开始比较，如果当前元素满足查找的条件，则返回该元素所在位置，查找结束；如果当前元素不满足查找的条件且线性表还未找完，则继续往后找，直到找到满足条件的元素或整个表已经全部找完为止。查找的条件可以是查找第 i 个元素，查找某个元素 x，查找某个元素 x 的前驱，查找第一个比 x 大的元素所在的位置等，无论查找什么样的元素，循环比较的条件都是<u>没有找完且没有找到满足条件的元素</u>。在第 8 章中可以看到，所有查找的条件都是如此。

算法实现：

```
//在顺序表 seql 中查找元素 x，若找到则返回其位置，否则返回空位置 0
int  SeqSearch(SeqList *seql,DataType x)
 { int i=1;    //从第一个元素开始查找
   while(i<seql->len &&seql->list[i]!=x)
   // 顺序表未找完且未找到，则继续往后找
       i++;
```

```
        if(seql->list[i]==x)  return i;
        return 0;
    }
```

说明：

● 如果 while 的条件变成：i<=seql->len &&seql->list[i]!=x，这样，当最后一个位置的元素仍不是要找的元素时，位置再次加 1，对应的位置超出表长，其元素值是个随机数，if 的条件就要变成：

```
    if(i<=seql->len)  return i; else return 0;
```

● 算法中的 seql->list[i]!=x 可理解为第 i 个元素不是要找的元素 x。由于元素类型复杂，为了算法的通用，我们假定比较的是整条记录，当然，在 C 语言中，是不允许整条记录进行比较的，实际应用中，将比较的两个记录换成相应的数据项就可以了，如：seql->list[i].no!=x.no。

时间复杂度：很显然，该查找算法的时间复杂度主要依赖于算法中用于比较的 while 循环，该循环至少比较 1 次，最多比较 n 次，在等概率条件下，平均需要比较的次数为

$$E = \frac{1}{n}\sum_{i=1}^{n} i = \frac{n+1}{2}$$

该算法的时间复杂度为 O(n)。

由以上算法可以看出，顺序存储结构的线性表具有以下特点：

① 对元素进行存取访问时，只要知道元素在数组中的下标就可以通过公式 Loc(a_i)=Loc(a_1)+(i-1)k 计算出该元素的位置，很容易实现随机访问。

② 数组元素的最大个数需预先确定，当表的长度经常变化时，存储规模难以估计。申请太多，浪费存储空间，也许会造成存储资源紧张；申请太少，也许不能满足实际问题的需要。

③ 为了保持顺序表中数据元素原有的逻辑顺序，在插入和删除操作时需移动大量的数据元素。这对于需要频繁进行插入和删除操作的线性表以及由于线性表元素个数太多或每个元素所占的存储空间太大的情况，程序运行速度难以提高。

2.3.3　顺序存储结构线性表的应用

以学生成绩管理为例，该系统主要针对学生在校期间的成绩进行管理。学生入校时，学校为每个学生分配一个学号，每个学生的基本信息表（包括姓名、学号、性别、出生年月、家庭住址等信息）就已经建成，每个学生入学时在校期间所要学习的课程也已经制定好，学生每学完一门课，需要录入该门课程的成绩；每学期结束会对学生成绩进行排序；班上若有退学或留级的，将删除该学生的信息；有新来的学生将其插入到新的班级；日常可能由于各种原因需要浏览所有学生的成绩信息，也可能只查看某个人的信息，还有可能需要修改学生信息。所有以上操作都是随机的。为实现这些功能，我们可以把以上所有功能以菜单的形式呈现给用户，让用户选择所要进行的操作。为了数据管理方便，学生信息按照学号升序排列，排序功能在以后学习完排序算法之后再讨论，该系统所完成的功能菜单如下：

1..............录入基本信息

2..............录入成绩

3..............查找

4..............插入

5..............删除

6...............修改

7.............显示

0.............退出

用户可通过键盘输入特定的符号来进行对应的操作，如按 1，表示录入基本信息，7 表示显示学生信息，0 表示退出。通过循环控制实现对菜单中各个功能的调用。为了简化数据的输入输出操作，将学生基本信息简化为姓名、学号、成绩。成绩包含数学、英语、计算机。具体程序如下。

例 2-1　顺序存储结构的学生成绩管理系统。

```c
#include <stdio.h>
#include <stdlib.h>
#include <string.h>
#define MAXLEN 100    //定义顺序表的最大长度
typedef struct         //定义数据元素类型 DataType
{
    char name[11]; //注意字符串最大长度比实际存放字符数多 1
    long no;
    int math,eng,comp;
}DataType;
typedef struct              //定义顺序表类型 SeqList
{
    DataType list[MAXLEN+1];
    int len;
}SeqList;
void InputScore(SeqList *seql);         //录入成绩函数原型声明
int SeqIns( SeqList * seql,int i, DataType x);
//插入运算函数原型声明
int SeqDel( SeqList * seql, int i);   //删除运算函数原型声明
int  SeqSearch(SeqList *seql,DataType x);     //查找运算函数原型声明
void Menu();  //菜单函数原型声明

void main()
{
    SeqList *seqlstu;         //主函数中，学生信息顺序表用 seqlstu 表示
    DataType x;
    int i,sel,k;
    seqlstu=(SeqList*)malloc(sizeof(SeqList));//为顺序表申请空间
    if (seqlstu==NULL)  exit(0);
    seqlstu->len=0;                          //将顺序表初始化为一个空表
    do
    {
        Menu();       //显示菜单
        printf("请输入您的选择：\n");      //输入所选择的功能号
        scanf("%d",&sel);
        switch (sel)
        {
        case 1://录入学生姓名、学号,各科成绩初始化为 0
        printf("\n .......初始化........\n");
```

```
      printf("请输入表长 :\n");
      scanf("%d",&seqlstu->len);      //输入元素个数，即表长
      printf("请输入学号、姓名：\n");
      for (i=1; i<=seqlstu->len;i++)//输入所有人的姓名、学号
      {
          scanf("%ld%s",&seqlstu->list[i].no,seqlstu->list[i].
            name);
          seqlstu->list[i].math=0;
          seqlstu->list[i].comp=0;
          seqlstu->list[i].eng=0;
      }
      break;
case 2://录入成绩
      InputScore(seqlstu);
      break;
case 3://查找
      printf("\n .........查找..........\n");
      printf("请输入查找的学号\n");
      scanf("%ld",&x.no);
      i=SeqSearch(seqlstu,x);             //按学号查找元素 x 所在位置
      if (i==0) printf("该学号不存在！\n");
      else
       printf("姓名：%s 数学：%d 英语：%d 计算机：%d\n",
          seqlstu->list[i].name,seqlstu->list[i].math,
          seqlstu->list[i].eng,seqlstu->list[i].comp);
      break;
case 4: //假如学生信息按学号升序排列，按学号有序插入
      printf("\n.......插入.........\n");
      printf("请输入学号、姓名、数学成绩、英语成绩、计算机成绩\n");
      scanf("%ld%s%d%d%d",&x.no,x.name,&x.math,&x.eng,&x.comp);
      //查找插入位置,即第一个比插入元素 x 的学号大的元素所在位置
      i=1;
      while(seqlstu->list[i]:no<x.no&&i<=seqlstu->len)
              i++;
              //如果 x.no 比所有的学号都大，i 刚好为 seqlstu-> len+1
      k=SeqIns(seqlstu,i,x);      //元素 x 插入到 i 位置上
      if(k==1)printf("学号为%ld 的学生已插入\n",x.no);
      else printf("出错!\n ");
      break;
case 5: //给定学号删除该学生信息
      printf("\n ..........删除..........\n");
      printf("请输入要删除的学号\n");
      scanf("%ld",&x.no);
      i=SeqSearch(seqlstu,x);            //查找元素 x 所在位置
      k=SeqDel(seqlstu,i);              //删除 i 位置的元素
      if(k==1)printf("学号为%ld 的学生已删除\n",x.no);
      else printf("出错!\n ");
```

```
                break;
        case 6: //给定学号，修改该学生信息
                printf("\n .........修改..........\n");
                printf("请输入要修改的学号:\n");
                scanf("%ld",&x.no);
                i=SeqSearch(seqlstu,x);
                if (i==0) printf("该学号不存在! \n");
                else
                {    printf("输入修改后的姓名、数学、英语计算机: \n");
                     scanf("%s%d%d%d",seqlstu->list[i].name,&seqlstu->list
                        [i].math,&seqlstu->list[i].eng,&seqlstu->list[i].
                        comp);
                }
                break;
        case 7: //显示所有学生信息
                printf("\n .........显示..........\n");
                printf("%10s%10s%5s%5s%5s\n","学号","姓名","数学","英语","计
                    算机");
                for(i=1;i<=seqlstu->len;i++)
                    printf("%10ld %10s%5d%5d%5d\n",seqlstu->list[i].no,
                        seqlstu->list[i].name,seqlstu->list[i].math,
                        seqlstu->list[i].eng,seqlstu->list[i].comp);
                break;
        case 0: printf("再见! \n");
        }//case
    }while (sel!=0);
}

//输出菜单函数
void Menu()
{  printf("1............. 录入基本信息\n");
   printf("2.............录入成绩\n");
   printf("3.............查找\n");
   printf("4.............插入\n");
   printf("5.............删除\n");
   printf("6.............修改\n");
   printf("7.............显示\n");
   printf("0.............退出\n");
}

//在顺序表 seql 的第 i 个元素之前插入元素 x
int SeqIns(SeqList* seql,int i, DataType x)
{
    int j;
    if (i<1||i> seql->len+1)

    {
        printf("位置不对!\n");
        return 0;
```

```
}
    else if (seql->len==MAXLEN)
    {   printf("\n 表已满");
        return -1;
    }
    else
    {
        for (j=seql->len;j>=i;j--)
          seql->list[j+1]= seql->list[j];    //元素后移
        seql->list[i]=x;                      //插入元素
        seql->len ++;                         //表长加 1
        return 1;
    }
}

//删除顺序表 seql 的第 i 个元素
int  SeqDel(SeqList *seql,int i)
{
    int j;
    if (i<1||i>seql->len)                //非法情况
    {   printf("位置不对! \n");
        return 0;
    }
    else
    {   for (j=i+1;j<=seql->len;j++)
          seql->list[j-1]=seql->list[j];//元素前移
      (seql->len)--;                     //表长减 1
      return 1;
    }
}

//在顺序表 seql 中查找元素 x
int  SeqSearch(SeqList *seql,DataType x)
{  int i=1;    //从第一个元素开始找
  while(i<=seql->len && seql->list[i].no!=x.no)  i++;
  if(i<=seql->len)  return i;
  return 0;
}
//录入
void InputScore(SeqList *seql)
{   int i;
  char course[41];
  printf("\n.......录入成绩........\n");
  printf("请输入课程名: \n ");
  scanf("%s",course);//输入课程名
  if  (strcmp(course,"math" )==0)    //字符串比较
  {  printf("请输入所有人的数学成绩\n");
    for (i=1; i<=seql->len;i++)
       scanf("%d",&seql->list[i].math);
```

```
        }
        else if (strcmp(course,"english" )==0)
        {  printf("请输入所有人的英语成绩\n ");
           for (i=1; i<=seql->len;i++)
               scanf("%d",&seql->list[i].eng);
        }
        else if(strcmp(course,"computer" )==0)
        {   printf("请输入所有人的计算机成绩\n ");
           for (i=1; i<=seql->len;i++)
               scanf("%d",&seql->list[i].comp);
        }
        else printf("课程名输入错误! \n");
}
```

2.4　链式存储结构线性表

链式存储结构是指用一组任意的并不一定连续的存储单元来存放数据元素。这样，每个数据元素的存放位置是随机的，不像顺序表可以用公式求出任意元素的存放地址。在链式存储结构中要访问某个元素，必须知道该元素的存放位置，而高级语言中的指针变量就是存放变量地址的变量，因此，链式存储结构常常借助高级语言中的指针变量来实现。

2.4.1　单链表

在线性表中，元素的逻辑关系是一对一的关系。在链式存储结构中常常在存储每个元素数据信息时，再为每个元素额外增加存储空间，用于存放其后继元素的地址，通过该地址将前后元素"链"在一起，也就将所有元素"链"在了一起，形成了一条链，如图 2-4 所示。我们把该链叫做"链表"，由于该链中只有一个指针域，因此，称它为"单链表"。单链表中元素的逻辑关系也可以通过指针域反映出来。

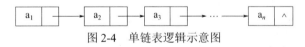
图 2-4　单链表逻辑示意图

单链表中，把反映该元素数据信息的"数据域"和反映该元素的后继元素地址的"指针域"称为一个**结点**，它和数据元素是有区别的。我们用 data 表示数据域，用 next 表示指针域，则单链表中，每个结点的结构如下：

data	next

结点的数据类型定义如下：

```
typedef struct node
{
    DataType data;        // DataType 为数据元素的数据类型
    struct node *next;    // next 为指向下个结点的指针
}NodeType;
```

该定义属于一个递归定义，在定义本结点类型时，该结点的 next 成员为指向下一个结点的指针，而下一个结点与本结点具有相同的数据类型。

为操作方便起见，我们常常为链表设立一个**头结点**，该结点的数据域不定义，其 next 域指向链表中的第一个元素所在结点，第一个元素所在结点称为**首元结点**，头结点的地址用一个指针变量来表示，图 2-5 中用 head 表示。这种链表称为带头结点的单链表，其结构如图 2-5 所示。

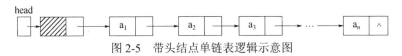

图 2-5 带头结点单链表逻辑示意图

单链表中，只要知道其头结点的指针（简称**头指针**），整个链表中的所有元素就可以通过顺藤摸瓜的方式找到，因此，只要知道了头指针，一个单链表也就确定了。

增加头结点后，无论链表结点如何变化，比如插入新结点、删除原来结点，头结点始终不变，使得链表的运算变得更加简单。

下面我们分别讨论带头结点单链表与不带头结点单链表的初始化、创建、插入、删除、查找等算法，通过比较可以体会一下带头结点单链表的运算比不带头结点的单链表操作上的便捷之处。

（1）带头结点单链表的初始化

定义：建立一个空的带头结点单链表，返回该空表的头结点所在位置。

说明：对带头结点的单链表，为空时，一个元素都没有，但并不是没有一个结点，头结点是存在的，其数据域不定义，指针域置为空，表示首元元素不存在，即链表中一个元素都没有，如图 2-6 所示。

图 2-6 空的带头结点的单链表逻辑示意图

运算方法：为头结点申请空间，令其指针域为空，返回该头结点的位置（即链表的头指针）。

算法实现：

```
//带头结点单链表的初始化，将头指针返回
NodeType*  Initl( )
{
  NodeType* head;
  head=(NodeType*)malloc(sizeof(NodeType));//为头结点申请空间
  if (head==NULL) return NULL;            //未申请到空间，则该函数返回空
  head->next=NULL;                //申请到空间，将头结点的指针域初始化为 NULL
  return head;               //返回头指针
}
```

时间复杂度：该算法中没有循环，时间复杂度为 O(1)。

（2）不带头结点单链表的初始化

定义：建立一个空的不带头结点单链表，返回该空表所在位置（图 2-7）。

运算方法：空的不带头结点的单链表中一个结点都没有，头指针是个空指针。

算法实现：

//不带头结点单链表的初始化，将头指针返回

```
NodeType* Init2( )
{
    return NULL;
}
```

时间复杂度：该算法中没有循环，时间复杂度为O(1)。

图 2-7 空的不带头结点的单链表逻辑示意图

图 2-8 为带头结点单链表物理示意图，执行初始化运算时，为头指针申请空间将使头指针变量 head 得到一个确定的值比如 2000，head 所指的结点为头结点，头结点的数据域 data 和指针域 next 将会存放在 2000 开始的存储单元中；初始化运算使其指针域置为空值，而其数据域未赋值，是一个随机数。

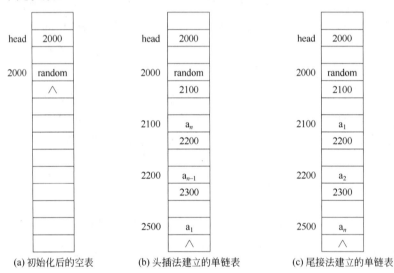

图 2-8 带头结点单链表物理示意图

（3）带头结点单链表的创建

常用的创建单链表的方法有两种：尾接法和头插法。

① **尾接法** 尾接法是将数据元素从链表的尾部依次接到链表中。由于该方法是将数据元素从链表的尾部接入，因此，需用一个变量记住当前尾结点的位置，新的结点接入后，修改原来尾结点的指针域使其指向新结点，新结点成为新的尾结点，如图 2-9 所示。

图 2-9 尾接法创建单链表

运算方法：

尾接法建立单链表的主要操作是如何将新的元素插入到链表之中，其过程主要分为以下四步：

第一步：为新结点申请空间；

第二步：为新结点的数据域及指针域赋值；

第三步：将新结点接入尾结点之后；

第四步：修改尾指针使其指向新结点。

算法实现：

算法为了通用起见，假设数据元素的数据信息已存放在数组 a 中。实际应用中，数据元素的数据信息常常通过键盘或文件输入。

```
//尾接法为数组 a 中的 n 个元素创建一个带头结点的单链表，并返回其头指针的值
NodeType* Creatl1(DataType a[],int n)
{
    NodeType *head,*tail,*s;
                        //head,tail,s 分别为头指针、尾指针、新插入结点的指针
    int i;
    head=Initl( );                  //链表初始化
    if (head==NULL) return NULL;
    tail=head;                      //尾指针初始化为头指针
    for (i=0;i<n;i++)
    {
      s=(NodeType*)malloc(sizeof(NodeType)); //为新结点申请空间
      if (s==NULL) return NULL;             //申请不到空间，则返回空
      s->data=a[i];     //给新结点的数据域赋值
      s->next=NULL;     //将新结点的指针域初始化为空
      tail->next=s;     //将新结点接到表尾
      tail=s;           //新结点为当前的表尾
    }
    return head;        //返回头指针
}
```

时间复杂度：该算法执行的时间依赖于元素个数，每个结点加入到链表的时间复杂度为 O(1)，n 个结点的时间复杂度为 O(n)。

可以看出，**尾接法建立的单链表，其元素进入链表的顺序与链表中的顺序是一致的。**

② **头插法**　头插法是将数据元素依次插入链表头结点的后面，即首元结点之前，如图 2-10 所示。

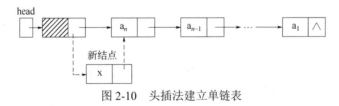

图 2-10　头插法建立单链表

运算方法：

该算法的关键是如何将新结点插入在头结点和首元元素所在结点之间，如果 s 所指的结点是新结点，可用如下两条语句来实现：

```
s->next=head->next;    //新结点的指针域指向头结点的下一个结点，即指向首元结点
head->next=s ;         //头结点的指针域指向新结点
```

链表操作中，经常会用到这两句，注意这两条语句顺序不能颠倒。

算法实现：

```
//头插法为数组 a 中的 n 个元素建立一个带头结点的单链表，并返回其头指针的值
NodeType* Creatl2 (DataType a[],int n)
{
    NodeType*head,*s;
    int i;

    head=Initl( );                    //链表初始化
    if(head==NULL) return NULL;       //初始化未成功，返回空
    for (i=0;i<n;i++)
    {   s=(NodeType*)malloc(sizeof(NodeType);//为新结点申请空间
        if (s==NULL) return NULL;
        s->data=a[i];                 //给新结点的数据域赋值
        s->next=head->next;           //新结点的指针域指向首元结点
        head->next=s;                 //头结点的指针域指向新结点
    }
    return head;
}
```

时间复杂度： 与尾接法类似，该算法执行的时间依赖于元素个数，每个结点加入链表的时间复杂度为 O(1)，n 个结点的时间复杂度为 O(n)。

可以看出，**头插法建立的单链表，其元素进入链表的顺序与链表中的顺序是相反的。**

（4）不带头结点单链表的创建

不带头结点单链表与带头结点单链表的主要区别在于头结点。带头结点单链表由于增加了头结点，使得无论链表是否为空，头指针始终指向头结点，头指针的值始终不变。这样，无论链表是否为空，新元素进入链表的方法相同。对不带头结点的单链表，当链表是空表时，新结点将作为头结点，头指针指向新结点。具体算法如下：

① **尾接法**

```
//尾接法为数组 a 中的 n 个元素建立一个不带头结点的单链表，并返回其头指针的值
NodeType* Creatl3(DataType a[],int n)
{
    NodeType *head,*tail,*s;
                //head,tail,s 分别为头指针、尾指针、新插入结点的指针
    int i;
    head=NULL;                        //链表初始化为一个空表
    tail=head;                        //尾指针初始化为头指针
    for (i=0;i<n;i++)
    {
        s=(NodeType*)malloc(sizeof(NodeType)); //为新结点申请空间
        if (s==NULL) return NULL;               //申请不到空间，则返回空
        s->data=a[i];        //给新结点的数据域赋值
        s->next=NULL;        //将新结点的指针域初始化为空
        if ( head==NULL)//链表为空时，头指针和尾指针都指向新结点
        {   head=s;
            tail=s;
        }
```

```
        else                 //链表非空
        {
          tail->next=s;     //将新结点接到表尾
          tail=s;           //新结点为当前的表尾
        }
    }
 return head;        //返回头指针
}
```

② **头插法**

```
//头插法为数组 a 中的 n 个元素建立一个不带头结点的单链表，并返回其头指针的值
NodeType* Creatl4 (DataType a[],int n)
{
    NodeType*head, *s;
    int i;

    head=NULL;                      //链表初始化为一个空表
    for (i=0;i<n;i++)
    {
        s=(NodeType*)malloc(sizeof(NodeType));//为新结点申请空间
        if (s==NULL) return NULL;              //申请不到空间，则返回空
        s->data=a[i];              //给新结点的数据域赋值
        s->next=head;              //新结点的指针域指向头结点
        head=s;                    //新结点为新的头结点
    }
    return head;
}
```

（5）查找运算

定义：在带头结点的单链表中查找某个元素。若找到该元素，则返回该元素所在结点的指针；否则，返回空指针。

运算方法：逐个将当前元素与所查找的元素进行比较，如果当前元素就是所查找的元素，查找结束，返回其位置；否则，继续往后进行查找，直到整个链表已经搜索完或已找到该元素为止。如果未找到，返回空位置。该运算方法与顺序表的查找思想类似，不同的是元素位置的描述方法。

算法实现：

```
//在带头结点的单链表中查找元素 x，若找到返回 x 所在结点的指针；否则，返回空指针
NodeType* SearchL(NodeType *head,DataType x)
{
  NodeType* p;
  p=head->next;              //从首元结点开始查找
  while(p!=NULL && p->data!=x )  //当表未找完且未找到继续往后查找
    p=p->next;
  return p;
}
```

说明：

● 该算法中的 x 的用法与顺序表中查找时的用法一样，只是为了算法的通用，具体使用时

将元素整体比较改为关键字的比较，如：p->data.no==x.no。

- 当 while 循环结束后，p->data==x 或 p==NULL，前一种情况则找到了元素 x，这时 p 所指向的结点就是 x 所在结点；后一种情况为未找到元素 x，这时 p 正好为空，也符合查找的要求。因此，两种情况都返回指针 p。

- 实际应用时，查找对象不尽相同，如：

① 查找第一个比元素 x 大的元素，则可将查找条件中的 p->data!=x 改为 p->data<=x。

② 查找元素 x 前驱元素，则初始化时可以将 p 初始化为 head，查找条件改为 p->next!=NULL && p->next->data!=x。

③ 查找第 i 个元素，上述算法改为

```
p=head; n=0;
while(p!=NULL && n<i)
  { p=p->next;n++;}
```

时间复杂度：

链式存储结构线性表的查找与顺序表的查找算法类似，时间复杂度相同都是 O(n)。

（6）插入运算

定义：将新元素插入带头结点单链表某个元素之前或之后。如果不存在该元素，则插入链表的最后，如图 2-11 所示。

运算方法：要在某个元素之前插入新元素，首先要找到该元素所在的结点及其前趋结点，然后将新结点插入两个结点之间。如果找到了该元素所在结点的前趋结点，该结点也就找到了。要在某个元素之后插入新元素，就要找到该元素所在结点及其后继结点，如果找到了该元素所在结点，其后继结点也就找到了。插入的方法与头插法中将元素插入头结点和首元结点之间的方法类似。

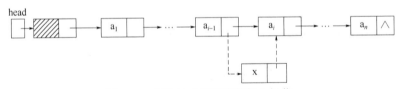

图 2-11　带头结点单链表的插入操作

算法实现：

```
//将元素 x 插入带头结点单链表中元素 elm 之前，若不存在元素 elm，则插入表尾
int InsertL (NodeType* head,DataType x,DataType elm)
{
  NodeType *q,*s;

  q=head;                     //查找元素 elm 的前驱元素，q 指向 elm 的前驱结点
  while (q->next!=NULL && q->next->data!=elm)
  //表未找完且未找到，继续往后找
    q=q->next;
  s=(NodeType*)malloc(sizeof(NodeType));     //申请新结点
  if (s==NULL) return 0;                      //未申请到空间，返回 0
  s->data=x;                         //给新结点数据域赋值
```

```
    s->next=q->next;q->next=s;    //插入新元素
    return 1;                     //插入成功,返回1
}
```

说明： 如果存在 elm 元素，则 q->next 指向 elm 所在结点，新元素插入 q 所指的结点之后；否则，q->next 为空，这时，q 指向尾结点，新元素插入尾结点之后。

时间复杂度：

该算法执行时间主要用于查找插入位置的 while 循环，其时间复杂度为 O(n)。如果已知插入位置，其时间复杂度为 O(1)，插入时，并不像顺序表要进行大量元素的后移操作。

（7）删除运算

定义： 删除带头结点单链表中的某个元素。若存在该元素删除成功返回 1，否则返回 0，如图 2-12 所示（假如图中的 a_i 就是要删除的元素）。

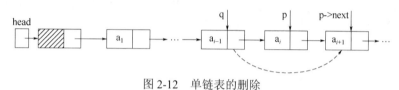

图 2-12　单链表的删除

运算方法： 只需将需删除的结点的前趋结点直接指向要删除结点的后继结点。与在某元素之前插入的思想类似，只要找到要删除结点的前驱结点的指针 q，该结点以及其后继结点的指针就很容易得到。

算法实现：

```
//删除带头结点单链表中元素 x,若存在 x,返回 1;否则,返回 0
int DeleteL(NodeType* head,DataType x)
{
  NodeType *p,*q;    //p 为 x 所在结点的指针,q 为其前驱结点的指针
  q=head;
  while (q->next!=NULL && q->next->data!=x) //查找 x 所在结点的前驱结点
    q=q->next;
  if (q->next==NULL)                        //元素 x 不存在,返回 0
  {
    printf("该元素不存在! \n ");
    return 0;
  }
  p=q->next;                                //p 为要删除的结点的指针
  q->next=p->next;                          //删除 p 所指向的结点
  free(p);                                  //释放 p 所指向的空间
  return 1;
}
```

时间复杂度：

该算法执行时间主要用于查找插入位置的 while 循环，其时间复杂度为 O(n)。如果已知删除位置，其时间复杂度为 O(1)，删除时，不像顺序表要进行大量元素的前移操作。

说明： 删除运算与查找类似，也可以删除第 i 个元素，这样就要找第 $i-1$ 个元素的位置。

由以上算法可以看出，链式存储结构的线性表具有以下特点：

① 链式结构中结点空间是动态申请和释放，克服了顺序表中数据元素个数需要预先确定的缺点。

② 链式结构中结点的指针域需额外增加存储空间。

③ 插入、删除算法中克服了顺序表需大量移动数据元素的缺点。

④ 链式结构中，已知元素的序号，对元素进行存取访问时，需从第一个元素开始依次比较，显然比顺序存储结构麻烦得多。

2.4.2　循环链表

在单链表中，用头指针指示头结点的位置，其余结点位置都是通过其前驱结点的 next 域找到的，对单链表进行操作时只能从头开始进行。

循环链表将单链表中最后一个结点的指针值由空改为指向单链表的头结点，即尾的 next 域指向头结点，整个链表就形成一个环。这样，就可以从链表中的任意一个结点出发，访问到其余结点。循环链表的逻辑示意图如图 2-13 所示。

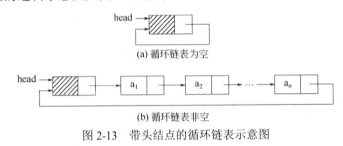

(a) 循环链表为空

(b) 循环链表非空

图 2-13　带头结点的循环链表示意图

以带头结点的循环链表为例，循环链表基本运算的核心思想如下：

（1）置空表

为头结点申请空间：s=(NodeType*)malloc(sizeof(NodeType));

头结点的 next 指向头结点：head->next=head;

（2）尾接法建立带头结点的循环链表

为新结点申请空间：s=(NodeType*)malloc(sizeof(NodeType));

为新结点的数据赋值：s->data=x

新结点的指针域指向头结点：s->next=head　　//与单链表的区别

将新结点链入尾结点之后：tail->next=s;

修改尾指针使其指向新结点：tail=s;

（3）头插法建立带头结点的循环链表

与单链表方法相同。

（4）在带头结点的循环链表中查找某个结点

与单链表的主要区别是链表未找完的条件不是 p!=NULL，而是 p!=head。

（5）删除带头结点的循环链表中

与单链表的主要区别也是在判断循环链表空的方法。

2.4.3 双向链表

循环链表中，可以从链表中的任意一个结点出发，访问到链表中的其余结点，但只能从前到后查找，找一个元素的后继很容易，如果要找其前驱需要通过循环进行查找。在双向循环链表中，每个结点除了存放每个元素的数据信息外，设置了两个指针域，分别存放其前驱结点及后继结点的位置。其结点结构如图 2-14 所示。

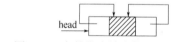

图 2-14　双向链表的结点结构

双向链表的结点定义如下：

```
typedef struct dlnode
{
    DataType data;                  //data 为结点的数据信息
    struct dlnode *prior,*next;
    //prior 和 next 分别指向直接前驱和直接后继
}DLNode;    //双向链表结点类型
```

这样，如果知道了某个结点的位置，通过该结点的 prior 域就可以直接找到其前驱结点的位置，通过 next 域就可以直接找到其后继结点的位置；访问链表中的其他结点不仅可以从前往后访问，还可以从后往前访问。但增加了一个指针域，插入删除运算所需修改的指针也就多了，操作变得复杂了。

为操作方便，常常也会为双向链表建立一个头结点，头结点的 prior 域指向尾结点，尾结点的 next 域指向头结点，就形成了带头结点的双向循环链表。图 2-15 为空的带头结点的双向循环链表，图 2-16 为带头结点的双向循环链表的逻辑示意图。

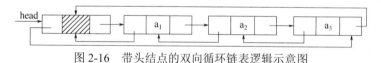

图 2-15　空的带头结点的双向循环链表

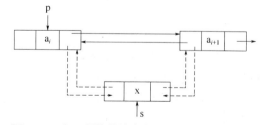

图 2-16　带头结点的双向循环链表逻辑示意图

（1）在 p 所指向的结点之后插入结点 s 所指的结点（图 2-17）

图 2-17　在 p 所指的结点之后插入 s 所指的结点

其操作过程如下：

第一步：新结点的前驱为 p 所指向的结点：s->prior=p;

第二步：新结点的后继为 p 所指向的结点的后继：s->next=p->next;

第三步：p 所指向的结点原来的后继的前驱指向新结点：p->next->prior=s;

第四步：修改 p 所指向的结点的后继，使其指向新结点：p->next=s;

（2）在 p 所指向的结点之前插入结点 s 所指的结点（图 2-18）

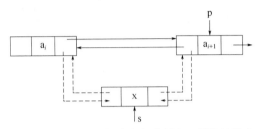

图 2-18　在 p 所指的结点之前插入 s 所指的结点

其操作过程如下：

第一步：新结点的前驱为 p 所指向的结点的前驱：s->prior = p->prior;

第二步：p 所指向的结点的前驱的后继不再指向 p 而是指向新结点：p->prior->next = s;

第三步：新结点的后继指向 p：s->next = p;

第四步：P 所指向的结点的前驱指向新结点：p->prior = s;

注意：两种插入方法中需要注意指针修改的顺序，操作次序不当可能导致某些指针丢失。

（3）删除 p 所指向的结点（图 2-19）

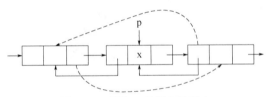

图 2-19　删除 p 所指向的结点

其操作过程如下：

第一步：p 所指向结点的前驱结点的 next 域指向 p 所指向结点的后继：

　　　　p->prior->next = p->next;

第二步：p 所指向结点的后继的 prior 域指向 p 所指向结点前驱结点：

　　　　p->next->prior = p->prior;

第三步：释放 p 所指向结点占用的空间：free(p);

2.4.4　静态链表

静态链表的构造方法是用一个一维数组来描述单链表。每个数组元素包含两方面的信息：data 域以及 cursor 域，这两项信息构成静态链表中的结点。data 域用于存储元素本身的数据信息；cursor 域用于存放下一个元素在数组中的下标，相当于单链表中的指针域 next。数组中序号为 0 的数组元素可以看作头结点，其数据信息不定义，其下标指示静态链表中首元元素所在结点的位置序号，最后一个结点之后无元素，其下标域为 0，所有空闲结点的下标域用–1 表示。静态链表如图 2-20 所示。

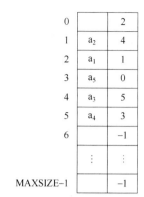

图 2-20　静态链表示意图

静态链表与前面讲的链表的主要区别在于表示结点位置的方法不同，静态链表是用该结点在数组中的下标表示的，链表是用该结点在内存中的存储单元地址表示的。

静态链表结点类型定义如下：

```
typedef struct
{
  DataType data;      //data 为结点的数据信息
  int cursor;         //cursor 标识直接后继结点
}SNode;               //静态链表结点类型
```

静态链表把所有结点放在一个数组中，由于数组是一个静态变量，这也是静态链表中静态的含义。可定义以下数组 L 来表示一个静态链表。

```
    SNode  L[MAXSIZE];
```

这种存储结构仍需要事先分配一个较大的空间，但在进行线性表的插入、删除操作时却不需要移动大量的元素，仅需要修改"指针"cursor，因此仍具有链式存储结构的优点。

例如，要删除图 2-20 所示静态链表中的元素 a_3 时，先找到 a_3 的前驱 a_2，将其原来指向 a_3 的 cursor 域修改为 a_3 直接后继 a_4，即 L[1].cursor=L[4].cursor，置 a_3 的 cursor 域为空，即 L[4].cursor=−1。

静态链表的应用将在哈夫曼树存储中用到，通过后续章节的学习可以进一步理解静态链表的使用方法。

2.4.5　链式存储结构线性表的应用

例 2-2　已知带头结点单链表 H 如图 2-21 所示，写一算法将其倒置，要求尽量用原表中的结点。

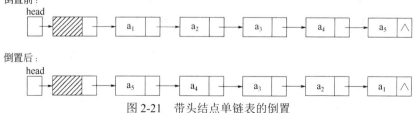

图 2-21　带头结点单链表的倒置

算法思路：

头插法建立单链表，结点在链表中的顺序与进入链表的顺序刚好相反，可以用头插法建立单链表的思想，将表中结点从第一个结点开始依次取出，以头插法的形式重新建立新的表。

具体算法：

```
void Reverse (NodeType * head)
{  NodeType *p, *q;            //q 指向从原表取出的结点，p 指向待取出的结点
   p= head ->next;             //将 p 指向首元元素所在结点
   head->next=NULL;            //头结点与原表断开，作为新表的头结点
   while(p!=NULL)              //p 所指向的结点存在时
   {   q=p;                    //q 指向第一个待取出的结点 p
       p=p->next;              //p 指向下一个待取出的结点
       q->next= head->next;//取出的结点以头插法的形式插入到新表中
       head->next=q;
   }
}
```

例 2-3　设有两个带头结点的整型单链表 A、B，其元素递增有序排列，编写一个算法，将 A、B 归并成一个按元素值递减（允许有相同值）有序的链表 C。

算法思路：

递增变递减，仍然是链表倒置的问题，将两个表从头开始找出当前最小的结点，将其以头插法的形式插入新表中，同时当前最小结点所在表指针后移，继续比较，直到一个表为空为止。最后将未空的表中元素从前到后依次以头插法的形式插入新表中。

具体算法：

```
//将 head1、head2 为头指针的两个递增有序的带头结点单链表归并成一个递减有序的
单链表，归并后的新表通过函数值返回
NodeType* Merge(NodeType * head1, NodeType * head2)
{
    NodeType *p,*q, *head;
    p=head1->next;  //p 指向 head1 表的首元元素
    q=head2->next;  //q 指向 head2 表的首元元素
    head=head1;        //head1 的头结点作为新表的头结点
    head->next=NULL;//新表初始化为空表
    free(head2);  //释放 head2 表头结点所占空间

    while(p&&q)                      //当两个表都不为空时
      {
        if  (p->data<q->data)  //最小结点为 head1 表当前结点
          {
            s=p;                //s 指向最小结点
            p=p->next;          //最小结点所在表当前指针后移
          }
        else                      //最小结点为 head2 表当前结点
          {
            s=q;                //s 指向最小结点
            q=q->next;          //最小结点所在表当前指针后移
          }
        s->next=head->next;   //最小结点以头插法形式插入新表
        head->next=s;
```

```
    }
    if(p==NULL)  p=q;    //p 指向未空的表中剩余的第一个结点
    while( p!=NULL)      //将剩余表中结点以头插法形式插入新表
    {
        s=p;
        p=p->next;
        s->next=head->next;
        head->next=s;
    }
    return head;    //返回新表头结点的指针
}
```

例 2-4 已知单链表如图 2-22 所示，写一算法，删除其重复结点。

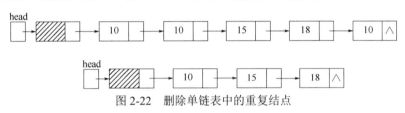

图 2-22 删除单链表中的重复结点

算法思路：

从首元结点开始，从它的后继结点开始到表尾，找出与其值相同的结点并删除。首元结点的重复结点删除后，再依次删除第二个结点、第三个结点、……的重复结点，直到最后一个结点时算法结束。

```
void PurLinkList(NodeType *head)
 { NodeType *p,*q,*r;
     p=head ->next;    //p 从首元结点开始
     if (p==NULL) return;
    while(p->next)    //p 有后继结点时，找出与其重复的结点并删除
    {  q=p;
       while(q->next) //从当前结点的后继开始直到表尾，找出与其重复的结点
         if (q->next->data==p->data) //相同则删除
         {  r=q->next;
            q->next=r->next;
            free( r );
         }
         else q= q ->next; //不相同则继续判断下一个
       p=p->next;//继续删除下一个结点的重复结点
    }
}
```

例 2-5 链式存储结构的学生成绩管理。

```
#include <stdio.h>
#include <stdlib.h>
#include <string.h>
typedef struct student  //定义元素数据类型
{
  char name[11];
  long no;
```

```
    int math,eng,comp;
}DataType ;

typedef struct node    //定义结点数据类型
{
  DataType data;
  struct node *next;
}NodeType;

 NodeType* Initl( );
 NodeType* SearchL(NodeType *head,DataType x);
 int InsertL(NodeType *head,DataType x);
 int DeleteL(NodeType *head,DataType x);
 void Menu();

void main()
{
  NodeType *head,*tail,*p,*s;
  DataType x;
  int sel,n,i,k;
  char course[10];
  do
  {
      Menu();
      printf("请输入您的选择：\n");//输入所选择的功能号
      scanf("%d",&sel);
      switch (sel)
   {
   case 1: //录入学生姓名、学号,各科成绩初始化为 0
      printf("\n ......创建单链表......\n ");
      head=Initl();                //将链表初始化成一个带头结点的空表
      if (head==NULL) exit(0);
      printf("请输入元素个数：\n ");
      scanf("%d",&n);              //输入元素个数
      tail=head;                   //用尾接法建立带头结点单链表
      for (i=1;i<=n;i++)
      { printf("请输入学号、姓名：\n"); //输入新元素信息放到变量 x 中
        scanf("%ld%s",&x.no,x.name);
        x.math=x.comp=x.eng=0;
        s=(NodeType*)malloc(sizeof(NodeType));//为新结点申请空间
        if (s==NULL)  exit(0) ;
        s->data=x;
        s->next=NULL;              //为新结点赋值
        tail->next=s;              //新结点接入表尾
        tail=s;                    //修改尾指针
      }
      break;
    case 2://录入成绩
      printf("\n ......录入成绩......\n ");
```

```
    printf("请输入课程名：\n ");
    scanf("%s",course);
    if  (strcmp(course,"math" )==0)
    {
        printf("请输入所有人的数学成绩：\n");
        p=head->next;
        while(p!=NULL)
        {
            scanf("%d",&p->data.math);
            p=p->next;
        }
    }
    else if (strcmp(course,"english" )==0)
    {
        printf("请输入所有人的英语成绩：\n ");
        p=head->next;
        while(p!=NULL)
        {
            scanf("%d",&p->data.eng);
            p=p->next;
        }
    }
    else if(strcmp(course,"computer" )==0)
    {
        printf("请输入所有人的计算机成绩：\n ");
        p=head->next;
        while(p!=NULL)
        {
            scanf("%d",&p->data.comp);
            p=p->next;
        }
    }
    else printf("课程名出错！ \n");
    break;
case 3://查找
    printf("\n ......查找......\n");
    printf("请输入所查找的学号：\n");
    scanf("%ld",&x.no);
    p=SearchL(head,x);
    if(p==NULL) printf("学号为 %ld 的学生不存在\n ",x.no);
    else printf("姓名：%s,数学：%d,英语：%d,%d 计算机：\n ",
        p->data.name,p->data.math,p->data.eng,p->data.comp);
    break;
case 4: //插入
    printf("\n ......插入......\n");
    printf("请输入要插入的学生学号、姓名、数学、英语、计算机成绩\n");
    scanf("%ld%s%d%d%d",&x.no,x.name,&x.math,&x.eng,&x.comp);
    k=InsertL(head,x);
    if(k==1) printf("学号为%ld 的学生已插入\n",x.no);
    else printf("出错!\n");
```

```
          break;
    case 5: //删除
        printf("\n .....删除......\n");
        printf("请输入要删除的学生学号:\n");
        scanf("%ld",&x.no);
        k=DeleteL(head,x);
        if(k==1) printf("学号为 %ld 的学生已删除\n ",x.no);
        else printf("出错!\n ");
        break;
    case 6://修改
        printf("\n .....修改......\n ");
        printf("请输入要修改的学生学号: \n");
        scanf("%ld",&x.no);
        p=SearchL(head,x);
        if (p!=NULL)
            printf("该学生不存在!\n");
        else
        {
            printf("请输入修改后的姓名、数学、英语、计算机成绩: \n");
        scanf("%s%d%d%d",p->data.name,&p->data.math,&p->data.eng,
          &p->data.comp);
        }

        break;

    case 7: //显示
            printf("\n .....显示......\n");
            p=head->next;
            printf("%11s%11s%6s%6s%6s\n","学号","姓名","数学","英语",
              "计算机");
            while(p!=NULL)
            { printf("%11ld%11s%6d%6d%6d\n",p->data.no,p->data.
                name, p->data.math,p->data.eng,p->data.comp);
              p=p->next;
            }
            break;
    case 0: printf("再见! ") ;
    }// case
}while (sel!=0);

}

void Menu()
{ printf("1..............录入基本信息\n");
   printf("2..............录入成绩\n");
   printf("3..............查找\n");
   printf("4..............插入\n");
   printf("5..............删除\n");
   printf("6..............修改\n");
```

```
        printf("7.............显示\n");
        printf("0.............退出\n");
}

//初始化
NodeType*  InitL( )
{ NodeType* head;
  head=(NodeType*)malloc(sizeof(NodeType));
  if (head==NULL)return NULL;
  head->next=NULL;
  return head;
}

//在头指针为head的带头结点的单链表中查找元素x所在的位置
NodeType* SearchL(NodeType *head,DataType x)
{
    NodeType *p;
    p=head->next;    //从第一个元素开始找
    while(p!=NULL && p->data.no!=x.no) p=p->next;
    return p;
}

//将元素x插入以head为头指针的单链表中,使得线性表依然按照学号升序排列
int InsertL(NodeType* head,DataType x)
{   NodeType *p,*s;
    //查找第一个比x的学号大的元素所在结点的前驱结点,指针p指向该前驱结点
    p=head;
    while(p->next!=NULL&&p->next->data.no<x.no)
      p=p->next;
    s=(NodeType*)malloc(sizeof(NodeType));
    if(s==NULL) return 0;
    s->data=x;
    s->next=p->next;   //插入新元素
    p->next=s;
    return 1;
 }

//删除以head为头指针的单链表中的元素x
  int DeleteL (NodeType* head,DataType x)
{
    NodeType *p,*q;         //p为x所在结点的指针,q为其前驱结点的指针
    q=head;                 //查找x的前驱元素
    while (q->next!=NULL && q->next->data.no!=x.no)
      q=q->next;
    if  (q->next==NULL)
    {  printf(" 该元素不存在! \n");
       return 0;
    }
    p=q->next;            //p为x所在结点的指针
```

```
    q->next=p->next;  //删除 p 所指向的结点
    free(p);          //释放 p 所指向的空间
    return 1;
}
```

2.5　小结

顺序存储结构用一组地址连续的存储单元依次存储线性表中的各个元素。由于表中各个元素具有相同的属性，所以占用的存储空间相同。因此，在内存中任意一个元素的存储地址可以直接计算出来。这样逻辑上相邻的元素物理上也相邻。线性表按链式存储结构存储时，每个数据元素以结点的形式存储，每个结点包括本元素的数据信息及其后继元素所在结点的地址两部分信息。只要知道该线性表的起始地址（头指针），表中的各个元素就可通过结点的指针域按照"顺藤摸瓜"的方式找到。

顺序存储结构和链式存储结构各有优缺点。

在顺序表中进行查找，任意给定元素的序号 i，就能很方便地找到元素 a_i，实现随机访问；但如果给定的是元素的相关数据信息，必须逐个进行比较；在链表中进行查找，无论给定元素序号还是相关数据信息，都必须逐个进行比较。

在顺序表中进行插入和删除运算，为了保持线性表中元素原有的逻辑关系不变，需要大量移动元素。插入元素前要将插入位置及其以后位置的元素依次后移，将插入位置空出来，然后再插入元素；删除元素时同样要将删除位置以后的元素依次前移，以填充被删除的元素空出来的存储单元。在链式存储结构中进行插入和删除，只是对相关指针进行修改，不需要元素的移动。

由于顺序表借助高级语言中的数组来实现，数组变量在定义时必须确定数组的长度。事先不能确定问题的规模时，元素个数无法确定，也就不能采用顺序存储结构。线性表采用链式存储结构存储时，元素以结点的形式来存储，结点除了本元素的数据信息之外，还额外地要存储下一个结点的位置，结点的地址可以连续，也可以不连续。而且结点空间只有在需要的时候才申请，无须事先分配，删除一个结点，它所占的存储空间就会被释放，实现了存储空间的动态分配。

因此，顺序存储结构适合数据相对稳定的情况，链式结构适合数据相对不稳定的情况。实际应用时，如果基于存储效率考虑，线性表长度变化范围较小，适合用顺序存储，否则适合用链式存储。如果基于运算效率考虑，若经常进行的运算是插入、删除，应用链式存储；否则用顺序存储。

习题

一、单项选择题

1. 对线性表的顺序存储结构和链式存储结构，下面说法正确的是（　　　）。

A. 顺序存储结构比链式存储结构的运算实现简单

B. 顺序存储结构与链式存储结构在查找某个元素时，时间复杂度相同

C. 顺序存储结构与链式存储结构在随机访问某个元素时，时间复杂度相同

D. 链式存储结构比顺序存储结构浪费空间

2. 不带头结点的单链表 head 为空的条件是（　　　）。

A. head==NULL;　　　　　　　　　　B. head->next==NULL;

C. head->next==head;　　　　　　　D. head 不存在

3. 对不带头结点单链表的运算，下面说法错误的是（　　　）。

A. 不带头结点的单链表插入删除运算有可能改变头指针

B. 不带头结点的单链表插入运算，如果插入位置不在头结点之前，运算方法与带头结点的单链表相同

C. 不带头结点的单链表删除运算，如果删除的不是头结点，运算方法与带头结点的单链表相同

D. 带头结点的单链表比不带头结点的单链表查找运算简单

4. 在一个单链表的 p 所指的结点之后插入一个 s 所指的结点，应执行的操作是（　　　）。

A. p->next=s; s->next=p;　　　　　　B. s->next=p; p->next=s;

C. p->next=s; s->next=p->next;　　　D. s->next=p->next; p->next=s;

5. 用链式存储结构存储线性表的优点是（　　　）。

A. 便于随机存取　　　　　　　　　　B. 节省存储空间

C. 便于插入和删除　　　　　　　　　D. 提高运算效率

6. 对长度为 n 且顺序存储的线性表，在任何位置上操作都是等概率的情况下，插入一个元素平均需要移动表中的（　　　）元素。

A. $\dfrac{n}{2}$　　　　　B. $\dfrac{n+1}{2}$　　　　　C. $\dfrac{n-1}{2}$　　　　　D. n

7. 以下说法错误的是（　　　）。

A. 对循环链表来说，从表中任一结点出发都可以通过向前或向后移操作遍历整个表

B. 对单链表来说，只有从头结点开始才能查找链表中的全部结点

C. 双向链表的特点是查找结点的前驱和后继都很容易

D. 对双向链表来说，结点*p 的存储位置既保存于其前驱结点的后继指针中，又保存于其后继结点的前驱指针中

8. 在长度为 n（$n>1$）的单链表中，如果设有头指针和尾指针，下面（　　　）操作与 n 无关。

A. 在首元元素之前插入一个元素　　　B. 在尾结点之后插入一个元素

C. 删除尾结点　　　　　　　　　　　D. 删除首元元素

9. 静态链表中做插入和删除运算时（　　　）。

A. 都不需要移动元素　　　　　　　　B. 都需要移动元素

C. 插入需要移动元素，删除不需要　　D. 插入不需要移动元素，删除需要

10. 下面关于静态链表说法正确的是（　　　）。

A. 静态链表是用一维数组来实现链式存储结构的

B. 静态链表所占的存储空间大小是动态的、不确定的

C. 静态链表的插入、删除运算的时间效率没有单链表高

D. 静态链表中无法表示指针

二、填空题

1．顺序存储结构的线性表其物理结构与逻辑结构是_____的。

2．当线性表的元素总数基本稳定，且很少进行插入和删除操作，但要求以最快的速度存取线性表中的元素时，应采用_____存储结构。

3．线性表 L=（$a_1,a_2,\cdots,a_n$）用数组表示，在等概率条件下，则删除一个元素平均需要移动元素的个数是_____。

4．在具有 n 个元素的顺序表中插入一个元素，合法的插入位置有 ____ 个。

5．在一个长度为 n 的顺序表中第 i 个元素（1≤i≤n）之前插入一个元素时，等概率条件下需向后移动_____个元素。

6．在具有 n 个元素的顺序存储结构的线性表中查找某个元素，在等概率条件下，平均需要比较 _____次。

7．在具有 n 个元素的顺序存储结构的线性表中要访问第 i 个元素的时间复杂度是 _____。

8．在顺序表 L 中的 i 个位置插入某个元素 x，正常插入时，i 位置以及 i 位置以后的元素要后移，首先后移的是 _____个元素。

9．要删除顺序表 L 中的 i 位置的元素 x，正常删除时，i 位置以后的元素需要前移，首先前移的是 _____ 个元素。

10．单链表中增加头结点的目的是为了_____。

11．链式存储结构的线性表其元素之间的逻辑关系是通过结点的_____域来表示的。

12．用单链表方式存储线性表，每个结点需要两个域，一个是数据域，另一个是_____。

13．在单链表 L 中，指针 p 是尾结点的条件是 _____。

14．某带头结点的单链表的头指针为 head，判定该链表为空的条件是 _____。

15．随机访问具有 n 个结点的单链表中任意一个结点的时间复杂度是 _____。

16．链式存储结构的线性表中，如果知道该元素的前驱的位置，在该元素之前插入一个元素或删除某个元素所需的时间与其位置_____关（填"有"或"无"）。

17．头插法建立单链表时，元素的输入顺序与在链表中的逻辑顺序是_____的。

18．若要将一个单链表中的元素倒置，可以借助_____建立单链表的思想将链表中的结点重新放置。

19．线性表用链式存储结构存储比用顺序存储结构存储所占的存储空间_____多（填"一定"或"不一定"）。

20．单循环链表 L 中指针 p 所指结点为尾结点的条件是 _____。

21．静态链表是借助数组的_____来描述指针的。

三、简答题

1．名词解释

（1）结点；（2）头结点；（3）头指针；（4）首元元素。

2．简述线性表的顺序存储结构和链式存储结构的优缺点。

3．已知指针 p 指向某结点，请分析在双向循环链表和单循环链表中删除所指向的结点的时间复杂度。

4. 已知元素 a_1, a_2, a_3, a_4, a_5，将其存放在为 0～10 的地址空间中，请画出对应的静态链表示意图。

四、算法设计（以下链表均为带头结点的单链表）

1. 定义整型单链表结点类型并设计一算法尽量利用原表中的结点，将该链表划分成两个链表，一个链表中放置正数和零，另一个链表中放置负数。

2. 已知两个升序排列的整型单链表的头指针 H1 和 H2，设计一个算法，尽量利用原表中的结点，将其合并到一个链表中，使其依然升序排列。

如：H1: 1, 3, 5, 7

H2: 2, 4, 8, 10, 11

合并后的表：1, 2, 3, 4, 5, 7, 8, 10, 11

3. 已知两个升序排列的整型单链表的头指针 H1 和 H2，设计一个算法，尽量利用原表中的结点，将其合并到一个链表中，使其为降序排列。

如：H1: 1, 3, 5, 7

H2: 2, 4, 8, 10, 11

合并后的表：11, 10, 8, 7, 5, 4, 3, 2, 1

4. 已知一个整型单链表的头指针 H，设计一个算法，删除链表中所有值为 x 的元素。

5. 设计一算法：在头指针为 H 的带头结点的单链表中，将新元素 x 插入到该链表中的元素 elm 之后，若不存在元素 elm，则插入到最后。

6. 设计一算法：将任意给定的一个元素 x 插入到升序排列的单链表中，使得该链表中的数据依然升序排列。

7. 设计一算法：求整型单链表中值最大的结点并返回该结点的指针，若链表为空，则返回一个空指针。

五、程序设计

有一商场货物信息包括货物名称、货号、库存、价格等四项信息，对货物的管理包括以下功能：

1. 初始化：录入所有货物的名称、货号、库存、价格四项信息（约定：按货物号有序录入）。

2. 查找：给定货物货号，查找该货物的其他信息。

3. 入库：给定货物信息，将其入库。若存在该货物，则修改其数量，否则按货物号有序插入。

4. 出库：给定货物信息，将其出库。若不存在该货物，提示无法出库。如果存在，判断库存数量与出库数量的关系。若库存大于出库量，则修改库存数量。若库存等于出库量，则删除该货物。若库存小于出库量，则向用户确认是否出库，若需要继续出库，则删除该货物。

5. 浏览：显示所有货物信息。

请分别用顺序存储结构和链式存储结构编制完整程序，实现以上功能。

第 3 章　栈和队列

　　日常生活中我们经常看到这样的例子：每餐饭后我们都要清洗餐盘，清洗之前先将餐盘叠放起来，清洗完后又将干净的餐盘重新叠放。很显然，餐盘之间的逻辑结构就是一个线性表。清洗时我们总是从待清洗的一叠盘子的顶端一个一个依次取出，清洗完后将洗好的盘子一个一个地叠放到已清洗过的另一叠盘子的顶端。可以看出，取盘子的过程实际上就是删除线性表中元素，放盘子的过程就是在线性表中插入一个元素，其特点是：插入和删除都是在线性表的一端进行，即在一叠盘子的顶端进行。这种插入、删除运算只能在线性表的一端进行的特殊的线性表，就是本章要讨论的"栈"（stack）。

　　日常生活中，我们还经常见到这样的例子：去超市购物付款时经常要排队结账。结账时总是排在队列最前面的人先结账，结完账后就会出队；新来的人总是从队列的末尾加入队列。很显然，这个队列的逻辑结构也是一个线性表。对这种线性表，入队是做了一个插入运算，出队是做了一个删除运算。而且其插入操作在表的一端进行，而删除操作在表的另一端进行，具有这种特性的线性表，就是本章将要讨论的又一个特殊的线性表——"队列"（queue）。

3.1　栈

3.1.1　栈的定义及基本运算

　　定义：栈是一种受限定的线性表，限定其插入和删除操作只能在表的一端进行。其中，允许进行操作的这一端叫做**栈顶**（top），另一端叫做**栈底**（bottom）。

　　栈中插入操作叫做入栈或压栈，删除操作叫做出栈或弹栈。

　　栈的特点：由于入栈和出栈操作只能在栈顶进行，所以总是后进栈的元素先出来，即具有**后进先出**（Last In First Out，缩写为 LIFO）的特点。

　　栈的基本运算：

① 初始化栈 S 为空栈。

② 判断栈 S 是否为空栈。

③ 入栈操作。将元素 x 入栈。

④ 出栈操作。删除栈顶元素。

⑤ 读栈顶元素。只读栈顶元素，不改变栈的内容。

　　栈是一种特殊的线性表，因此，前面讲的线性表的所有运算方法对它都是适用的，但它既然是特殊的线性表，就有其特殊的操作方法。读者可以把本节内容与上节内容进行比较学习。

3.1.2　顺序存储结构栈的基本运算

　　从逻辑结构上来看，栈就是线性表，栈与普通线性表的区别是：普通线性表的插入、删除运算可以在线性表的任意位置进行，而栈的插入、删除运算只能在栈顶位置进行。栈的运算是线性表的运算的一个子集。由于栈和线性表的逻辑结构完全相同，顺序存储结构的栈的存储方法与普通线性表也完全相同。

栈的类型定义如下：

```
typedef struct
{ DataType stack[MAXLEN+1];
  int top;
}StackType;
```

为了做到见名知义，我们用 stack 表示栈，用 top 表示栈顶位置。stack 与一般线性表中的 list 表示的意义相同，top 是栈顶位置,元素从 1 位置开始存放时与顺序表定义中的 len 相同。StackType 与顺序表的类型名 SeqList 意义相同。

如图 3-1 所示为顺序存储结构栈的动态示意图。

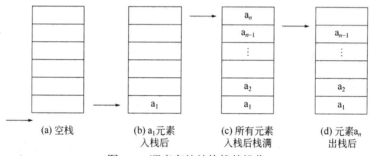

(a) 空栈　　　　(b) a_1元素　　　　(c) 所有元素　　　　(d) 元素a_n
　　　　　　　　入栈后　　　　入栈后栈满　　　　出栈后

图 3-1　顺序存储结构栈的操作

图中箭头指示了栈顶的位置。图 3-1（a）为栈空的状态，栈空时栈顶指向空位置 0；图 3-1（b）为元素入栈的状态，每入栈一个元素，栈顶位置加 1，新元素放在新的栈顶位置；图 3-1（c）为栈满状态，当栈满时，栈顶位置指向最后一个位置，如果再有元素入栈，就会产生"上溢"现象；图 3-1（d）为元素出栈状态，每次出栈总是出栈顶元素，出栈后，栈顶位置减 1；如果栈已空，再继续进行出栈运算时，就会产生"下溢"。"上溢"或"下溢"都会导致程序出错，一定要避免此类运算。

基本操作的具体实现算法如下所述。

（1）初始化运算

```
//初始化一个空的栈，并返回栈的位置
StackType *  IniStack()
{ StackType * s;
  s=(StackType*)malloc(sizeof(StackType)); //为栈申请空间
  if (s==NULL) return NULL;
  s->top=0;        //置空栈
  return s;
}
```

（2）判栈空运算

```
//判断栈 s 是否为空，为空返回 1，否则返回 0
int  Empty(StackType * s)
 {
```

```
    if (s->top==0) return 1;
    return 0;
 }
```

（3）入栈运算

入栈运算实际上是将新元素插入线性表的最后一个位置之后。如果表已满，则不能插入；如果表未满，由于该位置为空，无须移动元素，直接将元素插入该位置，表长加 1。栈中栈顶位置加 1 就实现了元素个数加 1。

```
//将元素 x 压入栈 s 中，正常入栈返回 1，否则返回 0
int Push(StackType * s,DataType x)
{
  if (s->top==MAXLEN)            //栈满，不能入栈
  {
     printf("栈已满! \n");
     return 0;
  }
  s->top++;                      //栈顶位置加 1
  s->stack[s->top]=x;            //x 入栈
  return 1;
}
```

（4）出栈运算

出栈运算实际上是删除线性表最后一个位置的元素。如果栈为空不能出栈；如果栈不为空，直接将表长（栈顶位置）减 1，由于其后没有元素，也无须将其后元素前移。

```
//将栈 s 出栈，并将栈顶元素的值通过参数 px 返回，正常出栈返回 1，否则返回 0
int Pop(StackType * s, DataType* px)
{
   if (s->top==0)
   {
     printf("栈已空! \n");       //栈空，不能出栈
     return 0;
   }
   else
   { *px=s->stack[s->top];       //栈顶元素保存在*px 中
     s->top--;                   //栈顶位置减 1
     return 1;
   }
}
```

（5）读栈顶元素运算

只有栈不为空时才可读出栈顶元素，否则不能读栈顶元素。

```
//读出栈顶元素，并通过参数 px 返回其值
int GetTop(StackType * s, DataType* px)
{
   if (s->top==0)
   {
     printf("栈已空! \n"); //栈空，不能出栈
```

```
      return 0;
    }
    else
    { *px=s->stack[s->top];        //栈顶元素保存在*px 中
      return 1;
    }
}
```

说明：读栈顶元素时，并不修改栈的任何信息。

栈的应用非常广泛，常常会出现在一个程序中需要使用多个栈的情形，为了不致因栈上溢而产生错误中断，需要给每个栈分配一个足够大的空间，但这并不容易做到。一方面因为每个栈所需的空间大小很难估计；另一方面因为每个栈的实际容量在使用过程中会动态变化，往往会出现其中一个栈上溢而其余栈尚留有很多空间的情况，因此常常通过多个栈共享一片空间的方法来实现存储空间的充分利用。

以两个栈共享空间为例，可把两个栈的栈底设在为它们所分配的空间的两端，然后，各自向中间伸展，仅当两个栈相遇时才产生上溢，如图 3-2 所示。这样，对动态变化的栈来说，每个栈的可利用空间都可能超过整个空间的一半。

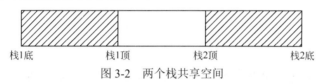

图 3-2 两个栈共享空间

两个栈共享存储空间时，如果存储空间的地址区间为 1～MAXLEN，栈 1 的栈底从 1 开始，栈 1 为空时其栈顶为 0，每次入栈栈顶加 1，出栈栈顶减 1；栈 2 的栈底从 MAXLEN 开始，栈 2 为空时其栈顶为 MAXLEN +1，每次入栈栈顶减 1，出栈栈顶加 1；栈满时栈 1 的栈顶加 1 与栈 2 的栈顶相同。

对多个栈的共享，其算法比较复杂，需通过进行大量元素的移动来动态调整存储空间。这是顺序存储结构的固有缺点。

3.1.3 链式存储结构栈的基本运算

栈的链式存储结构与普通线性表的链式存储结构相同，为操作方便起见，采取带头结点的单链表的存储结构形式来存储栈，可用图 3-3 来表示栈的链式存储结构。为做到见名知义，用 top 表示栈顶位置。

图 3-3 栈的链式存储结构

栈顶元素就是首元结点，栈底元素就是链表中的最后一个元素。数据类型的定义与单链表的定义相同。

类型定义：

```
typedef struct node
{
    DataType data;
    struct node *next;
```

```
} NodeType;
```

入栈运算是将新元素插入头结点之后首元结点之前，出栈运算是删除首元结点。

（1）初始化运算

```
//初始化一个空栈，并返回栈顶指针
 NodeType*  IniStackL()
 {  NodeType *top;
    top=(NodeType*)malloc(sizeof(NodeType));
    if (top==NULL) return NULL;
    top->next=NULL;
    return top;
  }
```

（2）判栈空运算

```
//判断 top 所指向的栈是否为空，为空返回 1，否则返回 0
int EmptyL(NodeType * top)
{
    if(top->next==NULL) return 1;
    return 0;
}
```

（3）入栈运算

```
//将元素 x 压入 top 所指向的栈中，正常入栈返回 1，否则返回 0
int  PushL(NodeType* top,DataType x)
{
    NodeType *s;
    s=(NodeType*)malloc(sizeof(NodeType));
    if(top==NULL)
    {
      printf("\n 申请空间失败");
      return 0;
     }
    s->data=x;                 //新结点数据域赋值
    s->next= top->next; //将新结点入栈
    top->next=s;
    return 1;
}
```

（4）出栈运算

```
//将 top 所指向的栈出栈，栈顶元素值通过参数 px 返回，正常入栈返回 1，否则返回 0
int PopL(NodeType * top, DataType* px)
{
    NodeType* p;
    if (top ->next==NULL )
    {
      printf("栈为空栈!\n ");
      return 0;
    }
    else
```

```
    {
        p= top ->next;          //p 指向栈顶结点
        *px=p->data;            // *px 保存栈顶元素的值
        top ->next=p->next;  //删除栈顶元素
        free(p);                //释放栈顶结点所占空间
        return 1;
    }
}
```

3.1.4 栈的应用实例

由于栈具有"先进后出"的特性，栈普遍用于解决具有"回溯"现象的应用中。如：路径探寻，函数的嵌套调用的实现，表达式括号匹配的检验，表达式求值等都用到了栈。下面以行编辑程序为例讨论栈的应用。

例 3-1 行编辑程序。

一个简单的行编辑程序的功能是：接受用户从终端输入的信息，并存入用户的数据区。由于用户在终端上进行输入时，可能会出错，行编辑器应允许用户修正错误。经常采用的做法是：设立一个输入缓冲区，用以接受用户输入的一行字符，然后逐行存入用户数据区，允许用户对最近输入的一个字符或一行进行删除。假如约定："#"为退格符，表示前一个字符无效；"@"为退行符，表示当前行所有字符均无效。如果用户输入 whli##ilr#e(s#*s)，则有效字符应为while(*s)。由于字符的插入删除都在本行的最后进行，这时，可用一个栈作为输入缓冲区，每当从终端接受了一个字符之后，先做如下判别：如果它既不是退格符也不是退行符，则将该字符压入栈；如果是一个退格符，则从栈顶删去一个字符；如果是一个退行符，则将字符栈清为空栈。上述处理过程用顺序栈存储栈，其对应算法如下：

```
//用顺序栈实现行编辑器
#include<stdio.h>
#include<stdlib.h>
#define MAXLEN 100      //每行最多100个字符
typedef char DataType;//所处理的数据为字符
 //顺序栈类型定义、栈的初始化函数、入栈函数、出栈函数略
void main( )
 {
     char ch,x;
     int i;
     StackType* s;
     s=IniStack();       //初始化栈
     printf("请输入一行字符:\n");
     ch=getchar();       //输入第一个字符
     while(ch!= '\n')    //当一行未输入完时
     {
        switch(ch)
          {
            case'#':Pop(s,&x);break;     //输入#则出栈
            case'@':s->top=0;break;      //输入@则栈置空
            default:Push(s,ch);          //输入正确字符则入栈
          }
```

```
    ch=getchar();  //继续输入字符
    }
    for(i=1;i<=s->top;i++)//按输入的先后次序输出缓冲区的内容
        putchar(s->stack[i]);
    printf("\n");
}
```

3.1.5 栈与递归

一个函数或过程通过直接或间接方式调用自身的调用方式叫做递归调用。递归在很多应用程序中，可以使得原本用非递归方式描述起来很复杂且难以理解的算法，通过递归方式用很简单的语句描述出来。而且，很多时候，用递归方式描述的算法其语句形式更加接近人们处理问题的逻辑思维。

例 3-2 利用递归求阶乘的问题。

```
#include <stdio.h>
//求 n 的阶乘并将其阶乘返回
long Jch(int n)
{
  if (n>1)return(n*Jch(n-1));
  else return 1;
}
void  main()
{
  printf("5!=%ld\n",Jch(5));
}
```

从 Jch 函数可以看出，求 n 的阶乘的方法是：如果 $n>1$，其阶乘为 $n-1$ 的阶乘乘以 n，否则为 1；但是，虽然递归函数描述很简单，但执行起来很复杂，只要 $n>1$，函数都要进一步调用自身，其执行过程可用图 3-4 来表示。

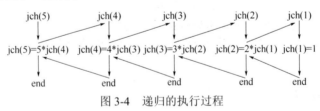

图 3-4 递归的执行过程

为了保证函数调用后正确返回，每次函数调用时需要保存调用时的现场，递归函数每一次递归调用结束，都要返回最近一次的现场继续执行，最先调用的现场最后返回，现场保存与返回的顺序满足"先进后出"特性，因此，递归调用常常通过栈来保存现场。

下列程序是该递归程序的非递归实现过程：

```
#include <stdio.h>
#include <stdlib.h>
#define MAXLEN 100
typedef  int DataType ;   //数据元素类型定义为整型
//顺序栈的数据类型、栈的初始化函数、判栈空、入栈函数、出栈函数略
void main ()
{
```

```
StackType *s;
int m,n,k;
long jch;
s=IniStack();          //初始化栈
if(s==NULL)  //栈初始化失败程序运行结束
{ printf("栈初始化失败！\n ") ;
  return;
}
n=5;                   //给 n 赋值
do                     //求 n 的阶乘
{  k=Push(s,n);     //n>1 时，将 n 入栈
    n--;
} while (n>1);
jch=1;                 //jch 初始化为 1 的阶乘
while (!Empty(s))
{ k=Pop(s,&m);      //将栈中元素一一弹出
  jch=jch*m;         //依次求出 2!，3!，4!，5!
  }
 printf("阶乘为：%ld\n ",jch);
 }
}
```

通过以上模拟过程可以看出，递归算法书写简单、清晰，但递归执行的效率并不高。有时，在一些小的应用中，对算法执行效率要求并不高，我们可以用递归的算法，使得算法的简单易读。但当问题规模较大时，对时间空间效率要求较高，就需要用非递归的形式来描述。这时就可以借助栈将递归问题转换成非递归的形式。递归转非递归时，遇到深层递归时，将相关变量入栈保存，然后更新有关变量进入下一层。进一步递归调用结束了，出栈更新当前状态。如果栈为空则所有调用都结束。

下面就递归程序设计中的有关问题作几点说明。

① **递归使用的场合**：当处理一个问题规模比较大算法比较复杂，如果该问题可以用较小规模的问题来描述，且小规模问题与大规模问题处理方法相同，当问题规模小到一定程度时处理方法变得很简单，这时，就可以用递归简化算法的书写。

② **递归算法设计方法**：设计递归算法时需要解决两个问题。a.如何用小规模问题描述大规模问题。在上述阶乘中，我们用 $n \times (n-1)!$ 来描述 $n!$。b.递归结束的条件是什么。在上述阶乘中，$n \leq 1$ 作为递归结束的条件。这两点搞清楚了，递归算法的设计就一目了然。

③ **递归算法的阅读**：阅读递归算法时，应从递归结束开始，由小规模到大规模逐层递推。如上述阶乘中，递归结束的条件是 $n \leq 1$，所做的操作是返回 1,最先得到的就是 1! 值；当 n 再大一点，变成 2 时，返回的是 $2 \times 1!$，当再大一点，变成 3 时，返回的是 $3 \times 2!$，通过几次递推，就可找到规律，得到程序的运行结果。

函数的递归调用与嵌套调用的区别是：嵌套调用一般情况是一个函数调用另外一个函数，而递归是一个函数自己调用自己。但执行过程都可以理解为：在一个函数的执行过程中，遇到函数调用时，主调函数的执行暂停，转去执行被调函数，当被调函数执行完后，接着主调函数暂停处继续执行。

3.2　队列

3.2.1　队列的定义及基本运算

定义：队列是一种特殊的线性表。在队列中，仅允许在一端进行插入，而在另一端进行删除操作。允许插入的这一端叫做队尾（rear），允许删除的这一端叫做队头（front）。这种线性表类似于日常生活所排的队，因而称为队列。

队列的特性：通过排队购物例子很容易看出，队列中总是排在队头的人先得到服务，排在队尾的人后得到服务，具有"先来的先服务"特性，即**"先进先出"**（First In First Out，简称 FIFO）。

基本运算：
① 置空队。
② 判断队是否为空队。
③ 将新元素入列。
④ 出队。
⑤ 读队头元素。

3.2.2　顺序存储结构队列的基本运算

同一般的线性表一样，顺序存储结构的队列也是借助于一个一维数组来实现的。为了表示插入和删除操作的位置，增加两个变量 front 和 rear，front 表示队头前一个元素的位置，rear 表示队尾元素的实际位置。front 之所以没有指向队头元素的实际位置，完全是为了操作的方便，在下面的算法中读者可以体会到。

顺序存储结构的队列可定义为

```
typedef struct
{ DataType queue[MAXLEN+1];
  int front,rear;
}SeqQueue;
```

假如队列最多可放 6 个元素，图 3-5 所示为空队、入队、出队时队列的变化情况。

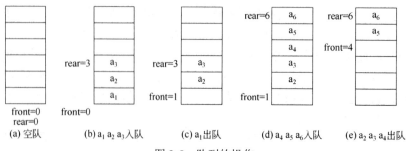

图 3-5　队列的操作

队空时，队头和队尾都指向队列的空位置 0。

入队运算相当于线性表的插入运算，入队时将新元素插入线性表的最后一个元素之后位置，该位置本身就是一个空位置，其后没有元素，因此，可直接将该元素放置在这个位置，队尾位置加 1。

出队运算相当于线性表的删除运算，删除的是线性表的第一个元素。对于普通线性表，如果删除的是第一个元素，其后面元素需要前移。但是，队列中每次出队（删除）的都是队头位置元素即第一个元素，如果每次出队都要使其后面元素前移，时间效率难以提高。为了提高时间效率，队列的入队运算只是改变队头的位置，使其队头位置加 1。

假如有如下的变量声明：

```
SeqQueue* sq;    //sq 为指向顺序队的指针
```

上述对队列的操作可描述如下：

- 置空队：　　sq->front=0; sq->rear=0;
- 入队操作：　sq->rear++;　　　　　　　　//队尾位置加 1
　　　　　　　　sq->queue[sq->rear]=x;　//元素入队
- 出队操作：　sq->front++;　　　　　　　//队头位置加 1
- 队空条件：　sq->rear== sq->front;　　//队头队尾指向同一个位置
- 队满条件：　sq->rear== MAXLEN;　　　//队尾指向队列空间的最后一个位置
- 元素个数：　sq->rear-sq->front

当然，入队时队满不能入，出队时队空不能出。

这样，队列的操作变得十分简单。但是，可以看出：在图 3-5（e）状态下，如果再有元素入队，由于 rear 已经达到了最大值就会产生"上溢"错误。但是，可以看出：由于 $a_1 \sim a_4$ 元素已经出队，其位置为空，显然，这时队列并不是真的满了，这种现象我们称为"假溢出"。

导致假溢出现象的主要原因是：由于队列每次出队的都是第一个元素，也就是删除第一个元素，为了提高算法的时间效率，队列出队时并没有像普通线性表那样使其后面元素前移。为了解决"假溢出"现象，经常采用的方法是把队列想象成一个首尾相接的队列，这种队列叫做"循环队列"，如图 3-6 所示。实际上：循环队列与普通队列存储结构是一模一样的。

当队尾已经指向 MAXLEN 位置时，只要队列的前端还有可用的空间（即队未满），则新的元素可入队到第 1 个位置上。

这样，队列未满时，循环队列入队操作可以描述如下：

```
if (sq->rear==MAXLEN) sq->rear=1;  //如果队尾指向最后一个位置，入队位置
为 1
    else sq->rear++;                //如果队尾未到达最后一个位置，入队位置为 rear+1
sq->queue[sq->rear]=x;  //新元素入队
```

上述 if 语句可用下面的求模运算来实现：

```
sq->rear=sq->rear%MAXLEN+1;
```

该求模运算中，当 sq->rear!=MAXLEN 时，sq->rear%MAXLEN+1 的值为 sq->rear+1，当 sq->rear==MAXLEN 时，sq->rear%MAXLEN+1 的值为 1。

从图中可以看出，出队时，front 的修改与入队时 rear 的修改方法相同，也存在着从 MAXLEN 变到 1 的情况，因此出队时，用求模运算描述 front 的修改方法如下：sq->front=sq->front%MAXLEN+1。

队空条件：sq->front==sq->rear

队满条件：对图 3-6，如果我们再有 4 个元素入队，该队列就放满了元素。这时的 rear 与 front 指向了同一位置，即 sq->front==sq->rear，与队空的条件相同。这给我们判断是队空还是队满带来了麻烦，为解决此问题，我们常采取的解决办法是：少用一个数据元素空间，即队满时，front 所指的位置为空，其余位置均有元素。以队尾 rear+1 等于 front 来表示队满。当然，在循环队列中，判断队满时也存在着 rear 指向 MAXLEN，front 指向 1 的情况，因此循环队列中，队满的条件为 sq->front==sq->rear% MAXLEN+1。

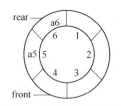

图 3-6　循环队列示意图

通过以上分析，对循环队列的操作可以总结如下：

- 队空条件：`sq->front==sq->rear`
- 队满条件：`sq->front==sq->rear% MAXLEN+1`
- 入队操作：`sq->rear=sq->rear%MAXLEN+1;sq->queue[sq->rear]=x;`
- 出队操作：`sq->front=sq->front% MAXLEN+1;`
- 置空队：`sq->front=1;　sq->rear=1;`
- 元素个数：`(sq->rear-sq->front+ MAXLEN)% MAXLEN`

注意：循环队列置空队时，队头队尾位置相等，该位置必须是队列中的某个位置，即应该是在 1～MAXLEN 的某个位置，通常我们将其都置为 1，与普通队列有所不同。如果循环队列的地址区间在 0～MAXLEN-1，入队出队时，队尾和队头的修改可以是先加 1 再取余。

下面给出循环队列基本运算：

（1）初始化运算

```
//为队列申请空间并使队列置空，返回队列的位置
SeqQueue* IniQueue()
 { SeqQueue*sq;
   sq=(SeqQueue*)malloc(sizeof(SeqQueue));
   if(sq==NULL) return NULL;
   sq->front=1;
   sq->rear=1;
   return sq;
}
```

（2）入队运算

```
//将元素 x 加入队列 sq 中，正常入队返回 1，否则返回 0
int AddQueue(SeqQueue *sq,DataType x)
{
    if (sq->front==sq->rear% MAXLEN+1)
     {
       printf("\n 队列已满！");
       return  0;
     }
```

```
    sq->rear=sq->rear% MAXLEN+1;  //修改尾指针
    sq->queue[sq->rear]=x;         //元素入队
    return 1;
}
```

（3）出队运算

```
//将队列 sq 出队并通过参数 px 返回其值，正常出队返回 1，否则返回 0
int DelQueue(SeqQueue *sq , DataType* px)
{
    if   (sq->front==sq->rear)
      {
        printf("\n 队列已空! ");
        return  0;
      }
    sq->front=sq->front% MAXLEN+1;  //修改头指针
    *px=sq->queue[sq->front];       //原来的队头元素通过参数 px 返回
    return 1;
}
```

说明： 显然，循环队列比普通队列的运算要复杂一些。实际应用中，如果要用到队列，不一定必须要用循环队列。循环队列是为了解决假溢出现象而引入的。假溢出现象发生的情况是：对于最多可以放 n 个元素的队列，入队次数超过了 n 次。如果元素总的入队次数不会超过 n，就不可能产生假溢出，我们就可以用一般的队列解决问题，算法实现起来简单得多。

3.2.3 链式存储结构队列的基本运算

链式存储结构的队列叫做"链队列"。链队列其实就是一个链式存储结构的线性表，为了操作方便，仍用带头结点的单链表描述队列。但由于队列限定其删除运算只能在队头进行，插入运算只能在队尾进行，因此，链队列的队头、队尾位置都必须描述出来。其示意图如图 3-7 所示。

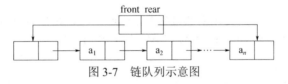

图 3-7 链队列示意图

链队列只是比带头结点的单链表多设了一个尾指针。其结点类型的定义与前面的单链表的定义相同。其入队算法可借鉴尾接法建立单链表的思想，其出队算法可借鉴链式结构栈的出栈思想。

链式队列结点数据类型定义：

```
typedef struct node
{ DataType data;
   struct node * next;
} NodeType;
```

链式队列数据类型定义：

```
typedef struct
{ NodeType* front;
  NodeType* rear;
```

```
}LinkQueue;
```

（1）初始化运算

```
//申请一个空队列，并返回队列位置
LinkQueue * IniQueueL()
{  LinkQueue *q;
   q=(LinkQueue*)malloc(sizeof(LinkQueue));      //为队列申请空间
   if(q==NULL)  return NULL;
   q->front=(NodeType*)malloc(sizeof(NodeType));//为队头结点申请空间
   if (q->front==NULL) return NULL;
   q->front->next=NULL;  q->rear=q->front;        //置空队
   return q;
}
```

（2）入队运算

```
//将元素 x 入队，正常入队返回 1，否则返回 0
int AddQueueL(LinkQueue *q,DataType x)
{
   NodeType *s;
   s=(NodeType*)malloc(sizeof(NodeType));//为新结点申请空间
   if (s==NULL)
   {  printf("\n 申请空间失败");return 0;
   }
   s->data=x;s->next=NULL;   //为新结点赋值
   q->rear->next=s;           //新结点入队
   q->rear=s;                 //新结点为新的尾结点
   return 1;
}
```

（3）出队运算

```
//将队列 q 出队，并将队头元素通过参数 px 返回，正常出队返回 1，否则返回 0
int DelQueueL(LinkQueue *q, DataType* px)
{
   DataType x;
   NodeType *p;
   if  (q->front->next==NULL)
   {
       printf("\n 队列已空\n ");
       return 0;
   }
   p=q->front->next;             //p 指向首元结点，即队头元素所在结点
   *px=p->data;                  //队头元素通过参数 px 返回
   q->front->next=p->next;       //出队，删除首元结点
   free(p);                      //释放首元结点所占空间
   if (q->front->next==NULL)
       q->rear=q->front;         //如果出队后队空，修改尾指针
   return 1;                     //返回队头元素的值
}
```

3.2.4 队列的应用

队列的应用也很广泛，例如在多用户操作系统中，作业排队等待某一资源就是通过队列进行管理的。实际应用中，只要涉及先进先出的处理过程都会用到队列。以日常生活中的大型医院挂号就医为例，医院对病员的组织是这样做的，病员首先进行排队挂号，登记自己的相关信息：姓名、性别、年龄、家庭住址等，并告知医务人员所挂科室，专家号还是普通号，若是专家还需告知专家姓名，医务人员会按诊室对病人进行排队，并将其信息输入计算机。每个病员按照排队次序在各自的队列中等待就诊，每次就诊总是从排在最前面的人开始，医院会提示就诊人员的排队情况。该队列中的元素个数一旦定义好，入队次数不会超过最大个数，因此，不会产生假溢出，该系统使用普通队列便可以满足要求。下面是通过顺序队实现医院挂号就诊的代码。

例 3-3 医院挂号就诊系统。

```
#include<stdio.h>
#include <stdlib.h>
#define MAXLEN  50    //每个诊室最多可挂号人数
#define N 8           //诊室数
//定义队列中元素数据类型
typedef  struct
{ char name[21],sex[3],address[51],no[20];
   //定义病员姓名、性别、住址、身份证号
  int age;    //定义病员年龄
}DataType;
//定义队列数据类型
typedef struct
{ DataType queue[MAXLEN+1];
  int front,rear;
}SeqQueue;

//队列初始化
SeqQueue* IniQueue()
 { SeqQueue*sq;
   sq=(SeqQueue*)malloc(sizeof(SeqQueue));
   if(sq==NULL) return NULL;
   sq->front=0;
   sq->rear=0;
   return sq;
}

void Menu()
{ printf("**********************\n");
printf("*1--------------队列置空*******\n");
printf("*2--------------新病员入队***\n");
printf("*3--------------病员就诊****\n");
printf("*4--------------显示就医情况*\n");
printf("*0--------------退出********\n");
printf("**********************\n");
```

```
  }

void main()
{
  int sel,i,j,confirm;
  DataType x;
  SeqQueue*sq[N+1];         //为每个诊室建立一个队列
  for (i=1;i<=N;i++) sq[i]=IniQueue();
  //为各个队列申请空间，并初始化为空队
  do
  {
    Menu();                  //显示菜单
    printf("请输入您的选择：0~4\n");
    scanf("%d",&sel);        //输入选项
    switch(sel)
      {case 1: //将各诊室队列置空
              printf("清空各个队列，确认请输入 1\n");
              scanf("%d",&confirm);
              if(confirm==1)
                  for (i=1;i<=N;i++)
                      sq[i]->front= sq[i]->rear=0;
              break;
        case 2: //新病员挂号排队
              printf("请输入诊室\n");
              scanf("%d",&i);
              if(i<1||i>N)
                 printf("诊室应在 1~%d 之间\n",N);
              else
                  if (sq[i]->rear==MAXLEN)
                      printf("对不起，病员已满！\n");
                  else
                  { printf("请输入新病员姓名、性别、身份证号、家庭住址、
                      年龄\n");
                    scanf("%s%s%s%s%d",x.name,x.sex,x.no,
                        x.address, &x.age);
                    sq[i]->rear++;                 //修改尾指针
                    sq[i]->queue[sq[i]->rear]=x;   //新元素入队
                  }
              break;
        case 3: //病员就诊
              printf("请输入诊室 1~%d\n",N);
              scanf("%d",&i);
              if(i<1||i>N)
                 printf("诊室应在 1~%d 之间\n",N);
              else
                if (sq[i]->front==sq[i]->rear)
                    printf("对不起，所有病员已经就医！\n");
                else
                { sq[i]->front++;
```

```
                    x=sq[i]->queue[sq[i]->front];
                    printf("请%s%s 到%d 号诊室准备就诊!!\n",x.name,
                            x.sex,i);
                    }
                break;
    case 4: //输出各诊室就诊病员排队情况
            for(i=1;i<=N;i++)
            {   printf("请%d 诊室的以下病员依次等待就诊\n",i);
                for(j=sq[i]->front+1;j<=sq[i]->rear;j++)
                    printf("%s  %s \n",sq[i]->queue[j].name,
                            sq[i]->queue[j].sex);
                printf("\n");
            }
            break;
    }//case

    }while(sel!=0);
}
```

3.3 小结

与一般线性表相比，由于栈中限定了其操作位置只能在栈顶进行，栈的操作也得到了简化。对顺序存储结构，在进行入栈（插入）、出栈（删除）操作时，没有位置不对问题，也不用进行大量元素的移动。入栈时，只有栈满时才不能入栈；出栈时，只有栈空时才不能出栈。对链式存储结构，入栈出栈时不用花大量的时间去找位置，其位置固定在栈顶。

栈的顺序存储结构仍然保留了其对存储空间大小限制的缺点，链式结构保留了其需要增加指针域的缺点。对存储空间变化较大的情况，我们还是建议使用链栈；而对存储空间需求量小或者变化不大的情况，建议使用顺序栈。由于入栈、出栈都是在栈顶进行，对顺序栈也不用进行大量元素的移动，因此，两种存储结构的栈的入栈、出栈运算的时间效率都是 O(1)。

如果处理的线性表具有栈的特性，即插入及删除运算只能在表的一端进行，那么，对该线性表的运算就变成了对栈的运算。

队列是又一特殊类型的线性表。其插入操作只能在队尾进行，删除操作只能在队头进行。与一般线性表相比，在顺序存储结构中，插入和删除操作不用进行大量的移动。对链式存储结构，不用花大量的时间找插入或删除位置。

循环队列是为了解决**顺序队**的假溢出现象而建立的。假溢出现象是：当一个顺序队列中元素并未放满而队尾位置已经到达最大，如果再入队将造成上溢现象，而假溢出现象的出现是由于出队元素的空位置并没有像顺序表那样通过元素移动来填充，这时，如果入队的次数超过了队列中最多可放的元素个数就会造成假溢出。实际应用中，并不是所有的顺序队都要用循环队列，如果顺序队不可能出现假溢出现象，那么用普通队列就可以了，操作十分简单。

理解循环队列中的求模运算：当队列位置已经到达最大时，则向最小的位置转变，这样将队列的首尾衔接了起来，求模运算才起到了作用，在队列中的其他位置（位置还没有到达最大的情况）的操作，不产生影响，即求模与不求模的操作结果相同。

习题

一、单项选择题

1. 栈和队列都是特殊的线性表，其特殊性在于（　　）。

A. 栈和队列与一般线性表的逻辑结构不同

B. 栈和队列与一般线性表的存储结构不同

C. 栈和队列的运算是线性表运算的一个子集

D. 栈和队列比一般线性表节约存储空间、运算简单

2. 对顺序存储结构队列，下列说法正确的是（　　）。

A. 其入队运算方法与普通线性表的插入运算一致

B. 其出队运算方法与普通线性表的删除运算一致

C. 循环队列比普通队列更能有效地利用存储空间，它们的存储结构不同

D. 循环队列与普通队列逻辑结构不同

3. 设栈的输入序列为 1，2，3，4，5，则其出栈序列不可能是（　　）。

A. 54321　　　　　B. 45321　　　　　C. 43512　　　　　D. 12354

4. 已知一个栈的进栈序列为 1，2，3，…，n，其输出序列为 p_1，p_2，p_3，…，p_n，若 $p_1=n$，则 p_i（$1<i\leq n$）为（　　）。

A. i　　　　　　B. $n-i$　　　　　C. $n-i+1$　　　　　D. 不确定

5. 已知一个栈的进栈序列为 1，2，3，…，n，其输出序列为 p_1，p_2，p_3，…，p_n，若 $p_n=n$，则 p_i（$1<i\leq n$）为（　　）。

A. i　　　　　　B. $n-i$　　　　　C. $n-i+1$　　　　　D. 不确定

6. 已知一个栈的进栈序列为 1，2，3，…，n，其输出序列为 p_1，p_2，p_3，…，p_n，若 $p_1=3$，则 p_2（　　）。

A. 可能是 2　　　B. 不可能是 2　　　C. 可能是 1　　　D. 不可能是 1

7. 对顺序存储结构的队列，下列说法错误的是（　　）。

A. 如果一个队列入队总次数不会超过表长，没必要用循环队列

B. 循环队列与普通队列入队运算只是在入队时队尾指向最后一个位置不同，其余位置操作方法都相同

C. 循环队列与普通队列出队运算只是在出队时队头指向最后一个位置不同，其余位置操作方法都相同

D. 循环队列是为了操作方便把普通队列想象成一个首尾相接的循环队列

8. 若用单链表来表示队列，则应该选用（　　）。

A. 带尾指针的非循环链表　　　　　　　B. 带尾指针的循环链表

C. 带头指针的非循环链表　　　　　　　D. 带头指针的循环链表

9. 若用一个大小为 6 的数组来实现循环队列，地址空间为 0～5，若当前 rear 和 front 值分别为 0 和 3。当从队列中删除一个元素后再加入两个元素，这时的 rear 和 front 值分别为（　　）。

A. 1 和 5　　　　　B. 2 和 4　　　　　C. 4 和 2　　　　　D. 5 和 1

10. 假定一个普通的顺序存储结构队列的队头和队尾指针分别用 front 和 rear 表示，则判队空的条件是（　　）。

A. front+1==rear   B. front==rear+1   C. front==0   D.front==rear

11. 假定一个循环队列存储于长度为 n 的一维数组中，地址空间为 $0 \sim n-1$，其队头和队尾指针分别用 front 和 rear 表示，则判断队满的条件是（　　）。

A. (rear-1)%n==front   B. (rear+1)%n==front

C. rear==(front-1)%n   D. rear==(front+1)%n

二、填空题

1. 栈的特点是_____。

2. 为了解决计算机与打印机之间速度不匹配问题，须设置一个数据缓冲区存放待打印文件，该缓冲区应是一个_____结构。

3. 一个栈的入栈序列是 1，2，3，则不可能的出栈序列是_____。

4. 所有的递归问题都可借助_____用非递归的形式来描述。

5. 队列是限制插入只能在表的一端，而删除在表的另一端进行的线性表，其特点是_____。

6. 为了解决普通顺序存储结构队列的"假溢出"现象，节约内存单元，通过在队列操作中加入数学中的_____运算，可以将其构造成循环队列。

7. 假设以数组 A[60]存放循环队列的元素，元素从 0 位置开始存放。若其头指针是 front=47，当前队列有 50 个元素，则队列的尾指针值为_____。

8. 当用长度为 MaxSize 的数组顺序存储一个栈时，若用 top = MaxSize 表示栈空，则表示栈满的条件为_____。

9. 栈和队列是两种_____线性表。

10. 在循环队列中，为了能够区分队满和队空，往往少用一个元素空间。在这种情况下，队满的条件是_____。（假定循环队列的最大容量为 MAXSIZE，队首是 front，队尾是 rear。）

三、简答题

1. 设栈 S 和队列 Q 的初始状态均为空，元素 e_1,e_2,e_3,e_4,e_5,e_6 依次通过栈 S，一个元素出栈后即进入队列 Q，若 6 个元素出队序列为 e_2,e_4,e_3,e_6,e_5,e_1，则栈 S 的容量至少为多少？写出其分析过程。

2. 说明栈和队列的特点并举例，写出顺序栈空和满的判定条件。写出循环队列空和满的判定条件。

3. 假设将内存中地址从 1 到 m 的一片连续空间提供给两个栈 S_1 和 S_2 共享，怎样分配这部分存储空间，使得对任一个栈，仅当这部分空间全满时才发生上溢。写出两个栈的分配情况，并写出判断空间为空和判断空间为满的条件。

4. 将整型数 1，2，3，4 依次进栈。(1)请分析 1，2，3，4 的 24 种排列中，哪些序列是可以通过相应的入出栈操作得到的。(2)能否得到出栈序列 1423 和 1432？并说明原因。(3)若入、出栈次序为 Push(1), Pop( ),Push(2),Push(3), Pop( ), Pop( ),Push(4), Pop( )，则出栈的数字序列是什么？这里 Push(i)表示 i 进栈，Pop( )表示出栈。

四、算法设计

1．设计一算法，利用栈实现将任意给定的一个十进制整数转换为任意进制（二进制、八进制、十六进制）。

2．设计一算法，利用队列实现将任意给定的一个十进制数的小数转换为任意进制（二进制、八进制、十六进制）。

第4章 串

　　字符串简称串，是由任意多个字符组成的序列。有的程序设计语言把串作为一种变量，C语言是借助字符数组描述串的，为了方便运算，C语言编译系统建立了丰富的串处理函数，如字符串比较、求长度、复制、连接等函数，包含在头文件 String.h 中。目前，计算机在处理非数值数据时，基本上是用串来表示的。编译系统中对源程序进行编译时，把源程序看作串来处理；我们日常处理的名称、地址属于字符串；甚至有些计算机把无法描述的较大的数值数据也用串来描述；还有目前的信息检索系统、文字编辑程序、问答系统、自然语言翻译系统以及音乐分析程序，所处理的数据都是串。

　　目前，我们所使用的计算机硬件结构，对于整型和浮点运算可以通过硬件来实现，而对于串的运算需要通过软件编程来实现，因此，有必要研究串的存储及运算方法，以提高串的运算效率。

4.1　串的概念及基本运算

4.1.1　串的基本概念

　　串是由零个或多个任意字符组成的字符序列，一般记为

$$S="a_0a_1a_2\cdots a_{n-1}" \qquad n \geq 0$$

其中，S 是串名；并用双引号""""（也可采用单引号"''"，元素下标也可以从 1 开始的）作为串开始和结束的定界符，双引号引起来的字符序列为串值，双引号""""本身不属于串的内容，这是串与其他标志符或数值数据的区别；a_i（$0 \leq i \leq n-1$）可以是数字、字母、空格或其他任意字符，称为串的数据元素，它是构成串的基本单位；i 是 a_i 在整个串中的序号；串中字符个数 n 称为串的**长度**。当 n 等于 0 时称为**空串**，通常记为 ϕ。

　　空格串与空串的区别：空串不包含任何字符，其长度为 0；而一个空格本身就是一个字符，即由空格组成的串称为空格串，它的长度是串中空格字符的个数。如：" "表示空串，"　　"是含有两个空格的串。

　　子串与主串：串中任意个连续字符组成的子序列称为该串的一个子串，包含子串的串称为主串。如："I am a student!"是主串，"student!"是它的一个子串。

　　字符和子串的位置：单个字符在串中的序号称为该字符在串中的位置，子串的第一个字符在主串中首次出现的序号称为子串的位置。上述子串"student!"的位置就是第一个字符 s 的位置 7（第 8 个，下标从 0 开始）。

　　串相等：指参加比较的两个串长度相等且对应位置上的字符均相同。

　　串的比较：两个串的大小实际上是按字符的 ASCII 码值进行比较的。两个串从第一个位置上的字符开始比较，如果比较中第一次出现了 ASCII 码值不同的字符，则哪个字符大其对应的

串值就大；如果比较过程中出现一个串结束的情况，则另一个较长的串值为大；如果两个串都比较完且所有字符都相同，则两个串相同。例如："abcd123"大于"abcd0123"，"abcd123"等于"abcd123　"，"abcd123"小于"abcd12345"。

串名与串值：在处理一个可变的串时，常常会将其值存放在一个串变量中，如：name="张笑笑"，其中，name 是串变量名，"笑笑"为其值。

4.1.2　串的基本运算

串与线性表的逻辑结构极为相似，可以把串看作是一个特殊的线性表。区别仅在于一般线性表的数据元素可以是任何类型，而串的数据元素只是字符。串与线性表的基本操作差异比较大，线性表中主要是对某个元素进行的，如线性表的元素插入、删除、查找等；而串主要是对串的整体或某一部分进行操作的，如串的比较、求串的长度、子串等。下面是串的主要操作：

① StrAssign(s1,chars)：创建串。生成一个其值等于 chars 的串 s1。

② StrLength(s)：求串长。操作结果是求出串 s 的长度。

如："student!"长度为 8，""长度为 0。

③ StrCopy(s1,s2)：串赋值。s1 是一个串变量，s2 或是一个串常量或是一个串变量；操作结果是将 s2 的串值赋给 s1，s1 原来的串值被覆盖掉。

如：StrCopy(s1,"student!")，将串常量"student!"的值赋给串变量 s1；StrCopy(s2,s1)，把 s1 变量的值赋给 s2；这样 s1，s2 的值都为"student!"。

④ StrCat(s1,s2)：串连接。两个串的连接是将串 s2 的串值紧接着放在 s1 的串值后面，即 s1 改变而 s2 不变。

例如，s1="CHINA"，s2="Beijing"，StrCat(s1,s2)操作的结果是 s1 ="CHINABeijing"，而 s2="Beijing"。

⑤ SubStr (s,t,i,len)：求子串。条件是串 s 存在且 $1 \leq i \leq$ StrLength(s)，$0 \leq len \leq$ StrLength(s)$-i+1$，操作结果是求得从串 s 的第 i 个位置开始的长度为 len 的子串并将其赋给 t；如果 len 值为 0 则赋给 t 的是空串。

例如，SubStr("student！",t,4,4)的操作结果是 t 的值为"dent"。

⑥ StrCmp(s1,s2)：串比较。操作结果若 s1=s2 则返回 0 值；若 s1<s2 则返回小于 0 的值，若 s1>s2 则返回大于 0 的值。

⑦ StrIndex(s,t)：子串定位。s 为主串，t 为子串，操作结果若 t 是 s 的子串，则返回 t 在 s 中首次出现的位置，否则返回-1值。

例如，StrIndex("Data Structures","ruct")=8。

⑧ StrInsert(s,i,t)：串插入。串 s 和 t 均存在且 $1 \leq i \leq$ StrLength(s)。操作结果是将串 t 插入串 s 的第 i 个字符位置上，s 的串值被改变。

例如，s="You student"，则执行 StrInsert(S,5,"are a ")后 S="You are a student"。

⑨ StrDelete(s,i,len)：串删除。串 s 存在且 $1 \leq i \leq$ StrLength(s)，$0 \leq len \leq$ StrLength(s)$-i+1$。操作结果是删除串 s 中从第 i 个字符开始的长度为 len 的子串，即 s 的串值被改变。

例如，s="You student"，则执行 StrDelete(s,5,7)后，s 的值为"You"。

⑩ StrRep(s,t,r)：串替换。串 s、t、r 均存在且 t 不空，操作结果是用串 r 替换串 s 中出现的所有与串 t 相同的不重叠子串，s 的串值被改变。

串的存储结构有定长顺序存储结构、堆存储结构、链式存储结构三种。

4.2 顺序存储结构串的运算

4.2.1 串的定长顺序存储结构

定长顺序存储结构用一组地址连续的存储单元将串中的字符一个挨着一个存放起来。在这种存储结构中，按照预定义的大小，为串分配一个固定长度的存储区，串的长度在这预定义长度内任意，如果超出长度，则超出长度的字符串被舍去，称为"截断"。因此，与顺序表类似，顺序串常常借助高级语言中的数组来实现。由于串中每一个元素都是一个字符，其值就是该字符的 ASCII 码值，一个字符的 ASCII 码值用八个二进制位即一个字节表示。目前使用的计算机大部分是 32 位机，如果计算机是按字编址，一个 32 位机的一个内存单元可以存储 4 个字符。这样，串的顺序存储结构就有两种表示方式：一种是每个单元只存放一个字符［如图 4-1（a）所示］，称为非紧缩格式；另一种是每个单元的空间放满字符［如图 4-1（b）所示］，称为紧缩格式（图 4-1 中有阴影的字节为空闲部分）。

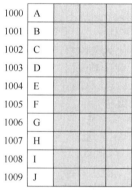

(a) 非紧缩格式　　　　　　　(b) 紧缩格式

图 4-1　字符串存储的紧缩格式与非紧缩格式

紧缩式存储结构节省了存储空间，但由于每次读出或写入的是多个字节，因此对某个字符操作时需要二次寻址，牺牲了 CPU 时间。非紧缩存储结构中虽然浪费了存储空间，但只需一次寻址，速度快。顺序串一般采用非紧缩式的定长存储。

定长顺序存储结构串的实际长度的标识可以有以下 3 种方法：

① 类似于顺序表，用一个一维数组存储串的数据元素，一个整型变量表示长度。在这种存储方式下可以直接得到顺序串的长度。这样，顺序串可定义如下：

```
#define MAXSIZE 256
typedef struct
{
    char data[MAXSIZE];         //存放顺序串串值
    int len;                    //顺序串长度
}SeqString;                     //顺序串类型
```

② 在 0 位置存放串的长度。C 语言中，可以定义串为 char s[MAXSIZE+1];，用 s[0]存放串的实际长度，而串值则存放在 s[1]～s[MAXSIZE]中；这样字符的序号与存储位置一致，使用起

来更加方便。

③ 在串尾存储一个特殊字符来作为串的结束标志。例如，C 语言中就是采用特殊字符'\0'来表示串的结束。这样，顺序串可定义如下：

```
#define MAXSIZE 256
    char s[MAXSIZE];
```

由于'\0'要占用一个字符的位置，串中最多存放的元素个数比定义的数组长度少 1，这样 s 中最多可以放 255 个字符。这种存储方法不能直接得到串的长度，而必须通过循环扫描整个串得到串的长度。

4.2.2 定长顺序存储结构串的基本运算

本节主要讨论定长顺序存储结构串的求串长、串连接、求子串、串比较和串插入等算法，最后运用以上算法求子串在主串中的位置。串的表示采用 C 语言的采用'\0'作为结束标志。提示：由于 C 语言数组元素从 0 开始存放，第 i 个元素位置为 $i-1$。

（1）求串长

```
//求顺序串 s 的长度
 int StrLength(char s[])
  {
     int i=0;              //计数器初始化为 0
     while(s[i]!='\0')   //串未结束一直计数
       i++;
     return  i;            //返回串的长度值
  }
```

（2）串连接

```
//把串 s2 连接到串 s1 尾部
 int StrCat(char s1[ ],char s2[ ])
 {
     int i,j,len1,len2;
     len1=StrLength(s1);
     len2=StrLength(s2);
     if(len1+len2>MAXSIZE-1)    //串 s1 存储空间不够，返回 0
        return 0;
     i=0;j=0;                   //i,j 分别指向两个串的第一个字符
     while(s1[i]!='\0')         //找到串 s1 的串尾
        i++;
     while(s2[j]!='\0')         //取出串 s2 字符值复制到串 s1 的串尾
     s1[i++]=s2[j++];
        s1[i]='\0';             //置串 s1 的结束标志
     return 1;                  //连接成功返回 1
  }
```

（3）求子串

```
//求串 s 中从第 i 个字符开始长度为 len 的子串，子串通过数组 t 返回
 int SubStr(char s[], char t[], int i,int len)
 {
```

```
        int j,slen;
        slen=StrLength(s);
        if(i<1||i>slen||len<0||len>slen-i+1)  //给定参数有错，返回 0
            return 0;
        for(j=0;j<len;j++)                      //复制串 s 中的指定子串到串 t
        t[j]=s[i+j-1];
    t[j]='\0';                                  //给子串 t 置结束标志
    return 1;                                   //求子串成功返回 1 值
}
```

（4）串比较

```
//比较串 s1 和串 s2 的大小
int StrCmp(char s1[],char s2[])
{
    int i=0;                    //从第一个字符开始比较
    while(s1[i]!='\0'&& s2[i]!='\0'&&s1[i]==s2[i])
     //两串未到达尾且字符相同继续扫描
        i++;
    return (s1[i]-s2[i]);
}
```

返回值分以下几种情况。

① 串 s1 和串 s2 都到达串尾：此时 s1[i] 和 s2[i] 都指向'\0'，s1[i]–s2[i] 的值为 0，即两串相等；

② s1[i] 和 s2[i] 都未到达串尾：这种情况下，其值为两个字符的差值，若 s1[i]>s2[i] 则 s1[i]–s2[i] 为正值，则表示串 s1 大于串 s2；否则为负值，表示串 s1 小于串 s2。

③ 其中一个到达串尾：串尾 '\0'的值为 0，若 s1[i] 指向串尾，s2[i] 不会指向串尾，s1[i]–s2[i] 为负值，表示串 s1 小于串 s2；否则 s2[i] 指向串尾，s1[i] 不会指向串尾，s1[i] –s2[i] 为正值，表示串 s1 大于串 s2。

（5）串插入

```
//将串 t 插入串 s 的第 i 个字符位置上，插入成功返回 1，否则返回 0
int StrInsert(char s[],int i,char t[])
{
    int j, k, len1,len2;
    len1=StrLength(s);
    len2=StrLength(t);
    if(i<1||i>len1+1||len1+len2>=MAXSIZE)
    //插入位置不对或串 s 存储空间不足返回 0
        return 0;
    for(j=len1-1; j>= i-1; j--)
    //串 s 中 i 及 i 位置以后的元素后移 t->length
        s[j+t->length] = s[j];
    j=0;
    while(t[j]!='\0')                  //将子串 t 插入主串 s 的第 i 个位置处
        s[i++]=t[j++];
    s[i]='\0';                         //置串 s 结束标志
    return 1;                          //串插入成功
}
```

（6）子串定位

```
//求串 t 串在 s 中第一次出现的位置，若存在返回其位置，否则返回-1
int  StrIndex(char s[],char t[])
{
  int n,m,i,k;
  char temp[MAXSIZE];
  n=StrLength(s);        //求串 s 的长度
  m=StrLength(t);        //求串 t 的长度
  i=0;                   // 从主串第一个位置开始
  while(i+m-1<=n)        //当 i 位置开始的主串剩余字串长度大于等于串 t 长度
  {
     //求串 s 中从 i 位置字符开始长度为 m 的子串，子串存于 temp 数组
     k=SubStr(s,temp,i+1,m);
     if(StrCmp(temp,t)==0)return i;//找到了返回其位置
           i++;          //未找到继续从下一个字符开始找
  }
     return 0;           //s 中不存在与 t 相等的子串
}
```

从以上操作可以看出，串的操作的时间复杂度取决于串的长度，时间复杂度为 O(n)。定长顺序存储结构中，为串预分配的存储空间大小是不能改变的。实际应用时，例如在进行插入、连接、置换运算时，都会出现串的实际值超出预分配的空间长度的问题，这种情况下，约定对串值采用"截断"方法，"截断"必定会使数据丢失。如果串的存储空间是按串的长度动态分配的，就可以克服这个弊端。串的堆分配存储结构可以解决这个问题。

4.3　串的堆分配存储结构及其运算

4.3.1　串的堆分配存储结构

串的堆分配存储结构，仍以一组地址连续的存储单元存放串值字符序列，但它们的存储空间是在程序执行过程中动态分配的。使用动态分配函数 malloc()、realloc()函数和函数 free()来管理存储空间的大小。串的堆分配存储方法具有顺序存储的特点，又弥补了定长存储的大小限制。为了操作方便，堆分配存储结构中存储串的长度。其类型定义如下：

```
typedef struct
{
    char *ch;        //若是非空串，ch 指向串的第一个字符，否则 ch 为 null
    int length;      //串长度
} StackString;
```

4.3.2　堆分配存储结构串的运算

（1）创建串
```
//将串常量 t 存于串 s 中
void  StrAssign(StackString* s,char t[])
{
```

```
    int n,i;
    if( s -> ch!=NULL )   //串如果不为空，释放当前串所占的空间
    {
      free( s->ch );
      s->ch = NULL;
    }
    n= 0;
    while(t[n] != '\0')    //求串 t 的长度
      n++;
    s->ch=(char *)malloc(n*sizeof(char)); //在内存中动态分配出空间
    if(s->ch==NULL)
    {
        printf("动态内存分配失败\n");
        return;
    }
    for(i=0;i<n;i++)//逐个将 t 串中值复制到 s 中
        s->ch[i]=t[i];
    s->length=n;//给长度赋值
    return;
}
```

（2）比较两个串的大小

```
 //在比较两个串 s2 和 s2 的大小
int StrComp(StackString* s1, StackString* s2 )
 {
    int i;
    i = 0;     //两串未到达尾且字符相同继续扫描
    while(i<s1->length && i<s2->length&& s1->ch[i]!= s2->ch[i] )
     i++;
    return s1->ch[i] - s2->ch[i];
}
```

（3）串连接

```
//将串 s2 连接到串 s1
void Strcat(StackString* s1, StackString* s2 )
 {
    int i,total;
    if( s1->length==0&&s2->length== 0 )
    //拼接的两个串都是空串，函数调用结束
        return ;
    total = s1->length + s2->length;    //计算两个串的总长度
    s1->ch=(char*)realloc(total * sizeof( char ) );
    //为 s1 重新分配内存空间
    if( s1->ch==NULL )
    {
        printf( "动态内存分配失败\n" );
        return ;
    }
    for( i= 0; i<s2 -> length; i++)   //将 s2 的内容复制到 s1 之后
```

```
        s1->ch[s1->length+i]=s2->ch[i];
     s1->length=total;        //修改 s1 的长度
}
```

（4）串插入

```
//在串 s 的第 i 字符之前插入串 t，插入成功返回1，否则返回 0
int  StrInsert(StackString *s,int i, StackString *t)
{
     int j,total;
     if(i<0||i>s->length)//插入位置不对返回 0
          return 0;
     if(t->length!=0)
     {   total= s->length+t->length;
        s->ch=(char*)realloc(s->ch,total*sizeof(char));
        //为串 s 重新申请空间
        if(s->ch==NULL)   //申请空间失败
          return -1;
        for(j=s->length-1; j>= i-1; j--)
        //串 s 中 i 及 i 位置以后的元素后移 t->length
          s->ch[j+t->length] = s->ch[j];
        for(j=0;j<t->length;j++)
          s->ch[j-1+i] = t->ch[j];
        s->length= total;
     }
     return 1;
}
```

4.4 串的链式存储结构及基本运算

定长顺序存储结构和堆分配存储结构实际上都是采用顺序存储结构。顺序存储结构的缺点就是插入和删除运算需要做大量元素的移动，运算量很大。为了提高插入和删除运算的效率，可以采用链式存储结构。

4.4.1 串的链式存储结构

链式存储结构的串简称为链串。链串的存储形式与一般链表类似，其主要区别在于：一般链表的每个结点只存储一个数据元素，而链串中的一个结点可以存储多个数据元素（字符），链串中每个结点所存储的字符个数称为结点大小。与单链表类似，为操作方便，可以在链串中增加一个头结点。图 4-2（a）和图 4-2（b）分别给出了对同一个字符串"ABCDEFGHIJKLMN"的结点大小分别为 4 和 1 时的带头结点的链串的存储结构。

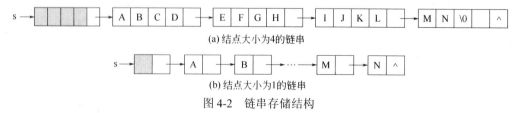

(a) 结点大小为4的链串

(b) 结点大小为1的链串

图 4-2 链串存储结构

　　当结点大小不为 1 时，链串的最后一个结点的各数据域不一定都被字符占满，可以用'\0'作为串的结束标志。链串的结点越大则存储密度越大，但插入、删除和替换等操作很不方便，因此适合串值基本保持不变的场合；结点越小则存储密度越低，但操作简单。一般都采用结点大小为 1 的带头结点的链串来存储串。

　　链串的结点类型定义：

```
typedef struct snode
{
    char data;              //data 为结点数据信息
    struct snode *next;     //next 为指向后继结点的指针
}LinkString;                //链串结点类型
```

　　链串的存储结构和运算方法与带头结点的单链表的操作方法基本相同，下面只讨论链串的连接和求子串的运算方法。

4.4.2　链串的基本运算

（1）串连接

```
//将串 t 连接在串 s 之后
void StrCat(LinkString *s, LinkString *t)
{
    LinkString*p, *q,*tail=s;
    while(tail->next!=NULL)          //找到串 s 的尾结点 tail
        tail=tail->next;
    p=t->next;
    while(p!=NULL)                   //读取串 t 中的结点，重新申请空间连接到串 s 之后
{
    q=(LinkString*)malloc(sizeof(LinkString));  //申请空间
    q->data=p->data;        //新结点数据域为读取的 t 中的结点的数据域
    tail->next=q;           //新结点连接到串 s 的尾结点之后
    tail=q;         //新结点为新的尾
    p=p->next;  //指针后移指向下一个元素
}
    tail->next=NULL;     //连接完成，尾结点的 next 域置空
}
```

（2）求子串

　　//求串 s 中从第 i 个字符开始的连续 len 个字符组成的子串，子串通过参数 sub 返回；子串的生成采用尾接法建立单链表的思想

```
viod substr(LinkString *s, LinkString **sub,int i,int len)
{ int k;
    LinkString *r,*p,*q;
    int n,j;
    if(i<=0 ||i>strlength(s))
    {   printf("i 位置不存在\n"); return;}
    else if(len<0 ||i+len -1>strlength(s))
    {   printf("子串不存在\n"); return;}
    *sub=(LinkString *)malloc(sizeof(LinkString));
```

```
                    //为子串头结点申请空间
(*sub)->next=NULL;    //子串初始化为空
r=*sub;
p=s->next; //从首元元素开始
for(n=1;n<=i;n++)  //找串 s 的第 i 个元素位置
    p=p->next;      //指针后移
for(j=1; j<= len;j++)  //读取第 i 个结点开始长度为 len 的子串
{
    q=(LinkString*)malloc(sizeof(LinkString)); //申请空间
    q->data=p->data;  //新结点数据域为子串的字符
    r->next=q;            //新结点加入子串尾部
    r=q;                  //新结点为新的尾
    p=p->next;            //指针指向下一个结点
}
r->next=NULL;            //子串尾结点的 next 置空
}
```

子串的头结点是在本函数中申请的，其指针值是在本函数中获取的，要通过参数将子串的头指针返回去必须用指向结点的指针的指针，即双指针的形式。

链式存储结构虽然提高了插入删除的效率，但由于每个结点都要增加一个指针域，而数据域仅放置一个字符或几个字符，存储空间利用率很低。

4.5　串的模式匹配

串的模式匹配，是指子串在主串中的定位操作，子串称为模式串，主串称为目标串。模式匹配是串的各种操作中最重要的操作之一。4.2.2 节在定长顺序存储结构中，借助 StrCmp 函数实现了串的模式匹配，运用的是最简单常用的模式匹配算法——BF 思想。下面介绍几种常用的算法。

4.5.1　简单模式匹配算法——BF 算法

BF（Brute-Force）算法的基本思想是：

从目标串 s 的第一个字符起和模式串 t 的第一个字符进行比较，若相等，则继续逐个比较后续字符，如果模式串所有字符都与子串相同，则返回模式串在目标串中的起始位置，比较结束；否则从目标串 s 的第二个字符起再重新和串 t 进行比较。若目标串已经比较完而模式串未比较完，则比较失败，返回空位置–1。

设主串 s="ababcabcacbab"，模式串 t= "abcac"，下面是运用 BF 算法进行模式匹配的匹配过程。

第一趟匹配：开始位置 $i=0$，$j=0$，比较至 $i=2$，$j=2$ 时不匹配结束。

　　　↓$i=2$

a b a b c a b c a c b a b
a b c

$\uparrow j=2$

第二趟匹配：开始位置 $i=1$，$j=0$，当前位置不匹配结束。

$\downarrow i=1$

a b a b c a b c a c b a b

a

$\uparrow j=0$

第三趟匹配：开始位置 $i=2$，$j=0$，比较至 $i=6$，$j=4$ 时不匹配结束。

$\downarrow i=6$

a b a b c a b c a c b a b

a b c a c

$\uparrow j=4$

$\downarrow i=3$

第四趟匹配：开始位置 $i=3$，$j=0$，当前位置不匹配结束。

$\downarrow i=3$

a b a b c a b c a c b a b

a

$\uparrow j=0$

第五趟匹配：开始位置 $i=4$，$j=0$，当前位置不匹配结束。

$\downarrow i=4$

a b a b c a b c a c b a b

a

$\uparrow j=0$

第六趟匹配：开始位置 $i=5$，$j=0$，比较至 $i=10$，$j=5$ 时，$j=$t->len，匹配成功。

$\downarrow i=10$

a b a b c a b c a c b a b

a b c a c

$\uparrow j=5$

下面是堆分配存储结构的 BF 算法实现，该算法未调用任何算法。

```
//简单模式匹配算法
int StrIndex_BF(StackString *s, StackString *t)
{
    int i=0,j=0;                 //i 和 j 分别为指向串 s 和串 t 的当前位置
    while(i<s->len&&j<t->len)    //当未到达串 s 或串 t 的串尾时
    {
        if(s->ch[i]==t>ch[j])    //两串当前位置上的字符匹配时
        {
            i++;                 //i 后移
            j++;                 //j 后移
        }
        else                     //两串当前位置上的字符不匹配时
```

```
    {
        i=i-j+1;              //i 回退到目标串 s 下一趟开始匹配的位置
        j=0;                  // j 回退到模式串起始位置
    }
}
if(j==t->length)            //已匹配完字串的最后一个字符
    return (i-t->length);   //返回子串 t 在主串 s 中的位置
else
    return (-1);            //主串 s 中没有与子串 t 相同的子串
}
```

在最好情况下，每趟不成功的匹配都发生在模式串 t 的第一个字符与目标串 s 中相应字符的比较上。设从目标串 s 的第 i 个位置开始与模式串 t 匹配成功，则在前 i 趟匹配（注意，位置序号由 0 开始，即 $0 \sim i-1$ 趟）中字符共比较了 i 次。若第 $i+1$ 趟成功匹配的字符比较次数为 m，则总的比较次数为 $i+m$。对于成功匹配的目标串 s，其起始位置可由 0 到 $n-m$（即共有 $n-m+1$ 个起始位置），假定这 $n-m+1$ 个起始位置上的匹配成功概率均相等，则最好情况下匹配成功的平均比较次数为

$$\sum_{i=0}^{n-m} p_i(i+m) = \frac{1}{n-m+1}\sum_{i=0}^{n-m}(i+m) = \frac{1}{2}(n+m)$$

因此，最好情况下 BF 算法的平均时间复杂度为 O($n+m$)。

在最坏情况下，每一趟不成功的匹配都发生在模式串 t 的最后一个字符与主串 s 中相应字符的比较时，则新一趟的起始位置为 $i-m+1$。这时，若第 i 趟匹配成功，则前 $i-1$ 趟不成功的匹配中每趟都比较了 m 次，而第 i 趟成功的匹配也比较了 m 次；所不同的是，前 $i-1$ 趟均是在第 m 次比较时不匹配，而第 i 趟的 m 次比较都成功匹配。所以，第 i 趟成功匹配时共进行了 $i \times m$ 次比较，也即最坏情况下匹配成功的比较次数为

$$\sum_{i=0}^{n-m} p_i(i \times m) = \frac{m}{n-m+1}\sum_{i=0}^{n-m} i = \frac{1}{2}m(n-m)$$

由于 $n >> m$，故最坏情况下 BF 算法的平均时间复杂度约为 O($n \times m$)。

该算法对于目标串中如果存在多个和模式串部分匹配时，最坏情况发生的概率大大提高。目前计算机所处理的信息都是二进制形式，如图像识别中的图像，文献检索中的文本都是二进制的形式，而且数据量非常大，其中都要用到串匹配运算。下面介绍一种改进的模式匹配算法。

4.5.2 无回溯的模式匹配算法——KMP 算法

KMP 算法是 D.E.Knuth、J.H.Morris 和 V.R.Pratt 共同提出来的，称为 Knuth-Morris-Pratt（克努斯-莫里斯-普拉特）算法，简称 KMP 算法；该算法在 BF 算法基础上进行改进，利用已经匹配上的字符信息，使得模式串的指针回退的字符位置能将主串与模式串已经匹配上的字符结构重新对齐，不需要对目标串 s 进行回溯的模式匹配算法，大大提高了算法的效率。

分析上面 BF 算法执行过程可以看出：

第一趟比较结束后，我们可以发现信息：s[0] =t[0]，s[1] = 1[1]，s[2] != s[2]。通过观察模式串 t 可以发现 t[0] !=t[1]。因此可以立即得出结论 t[0] != s[1]，所以可以省略第二趟的比较，直接从 s[2] 与 t[0] 开始进行比较。

第三趟比较结束后，我们可以发现信息：s[2] = t[0]，s[3] = t[1]，s[4] = t[2]，s[5] = t[3]，s[6] !=

t[4]。观察模式串 t，可以得到：

（1）t[0] != t[1]，因此 t[0] != s[3]，可以省略它们的比较。

（2）t[0] != t[2]，因此 t[0] != s[4]，可以省略它们的比较。

（3）t[0] = t[3]，因此 t[0] = s[5]，当相等时继续比较两个串的后继字符，所以从 s[6]和 t[1]开始进行比较。这样，上述六趟的比较就可以减少为三趟，设主串 s="ababcabcacbab"，模式串 t= "abcac" 不变，匹配过程如下：

第一趟匹配：开始位置 $i=0$，$j=0$，比较至 $i=2$，$j=2$ 时不匹配结束。

$\downarrow i=2$

a b a b c a b c a c b a b

a b c

$\uparrow j=2$

第二趟匹配：开始位置 $i=2$，$j=0$，比较至 $i=6$，$j=4$ 时不匹配结束。

$\downarrow i=6$

a b a b c a b c a c b a b

　　a b c a c

$\uparrow j=4$

$\downarrow i=3$

第三趟匹配：开始位置 $i=6$，$j=1$，比较至 $i=10$，$j=5$ 时，$j=t->len$，匹配成功。

$\downarrow i=10$

a b a b c a b c a c b a b

　　　　a b c a c

$\uparrow j=5$

可以看出：利用 KMP 算法进行匹配，整个过程中完全没有对目标串 s 进行回溯，而只是对模式串 t 进行了回溯。通过前面的分析，这种匹配算法的关键在于当出现失配情况时，如何确定下一次将从模式串 t 中的哪一个字符与目标串 s 的失配字符进行比较成了问题的关键。KMP 算法研究表明：使用模式串 t 中的哪一个字符进行比较，仅仅依赖于模式串 t 本身，而与目标串 s 无关。KMP 算法中的 next 数组给出当出现失配时下一次模式串开始比较的位置，当 s[i]!=t[j] 出现失配情况时，使用 t[next[j]]与 s[i]进行比较，相当于将模式串 t 向右滑行 j - next[j]个位置，next 数组的计算也是 KMP 算法的核心。

图 4-3 为 s[i]!=t[j]串 t 下一次开始比较位置 k 的确定的位置示意图。

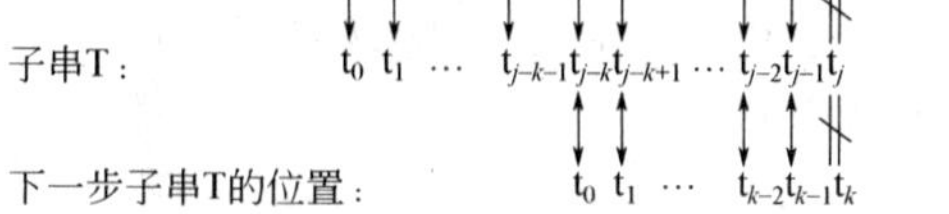

主串S：$s_0s_1s_2\cdots s_{i-j-1}s_{i-j}s_{i-j+1}\cdots s_{i-k-1}s_{i-k}s_{i-k+1}\cdots s_{i-2}s_{i-1}s_is_{i+1}\cdots$

子串T：　$t_0\ t_1\ \cdots\ t_{j-k-1}t_{j-k}t_{j-k+1}\cdots\ t_{j-2}t_{j-1}t_j$

下一步子串T的位置：　　　　　$t_0\ t_1\ \cdots\ t_{k-2}t_{k-1}t_k$

图 4-3　位置示意图

可以看出，模式串中前 $k-1$ 个字符的子串满足式（4-1）关系，且不可能存在一个 k' 大于 k 也满足

$$"t_0t_1\cdots t_{k-1}"="s_{i-k}s_{i-k+1}\cdots s_{i-1}" \tag{4-1}$$

已经得到的部分匹配结果是

$$\text{"}t_{j-k}t_{j-k+1}\cdots t_{j-1}\text{"}=\text{"}s_{i-k}s_{i-k+1}\cdots s_{i-1}\text{"} \tag{4-2}$$

由式（4-1）和式（4-2）得出

$$\text{"}t_0t_1\cdots t_{k-1}\text{"}=\text{"}t_{j-k}t_{j-k+1}\cdots t_{j-1}\text{"} \tag{4-3}$$

若模式串存在满足式（4-3）的两个子串，匹配过程中如果 s[i]!=t[j]时，只需要将模式串右滑到 k 位置，与目标串 i 位置开始比较，这时，模式串中 $t_0t_1\cdots t_{k-1}$ 与目标 s 的 i 位置前长度为 k–1 个子串 $s_{i-k}s_{i-k+1}\cdots s_{i-1}$ 相同。

令 next[j]=k，next 数组中存放不同 j 值下对应的 k 值。表示 s[i]!=t[j]时，子串 t 中需要重新从字符是 t_k 开始与主串 s 中字符 s_i 进行比较的。子串 t 的 next[j]函数定义如下：

$$next[j]=\begin{cases} \max\{k\,|\,0<k<j\text{且"}t_0t_1\cdots t_{k-1}\text{"}=\text{"}t_{j-k}t_{j-k+1}\cdots t_{j-1}\text{"}\} & \text{此集合非空时} \\ -1 & j=0\text{时} \\ 0 & \text{其他情况} \end{cases} \tag{4-4}$$

由该定义可以得出上面模式串"abcac"的 next 函数值为

j	0	1	2	3	4
模式串	a	b	c	a	c
next[j]	−1	0	0	0	1

又如："abaabcac"的 next 函数值为

j	0	1	2	3	4	5	6	7
模式串	a	b	a	a	b	c	a	c
next[j]	−1	0	0	1	1	2	0	1

若子串 t 中存在匹配子串"$t_0t_1\cdots t_{k-1}$"="$t_{j-k}t_{j-k+1}\cdots t_{j-1}$"且满足 $0<k<j$，则 next[j]表示当子串 t 中字符 t_j 与主串 s 中相应字符 s_i 不匹配时，子串 t 下一次与主串 s 中字符 s_i 进行比较的字符是 t_k。若子串 t 中不存在匹配的子串，即 next[j]=0，则下一次比较应从 s_i 和 t_0 开始。当 j=0 时，由于 $k<j$，故 next[0]=−1；下一次比较应由 s_{i+1} 和 t_0 开始。由 $k<j$ 还可得知，next[1]的值只能为 0。可见，对于任何子串 t，只要能确定 next[j]（j=0,1,…,m−1）的值，就可以用来加速匹配过程。

由式（4-4）可知，求子串 t 的 next[j]的值与主串 s 无关，而只与子串 t 本身有关。假设 next[j]=k，则说明此时在子串 t 中有"$t_0t_1\cdots t_{k-1}$"="$t_{j-k}t_{j-k+1}\cdots t_{j-1}$"，其下标 k 满足 $0<k<j$ 的某个最大值。此时计算 next[j+1]有两种情况：

① 若 $t_k=t_j$，则表明在子串 t 中有：

$$\text{"}t_0t_1t_2\cdots t_k\text{"}=\text{"}t_{j-k}t_{j-k+1}t_{j-k+2}\cdots t_j\text{"} \tag{4-5}$$

并且不可能存在某个 $k'>k$ 满足上式，因此有：

$$next[j+1]=next[j]+1=k+1$$

② 若 $t_k\neq t_j$，则表明在子串中有：

$$\text{"}t_0t_1t_2\cdots t_k\text{"}\neq\text{"}t_{j-k}t_{j-k+1}t_{j-k+2}\cdots t_j\text{"} \tag{4-6}$$

此时可把整个子串 t 既看成子串又看成主串，即将子串 t 向右滑动至子串 t（相当于主串）中的第 next[k]个字符来和子串 t（相当于主串）的第 i 个字符进行比较。即若 k'=next[k]，则有：

● $t_k=t_j$，则说明子串 t 的第 j+1 个字符之前存在一个长度为 k'+1 的最长子串，它与子串 t 中从首字符 t_0 起长度为 k'+1 的子串相等，即

$$\text{"}t_0t_1t_2\cdots t_k\text{"}=\text{"}t_{j-k}t_{j-k'+1}t_{j-k'+2}\cdots t_j\text{"}\qquad 0<k'<k<j \tag{4-7}$$

则有：

$$next[j+1]=next[k]+1=k'+1$$

● $t_k \neq t_j$，应将子串 t 继续向右滑动至将子串 t 中的第 $next[k']$ 字符和 t_j 对齐为止。依此类推，直到某次匹配成功或者不存在任何 k'（$0 < k' < j$）满足式（4-3）时，则：

$$next[j+1]=0$$

实际上，求 $next[j]$ 值也可由使 k 值由 $j-1$ 递减至 0 逐个试探得到。

因此，KMP 算法的基本思想是：假设 S 为主串而 t 为子串，并设指针 i 和指针 j 分别指向主串 S 和子串 t 正待比较的字符，令 i 和 j 的初值均为 0。若有 $s_i = t_j$，则 i 和 j 分别加 1；否则 i 不变，j 回退到 $j=next[j]$ 的位置（即子串 t 向右滑动）。接下来再次比较 s_i 和 t_j，若相等则 i 和 j 分别加 1；否则 i 不变，j 继续回退到 $j=next[j]$ 的位置；依此类推，直到出现下面两种情况之一：

① j 回退到某个 $j=next[j]$ 时有 $s_i=t_j$，则 i 和 j 分别加 1 后继续进行匹配。

② j 回退到 $j=0$ 时，此时 $j=next[0]=-1$，令主串 S 和子串 t 的指针 i 和 j 各加 1，即从主串 S 的下一个字符 S_{i+1} 和子串 t 的第一个字符 t_0 开始重新匹配。

KMP 算法如下：

```
//由子串 t 求 next 数组
void GetNext(StackString *t,int next[])
{
   int j=0,k=-1;
   next[0]=-1;
   while(j<t->length-1)
   {
      if(k==-1||t->chj]==t->ch[k])  //k 为-1 或子串 t 中的 tj 等于 tk 时
      {
         j++;
         k++;          //现 j、k 值已为原 j 值加 1 和原 k 值加 1
         next[j]=k;    //即 next[j+1]=next[j]+1=k+1
      }
      else
         k=next[k];    //当 tk≠tj 时找下一个 k'=next[k]
   }
}
//KMP 算法
int KMPIndex(StackString *s,StackString *t)
{
   int next[MAXSIZE],i=0,j=0;
   GetNext(t,next);                 //求 next 数组
   while(i<s->length&&j<t->length)
   {
      if(j==-1||s->ch[i]==t->ch[j])
      {          //满足 j==-1 或 si==tj 都应使 i 和 j 各加 1
         i++;
         j++;
      }
       else
         j=next[j];                 //i 不变，j 回退至 j=next[j]
   }
```

```
    if(j==t->length)
       return i-t->length;
       //匹配成功, 返回子串 t 在主串 S 中的首字符的位置下标
    else
       return -1;                    //匹配失败
}
```

设主串 s 的长度为 n, 子串 t 的长度为 m, 在 KMP 算法中求 next 数组的时间复杂度为 O(m), 在随后的匹配中因主串 S 的下标 i 值并不减少(即不产生回溯), 故比较次数可记为 n, 所以 KMP 算法总的时间复杂度为 O(n+m)。

例 4-1   已知字符串"cddcdececdea", 计算每个字符的 next 函数值。

由式(4-4)求 next 函数值。已知 next[0]=−1 和 next[1]=0 (j=1 时只能有 k=0), 其余 next[j] 值求解过程如下 ($k<j$):

① 当 j=2 时, k=1 时有 SubStr(T,0,k)="c", SubStr(T,j−k,k)="d"; 故只能取 k=0,即 next[2]=0。

② 当 j=3 时, k=2 时有 SubStr(T,0,k)="cd", SubStr(T,j−k,k)="dd"; k=1 时有 SubStr(T,0,k)="c", SubStr(T,j−k,k)="d"; 故只能取 k=0, 即 next[3]=0。

③ 当 j=4 时, k=3 时有 SubStr(T,0,k)="cdd", SubStr(T,j−k,k)="ddc"; k=2 时有 SubStr(T,0,k)="cd", SubStr(T,j−k,k)="dc"; k=1 时有 SubStr(T,0,k)="c", SubStr(T,j−k,k)="c"; 故 next[4]=1。

依此类推, 可得 next 函数值如表 4-1 所示。

表 4−1   next 函数值表 (一)

j	0	1	2	3	4	5	6	7	8	9	10	11
模式	c	d	d	c	d	e	c	e	c	d	e	a
next[j]	−1	0	0	0	1	2	0	1	0	1	2	0

例 4-2   已知目标串(主串)为 S="abcaabbabcabaacbacba", 模式串(子串)T="abcabaa", next 函数如表 4-2 所示, 画出用 KMP 算法进行模式匹配的每一趟匹配过程。

表 4−2   next 函数值表 (二)

j	0	1	2	3	4	5	6
模式	a	b	c	a	b	a	a
next[j]	−1	0	0	0	1	2	1

利用 KMP 算法进行模式匹配时每一趟的匹配过程如下:

① 第一趟匹配:

② 第二趟匹配: (因 next[4]=1, 故 s_4 与 t_1 比较):

③ 第三趟匹配（因 next[1]=0，故下一步由 s_4 与 t_0 比较）：

$$S: \quad a\ b\ c\ a\ a\ b\ b\ a\ b\ c\ a\ b\ a\ a\ c\ b\ a\ c\ b\ a$$

$$T: \quad a\ b\ c$$

④ 第四趟匹配（因 next[2]=0，故下一步由 s_6 与 t_0 比较）：

$$S: \quad a\ b\ c\ a\ a\ b\ b\ a\ b\ c\ a\ b\ a\ a\ c\ b\ a\ c\ b\ a$$

$$T: \quad a$$

⑤ 第五趟匹配（因 next[0] = −1，故下一步由 s_7 与 t_0 比较）：

$$S: \quad a\ b\ c\ a\ a\ b\ b\ a\ b\ c\ a\ b\ a\ a\ c\ b\ a\ c\ b\ a$$

$$T: \quad a\ b\ c\ a\ b\ a\ a$$

即第五趟匹配成功，返回子串 T 在主串 S 的位置值 7。

*4.5.3 next 函数的改进

next 函数在某些情况下仍有缺陷。例如子串 t="aaaab"时的 next 函数值见表 4-3。

表 4-3 next 函数值表（三）

j	0	1	2	3	4
模式	a	a	a	a	b
next[j]	−1	0	1	2	3

在与主串 S="aaabaaaab"匹配时，当 i=3、j=3 时有 s_3=b 和 t_3=a，即 $s_3 \neq t_3$。查表 4-3 知 next[3]=2，即下一次应由 t_2 与 s_3 比较。又因 $s_3 \neq t_2$ 而查表 4-1，知 next[2]=1，即继续进行 t_1 与 s_3 的比较。而 $s_3 \neq t_1$，再次查表 4-3，知 next[1]=0，即第三次进行 t_0 与 s_3 的比较。而 $s_3 \neq t_0$，继续查表知 next[0]=−1，即第四次重新开始用 t_0 和 s_{3+1} 即 s_4 的比较。实际上由表 4-3 可看出模式中 $t_0 \sim t_3$ 字符都相等，当 t_3 与 s_3 不匹配时，相应的 t_2、t_1 和 t_0 都与 s_3 不匹配，故无需再和主串 s 中的 s_3 进行比较，即可以将子串 t 向右滑动 4 个字符位置而直接进行 i=4、j=0 时字符 s_4 与 t_0 的比较。这就是说，若按上述定义得到 next[j]=k，而模式中存在 $t_j=t_k$，则当主串 S 中的 s_i 和子串 t 中的 t_j 比较不相等时，就不再进行 s_i 和 t_k 的比较，而直接进行 s_i 和 $t_{\text{next}[k]}$ 的比较；换句话说，此时的 next[j] 应该具有 next[k] 的值，这种改进的 next 方法称为 nextval 方法。与表 4-3 相对应的 nextval 函数值见表 4-4。

表 4-4 next 与 nextval 函数值对照表

j	0	1	2	3	4
模式	a	a	a	a	b
next[j]	−1	0	1	2	3
nextval[j]	−1	−1	−1	−1	3

修改后的 nextval 数组算法如下：

```
void GetNextval(SeqString t,int nextval[])
{                         //由子串 t 求 nextval
    int j=0,k=-1;
    nextval[0]=-1;
    while(j<t.len-1)
    {
        if(k==-1||t.data[j]==t.data[k])     //k 为-1 或子串 t 中的 tⱼ 等于 tₖ
        {
            j++;
            k++;          //现 j、k 值均已增 1,为了区别原 j、k 值将其标识为 j′和 k′
            if(t.data[j]!=t.data[k])//当 tⱼ 不等于 tₖ 时
                nextval[j]=k;         // nextval[j′]= nextval[j]+1=k+1
            else                      //当 tⱼ 等于 tₖ 时
                nextval[j]=nextval[k];
                // nextval[j′]具有 nextval[k′]的值
        }
        else
            k=nextval[k];             //当 tⱼ 不等于 tₖ 时将 nextval[k]赋给 k
    }
}
```

例 4-3　根据例 4-1 中的表 4-1，计算每个字符的 nextval 的函数值。

nextval 求解的方法是：若 next[j]=k 而 t_j=t_k，这时应有 nextval [j]=next[k]。据此，由 next[j] 的值求解 nextval[j]过程如下：

nextval[0]=−1；

next[1]=0 而 $t_1 \neq t_0$，故 nextval[1]=next[1]=0；

next[2]=0 而 $t_2 \neq t_0$，故 nextval[2]=next[2]=0；

next[3]=0 而 $t_3 = t_0$，故 nextval[3]=next[0]=−1；

next[4]=1 而 $t_4 = t_1$，故 nextval[4]=next[1]=0；

next[5]=2 而 $t_5 \neq t_2$，故 nextval[5]=next[5]=2；

next[6]=0 而 $t_6 = t_0$，故 nextval[6]=next[0]=−1；

next[7]=2 而 $t_7 \neq t_2$，故 nextval[7]=next[7]=2；

next[8]=0 而 $t_8 = t_0$，故 nextval[8]=next[0]=−1；

next[9]=1 而 $t_9 = t_1$，故 nextval[9]=next[1]=0；

next[10]=2 而 $t_{10} \neq t_2$，故 nextval[10]=next[10]=2；

next[11]=0 而 $t_{11} \neq t_0$，故 nextval[11]=next[11]=0。

因此，最终所求得的 nextval 函数值与 next 函数值对照表见表 4-5。

表 4-5　next 与 nextval 函数值对照表

j	0	1	2	3	4	5	6	7	8	9	10	11
模式	c	d	d	c	d	e	c	e	c	d	e	a
next[j]	−1	0	0	0	1	2	0	1	0	1	2	0
nextval[j]	−1	0	0	−1	0	2	−1	1	−1	0	2	0

4.6 小结

串的逻辑结构和线性表很相似，不同之处在于串针对的是字符集，也就是串中的每个元素都是字符而已。串的主要操作不是针对串中的某个元素进行操作，而是对串的整体或某一部分进行操作的。

串的顺序存储结构有两种表示方式：紧缩格式和非紧缩格式。紧缩式存储结构节省了存储空间，但由于对某个字符操作时需要二次寻址，牺牲了 CPU 时间。非紧缩存储结构中虽然浪费了存储空间，但只需一次寻址，速度快。

串的堆分配存储结构，仍以一组地址连续的存储单元存放串值字符序列，但它们的存储空间是在程序执行过程中动态分配的。串的堆分配存储方法具有顺序存储的特点，又弥补了定长存储的大小限制。

串的链式存储结构与一般链表类似，其主要区别在于：一般链表的每个结点只存储一个数据元素，而链串中的一个结点可以存储多个数据元素。与线性表类似，它克服了顺序存储结构在插入和删除运算时需要大量移动元素的缺点，仍存在着需要增加指针域的缺点。

串的模式匹配是串的各种操作中最重要的操作之一。在 BF 算法中，每当主串与子串对应位置的字符匹配失败时，主串的位置指针就往前回溯，子串位置指针从头开始，然后重新匹配。该算法简单、易于理解，但是执行效率不高。KMP 算法在 BF 算法基础上进行了改进，充分利用已经匹配上的字符信息，在发生不匹配时，不再单纯后移一个位置，而是尽可能跳过多个位置重新开始比较，因此效率大为提升。

习题

一、单项选择题

1. 串是一种特殊的线性表，其特殊性体现在（   ）。
A. 可以顺序存储   B. 数据元素是一个字符
C. 可以链式存储   D. 数据元素可以有多个
2. 设有两个串 p 和 q，求 q 在 p 中首次出现的位置运算称作（   ）。
A. 连接   B. 模式匹配   C. 求子串   D. 求串长
3. 若串 S="software"，（   ）是 C 语言中描述的 S 的子串。
A. soft   B.ftw   C. "ftwar"   D. "soware"
4. 设串长为 n，模式串长为 m，则 KMP 算法所需的附加空间为（   ）。
A. O(m)   B. O(n)   C. O($n \times \log_2 n$)   D. O($m \times n$)
5. 字符串匹配"ababaabab"的 nextval 为（   ）。
A. −1,0,−1,0,−1,3,0,−1,0   B. −1,0,−1,0,−1,1,0,−1,0
C. −1,0,−1,0,−1,−1,−1,0,0   D. −1,0,−1,0,−1,0,−1,0,0

二、简答题

1．名词解释：空串，空白串，子串，串相等。

2．目标串为 S="abcaabbabcabaacbacba"，模式串 T="abcabaa"。

（1）计算模式 T 的 next 函数值。

（2）计算模式 T 的 nextval 函数值。

（3）画出利用 KMP 算法进行模式匹配时的每一趟匹配过程。

三、算法设计

1．采用顺序存储结构存储串，设计一算法，计算一个子串在字符串中出现的次数，如果该子串未出现则为 0。

2．采用顺序存储结构存储串，设计一算法，测试一个串 T 的值是否为回文（即从左向右读出的内容与从右向左读出的内容一样）。

3．采用顺序存储结构存储串，设计一算法，求串 S 和 T 的最大公共子串。

4．用链式存储结构存储串，设计一算法，将串 S 插入串 T 的某个字符之前。

第 5 章　数组和广义表

本章将要学习的**数组**（Array）和**广义表**（Lists，又称**列表**）都可以看成是线性表的一种扩充。在高级语言程序设计中，作为一种常用的构造数据类型，大家已经学习了数组的定义和使用方法。在本章中，我们将换一个角度，把数组作为一种常用的数据结构来展开研究。通过采用数组这种数据结构，可以解决工程计算、图像处理等诸多领域中的数值和非数值处理问题。而本章研究的另一种常用数据结构广义表，则被广泛地应用于人工智能等领域的表处理语言 LISP 语言中。由于其表中元素本身又可以是一个广义表，因此体现出多层次的特点，可形象地理解为"表中套表"。

5.1　数组

5.1.1　数组的定义及逻辑结构

数组是由若干个类型相同的数据元素构成的有序集合，且各个数据元素总是被存放在一段地址连续的内存单元中。所有数组元素共用一个数组名，各元素之间通过下标加以区分。按照维数的不同，数组可分为一维数组和多维（二维及以上）数组，数组元素在引用时需指定每一维的下标值。需要注意的是，与人类的一般习惯不同，C 语言中数组元素的起始下标默认从 0 开始，因此对于一个大小为 10 的一维数组，其可用合法下标的范围为 0~9。在使用中应切记这一点，以防因下标使用越界而导致程序运行异常出错的情况。

在 C 语言中，数组按照定义方式的不同可分为静态和动态两种。通常情况下，静态数组使用较多。例如，可通过以下 C 语言语句定义一个四行五列的整型二维静态数组 a。

```
int a[4][5];
```

注意：除了定义的同时即进行全部元素初始化的情况外，静态数组在定义时必须指定每一维的大小（方括号内只能是常量表达式），编译期间系统会按照数组的大小和类型为其分配相应字节的内存空间，且在运行期间数组大小固定不变，程序运行结束时会自动释放所占用的空间。静态数组的使用虽然简单方便，但当用户无法事先确定数组的大小，希望将存储空间的申请推迟到运行阶段时，则可采用动态数组实现。

由于动态数组是在程序运行期间分配存储空间的，用户可根据实际需要在此时确定数组的大小，因此相比静态数组，其在空间申请上更加灵活。但需要注意的是，动态数组占用的存储空间在使用结束后不会自动释放，用户必须在程序中通过相应的命令来释放这部分内存空间。下面分别给出一维和二维动态数组的定义和简单使用方法示例。

例 5-1　一维动态数组的定义和简单使用方法。

//本程序的功能为：申请一个整型动态一维数组，给每个元素进行赋值并逐个输出

```
#include<stdio.h>
#include<stdlib.h>
int main()
{ int *array,*p;                        //array 用于保存动态数组指针
  int i,n;
  printf("请输入所需的数组长度\n");
  scanf("%d",&n);
  array=(int*)malloc(n*sizeof(int));     //申请动态数组存储空间
  if(array==NULL)
    {
      printf("存储空间申请失败\n");
      exit(1);
    }
  for(i=0;i<n;i++)                       //给各个数组元素赋值
      array[i]=i+1;
  printf("动态数组 array 的元素值为：\n");
  for(p=array;p<array+n;p++)             //逐个输出数组元素的值
      printf("%5d",*p);
  printf("\n");
  free(array);                          //释放动态数组所占内存空间
  return 0;
  }
```

例 5-2　二维动态数组的定义和简单使用方法。

```
// 本程序的功能为：申请一个二维整型动态数组，给每个元素进行赋值并逐个输出
#include<stdio.h>
#include<stdlib.h>
int main()
{ int **array,*p;                          //array 用于保存动态数组首地址
 int i,j,row,col;
 printf("请输入所需的二维数组行数及列数\n");
 scanf("%d%d",&row,&col);
 array=(int**)malloc(row*sizeof(int *));
 //申请存放二维动态数组每个分数组首地址的内存空间
 if(array==NULL)
   {
     printf("存储空间申请失败\n");
     exit(1);
   }
 for(i=0;i<row;i++)
     array[i]=(int *)malloc(col*sizeof(int));
     //为每个分数组申请内存空间
 for(i=0;i<row;i++)                       //给各个数组元素赋值
     for(j=0;j<col;j++)
         array[i][j]=i*col+j+1;
 printf("动态数组 array 的元素值为：\n");
 for(i=0;i<row;i++)                       //逐个输出数组元素的值
   {for(j=0;j<col;j++)
     { p=*(array+i)+j;
```

```
        printf("%5d",*p);
    }
    printf("\n");
}
for(i=0;i<row;i++)
    free(array[i]);          //逐个释放每个分数组占用的内存空间
return 0;
}
```

在上例中，当输入的行数和列数分别为 3 和 5 时，二维动态数组对应的存储结构示意图如图 5-1 所示。

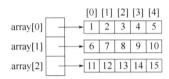

图 5-1　二维动态数组存储结构示意图

从图 5-1 可以看出，二维动态数组的引用方式与二维静态数组完全相同，但存储结构上各分数组占用的内存空间连续，而整个数组的内存空间不一定连续。

下面，我们来研究一下数组的逻辑结构。显然，对于一维数组，各元素的逻辑关系呈现为简单的线性关系，而多维数组中每个元素同时处于多个维关系的制约中，逻辑关系相对复杂一些。以我们使用最多的二维数组（矩阵）为例，每一个数组元素既受到行关系的制约，又受到列关系的制约。若只考虑其中的一个关系，则对于任意元素，直接前驱和直接后继都是唯一的，即行、列关系都是线性的。如对 C 语言中的二维数组 a[M][N]中的任意一个元素 a[i][j]来说，若只考虑行关系（假设该元素不位于首行及末行，即 $0<i<M-1$），则此元素的直接前驱为 a[i-1][j]，直接后继为 a[i+1][j]；若只考虑列关系（假设该元素不位于首列及末列，即 $0<j<N-1$），则此元素的直接前驱为 a[i][j-1]，直接后继为 a[i][j+1]。因此一维数组可以看成是一个线性表，而多维数组可看成是线性表的推广，其逻辑关系虽然是非线性的，但本质上是多个线性关系的组合。

5.1.2　数组的存储结构

由于静态数组更为常用，以下仅对静态数组的存储结构进行研究（后面内容中所说的数组均指静态数组）。

由于数组一经定义，其元素个数和元素间的关系固定不变，因此特别适合采用顺序存储结构进行存储。无论对于一维数组还是多维数组，在计算机中总是占用一段地址连续的存储单元按照一定的顺序依次存放每一个元素的值。

对于一维数组，每个元素都是按照逻辑关系上的先后次序来进行存储的。因此，一旦知道了长度为 N 的数组 a 的首地址和某个元素在该数组中的序号 i（下标），则这个数组元素的地址就可以通过以下公式计算得到：

$$Loc(a[i])= Loc(a[0])+i\times k \tag{5-1}$$

其中 k 为每个数组元素在内存中所占用的存储单元数，$0\leqslant i\leqslant N-1$。

对于多维数组，由于其逻辑结构上同时存在多个线性关系，因此在存储时可依据的先后次序并不唯一。下面以最常用的二维数组为例来介绍多维数组的存储结构。

由于二维数组中的元素同时受到行关系和列关系的制约，因此在存储时可按两种不同的顺序来存放数组中的各个元素：行优先顺序和列优先顺序。

　　行优先顺序是指数组元素的存储顺序主要由行关系来决定，即按照行号从小到大的顺序依次存放数组中每一行的元素，对于同一行中的多个元素则按照列号从小到大的顺序进行存储。如对于二维数组 a[M][N]，其行优先顺序为（a[0][0], a[0][1], …, a[0][N-1], a[1][0], a[1][1], …, a[1][N-1], …, a[M-1][0], a[M-1][1], …, a[M-1][N-1]）。C、PASCAL 等高级语言的编译系统都是按行优先顺序来存储二维数组元素的。

　　列优先顺序是指数组元素的存储顺序主要由列关系来决定，即按照列号从小到大的顺序依次存放数组中每一列的元素，对于同一列中的元素则按照行号从小到大的顺序进行存储。同样以二维数组 a[M][N]为例，其列优先顺序为（a[0][0], a[1][0], …, a[M−1][0], a[0][1], a[1][1], …, a[M−1][1], …, a[0][N−1], a[1][N−1], …, a[M−1][N−1]）。FORTRAN 语言的编译系统就是按照列优先顺序来存储数组元素的。

　　与一维数组类似，由于二维数组元素也是按一定的顺序（行优先或列优先）依次存放在连续的存储空间中，因此只要给定数组的首地址和任意元素的行、列下标就可以计算出它在内存中的存放地址。

　　例如，对于 C 语言中 M 行 N 列的二维数组 a[M][N]，由于采用的是行优先顺序存放，因此任意数组元素 a[i][j]的存储地址可由下面的计算公式求得：

$$\text{Loc} (a[i][j]) = \text{Loc} (a[0][0])+(i\times N + j) \times k \qquad (5\text{-}2)$$

　　但若假设 C 语言采用的是列优先顺序存放，则数组元素 a[i][j]的存储地址可由下面的计算公式求得：

$$\text{Loc} (a[i][j]) = \text{Loc} (a[0][0])+(j\times M + i) \times k \qquad (5\text{-}3)$$

　　其中，k 为每个数组元素占用的存储单元数，$0\leqslant i\leqslant M-1, 0\leqslant j\leqslant N-1$。

　　对于三维以上的数组，按行优先顺序（以最左面的下标为主序）存放是指按下标从右到左变化的原则存放，即最左边下标变化最慢，最右边下标变化最快；相反地，按列优先顺序（以最右面的下标为主序）存放则是指按下标从左到右变化的原则存放，即最左边下标变化最快，最右边下标变化最慢。例如：在 C 语言中，三维数组 a[3][2][3]的各个元素是按照行优先顺序在内存中存储的，其存放的具体顺序为（a[0][0][0], a[0][0][1], a[0][0][2], a[0][1][0], a[0][1][1], a[0][1][2], a[1][0][0], a[1][0][1], a[1][0][2], a[1][1][0], a[1][1][1], a[1][1][2], a[2][0][0], a[2][0][1], a[2][0][2], a[2][1][0], a[2][1][1], a[2][1][2]）。

　　有兴趣的同学可以仿照前面给出的一维数组和二维数组中任意元素内存地址的计算公式，尝试着写出计算三维数组 a[N1][N2][N3]中任意元素 a[i][j][k]在内存中的存储地址的数学公式。

5.1.3　特殊矩阵的压缩存储

　　在科学与工程计算中，我们会经常用到矩阵。对于一般的矩阵，在高级语言中通常是用相应规模的二维数组来存放的。但对于一些特殊矩阵，如对称矩阵、三角矩阵、对角矩阵和稀疏矩阵，由于这些矩阵中含有大量的相同元素或 0 元素，且这些相同值的元素或 0 元素在分布具有一定的规律，若仍采用二维数组进行存放，不但会造成存储空间的严重浪费，而且会给运算带来一定的麻烦。因此对于这些特殊矩阵的存放，应采用压缩存储的方法实现，即只存储矩阵中那些有意义的元素。矩阵的压缩存储可以节省大量的存储空间和计算时间，对许多实际问题具有重要的意义。

　　实现压缩存储时，最关键的问题是需要找到矩阵中每个有意义元素在压缩存储结构中的存放位置与其在原矩阵中行列位置之间的对应关系，从而实现对应的读取及处理。由于对于不同类型的特殊矩阵，其对应关系也不同。下面分别介绍较为常用的对称矩阵、三角矩阵和稀疏矩阵的压缩存储方法。

（1）对称矩阵

若一个 n 阶方阵中的任意元素关于其主对角线对称，即 $a_{i,j}=a_{j,i}$（i 和 j 分别为元素在矩阵中的行号和列号，$1 \leq i \leq n$，$1 \leq j \leq n$），则该矩阵为对称矩阵。显然，对称矩阵中所有关于主对角线对称的两个元素均具有相同的值，因此可以采用压缩存储的方法只占用一个单元来存放每对相同元素的值。通过压缩存储，只需存放原矩阵中 n^2 个元素中的 $n(n+1)/2$ 个有效值即可，也就是只存放原矩阵的上三角或下三角部分的元素值，每对对称位置的相同值元素共享同一个存储单元。

不失一般性，假设压缩存储中只存储原矩阵下三角部分的元素，其分布情况如下：

$$\begin{bmatrix} a_{1,1} & & & & \\ a_{2,1} & a_{2,2} & & & \\ a_{3,1} & a_{3,2} & a_{3,3} & & \\ \vdots & \vdots & \vdots & \vdots & \\ a_{n,1} & a_{n,2} & a_{n,3} & \dots & a_{n,n} \end{bmatrix}$$

通过观察我们发现，上面矩阵中下三角部分元素的分布特点是：第 i 行上的元素个数为 i 个，且对于任意的非零元素 $a_{i,j}$ 都有 $i \geq j$。若按照行优先顺序进行压缩存储，在对应的一维数组中需要存放的元素序列为 $a_{1,1}, a_{2,1}, a_{2,2}, a_{3,1}, \cdots, a_{n,1}, a_{n,2}, \cdots, a_{n,n}$。由于矩阵下三角部分中的前 $i-1$ 行共有 $i \times (i-1)/2$ 个元素，若压缩存储对应的一维数组元素起始下标为 0，则对于原矩阵下三角部分中任意元素 $a_{i,j}$，其在一维数组中对应的下标为 $i(i-1)/2+j-1$，而与其位置对称的元素 $a_{j,i}$ 和元素 $a_{i,j}$ 共享一维数组的同一个存储单元，对应同一个下标。

由此可以得出，若按照行优先顺序进行压缩存储，原对称矩阵中任意元素 $a_{i,j}$ 的行号 i 和列号 j 与该元素在压缩存储中一维数组存放位置 k（下标）之间的对应关系如下：

$$k = \begin{cases} \dfrac{i(i-1)}{2} + j - 1 & \text{当} i \geq j \\ \dfrac{j(j-1)}{2} + i - 1 & \text{当} i < j \end{cases} \tag{5-4}$$

例如，对于 10 阶对称矩阵中的元素 $a_{3,6}$ 和 $a_{6,3}$，采用 C 语言实现压缩存储时对应的一维数组存放位置（下标）均为 17。注意，在 C 语言中，一维数组下标起始值为 0，即 k 的初值为 0。

读者可以尝试推导出采用列优先顺序进行压缩存储时，原矩阵中任意元素行号 i 和列号 j 与其存放位置 k 之间的对应关系。

（2）三角矩阵

三角矩阵包括上三角矩阵和下三角矩阵两种，该类矩阵中对角线以上或以下的元素值均为 0 或常数 c。显然，可以利用对称矩阵的压缩存储方法来解决三角矩阵中上三角或下三角部分元素的存储，除此之外，再增加一个存储单元用于存放常数 c 即可（通常存放在一维数组的最后一个单元中）。例如，对于 n 阶下三角矩阵 a，该矩阵中主对角线以上所有元素均为同一个值（0 或常数 c），其他的 $n(n+1)/2$ 个元素分布在矩阵的主对角线及其下部，分布规律与对称矩阵的下三角部分完全相同，因此，若按行优先顺序存储，数组下标的起始值为 0，可以得出此矩阵中

任意元素 $a_{i,j}$ 的行号 i 和列号 j 与该元素在压缩存储中一维数组存放位置 k（下标）之间的对应关系如下（其中 $i<j$ 时，对应的 k 值均为 $n(n+1)/2$，即所有主对角线以上的相同值元素在一维数组中仅占用最后一个单元存储）：

$$k = \begin{cases} \dfrac{i(i-1)}{2} + j - 1 & \text{当} i \geqslant j \\ \dfrac{n(n+1)}{2} & \text{当} i < j \end{cases} \tag{5-5}$$

该下三角矩阵 a 采用压缩存储后下三角区域元素在一维数组中对应的位置如图 5-2 所示。

$a_{1,1}$	$a_{2,1}$	$a_{2,2}$	$a_{3,1}$	$a_{3,2}$	$a_{3,3}$	$a_{4,1}$	$a_{4,2}$	$a_{4,3}$	$a_{4,4}$	…	$a_{n,1}$	$a_{n,2}$	$a_{n,3}$	…	$a_{n,n}$
0	1	2	3	4	5	6	7	8	9	…	$n(n-1)/2$			…	$n(n+1)/2-1$

图 5-2　下三角矩阵压缩存储示意图

（3）稀疏矩阵

稀疏矩阵是指含有大量非零元素的特殊矩阵，这种矩阵在工程中被大量使用。假设在 m 行 n 列的矩阵中存在 k 个非零元素，则称

$$\delta = \frac{k}{m \times n} \tag{5-6}$$

为矩阵的**稀疏因子**，通常认为 $\delta \leqslant 0.05$ 时的矩阵为稀疏矩阵，而著名教授 Sartaj Sahni 和 Allen Weiss 放宽了这个限制，认为 $\delta \leqslant 1/3$ 或 $\delta \leqslant 1/5$ 就可以归为稀疏矩阵的范畴。为了节省篇幅，本书的例子和习题中所选稀疏矩阵规模较小，稀疏因子较大。

显然，对于稀疏矩阵，若不采用压缩存储，必然会造成大量存储空间的浪费，而且还会给运算带来无意义的时间浪费。但在采用压缩存储时，由于稀疏矩阵中非零元素的分布是无规律的，若只存储非零元素的值，那么如何得知内存中存放的某个元素在其原矩阵中的位置？为了解决这个问题，就要求无论采用何种压缩存储方法来存储稀疏矩阵，都不但要存储每个非零元素的值，而且要存储它们在原矩阵中的位置信息。

稀疏矩阵的压缩存储方法有很多，在这里，我们介绍其中使用较为广泛的三元组顺序表和十字链表。

① 三元组顺序表　在三元组法中，为了既存放非零元素的值，又存放非零元素的位置信息，每个非零元素的信息均通过一个三元组来确定。其中，三元组的前两项分别用于存放非零元素在矩阵中的行号和列号；第三项用于存放非零元素的值。通过将某个稀疏矩阵对应的所有三元组作为顺序表中的数据元素依次存放，就构成了三元组顺序表。为了方便获得稀疏矩阵的总体信息，在使用三元组顺序表时，除了存放三元组表基本信息外，还应设置存放该稀疏矩阵总行数、总列数和非零元素的总个数的数据项。

在 C 语言中，三元组数据元素及三元组顺序表对应的结构体类型可定义如下：

```c
#define MAXLEN 100   //稀疏矩阵中非零元素的最大个数
typedef struct
{ int row;            //行号
  int col;            //列号
  ElemType elem;      //元素值
}Triple;    //稀疏矩阵三元组数据类型定义
```

注意：上面定义中 ElemType 在程序中具体实现时，需对应稀疏矩阵中元素的具体类型。如矩阵中元素为整数，则 ElemType 应对应 int。

```
typdef struct
{ int rownum;          //总行数
  int colnum;          //总列数
  int elemnum;         //非零元素总个数
  Triple list[MAXLEN]; //三元组表基本信息
}SparseMatrix;         //稀疏矩阵三元组顺序表数据类型定义
```

例 5-3　有一个稀疏矩阵为

$$A = \begin{bmatrix} 0 & 0 & 0 & 3 & 0 & 1 & 0 \\ 0 & 2 & 0 & 0 & 0 & 0 & 0 \\ 0 & 0 & 0 & 0 & 6 & 0 & 0 \\ 0 & 0 & 0 & 0 & 0 & 0 & 0 \\ 0 & 0 & 4 & 0 & 0 & 3 & 0 \end{bmatrix}$$

若对其采用三元组法进行压缩存储，按行优先顺序存储，则其压缩存储所对应的三元组顺序表基本信息如表 5-1 所示。

表 5-1　三元组顺序表基本信息

row	col	elem
1	4	3
1	6	1
2	2	2
3	5	6
5	3	4
5	6	3

采用三元组法对稀疏矩阵进行压缩存储可以节省大量的空间。例如对一个 100×100 的稀疏矩阵，若其非零元素只有 50 个，假设每个元素占用 4 个字节，若不进行压缩存储，则此矩阵需占用 40000 个字节；而采用三元组法进行压缩存储，假设行号、列号、元素个数也各占用 4 个字节，则此矩阵只需占用 50×12+3×4=612 个存储单元即可，其中 50×12=600 个字节用于存放三元组表，另外的 12 个字节用于存放稀疏矩阵的总体信息（总行数、总列数及非零元素的总个数）。

② 十字链表　十字链表又称正交链表，是对三元组顺序表的一种改进。它通过为矩阵的每一行及每一列分别设置一个单独的单链表，使稀疏矩阵中的每个非零元素同时包含在所在行的行单链表和所在列的列单链表中，十字链表中的表结点数目即稀疏矩阵中的非零元素个数。采用十字链表实现稀疏矩阵的压缩存储，可以克服三元组顺序表不易扩充的缺点，在矩阵运算中能够有效地存储动态变化的矩阵信息且便于实现对元素的各种操作。由于十字链表中仅存放了稀疏矩阵中非零元素的信息，表结点数目较少，且行、列两个方向的搜索都易于实现，因此基于这种存储结构的矩阵算法的时间复杂度可以得到大大降低。

十字链表的具体实现细节可以有不同的做法，主要的差别体现在行、列链表头指针的组织方式和链表结点数据项的构成。图 5-3 所示的是一种较为简单的十字链表的具体实现方法。

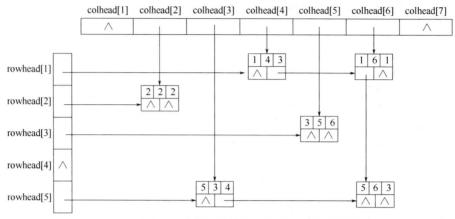

图 5-3　十字链表存储结构示意图

在图 5-3 所示的十字链表中，存储了例 5-3 中稀疏矩阵 *A* 的相关信息。表结点由五个数据项构成，其中三个数据项用于存放非零元素的三元组信息，另外两个指针数据项分别用于存放此结点所在行链表及列链表中下一个结点的地址；矩阵中所有行链表的头指针及所有列链表的头指针分别采用指针数组实现。为了使指针数组元素下标与对应的行或列数相同，两个指针数组均未使用下标为 0 的元素。

实现此十字链表的数据类型定义如下：

```
#define M 5   //M对应稀疏矩阵的行数
#define N 7   //N对应稀疏矩阵的列数
typedef struct node
{int row,col,elem;  // 用于非零元素的三元组信息
 struct node *right,*down;
 //用于存放当前结点所在行链表及列链表中下一个结点的地址
}NodeType;   // 结点数据类型
typedef struct
{int rownum;  // 用于存放稀疏矩阵的总行数
 int colnum;    // 用于存放稀疏矩阵的总列数
 int elemnum;  // 用于存放稀疏矩阵非零元素的个数
 NodeType *rowhead[M+1],*colhead[N+1];  // 行链表及列链表头指针数组
}OrtList; // 十字链表数据类型
```

5.1.4　数组应用举例

迷宫问题是实验心理学中的一个古典问题，又是一种智力游戏，通常需要经过很多次耐心的试探才能找到正确的通路。特别是对于大型迷宫，人工处理很费时间，而用计算机来解决这个烦琐的问题，很快就可以得到结果。下面将以解决迷宫问题为例，来介绍一下数组的应用。

在迷宫问题中，首先要解决的是如何将迷宫对应图形信息表示为计算机可处理的数字信息。为了使迷宫问题数字化，可以使用一个 *M* 行 *N* 列的矩阵 maz 表示迷宫，其中每个元素 maz[i][j] 表示迷宫中的一个位置，其值为 1 时表示"此路不通"；其值为 0 时表示"可以通过"。图 5-4 为一个简单迷宫的示例。

入口	0	0	0	0	0	1	1	0	0	0	0	
	1	0	0	0	1	1	0	1	1	1	1	
	0	1	1	0	0	0	0	1	1	1	1	
	1	1	0	0	1	1	1	0	1	1	0	
	1	1	0	1	0	0	1	0	1	0	1	
	0	0	0	0	0	1	1	0	0	1	1	
	0	1	0	1	0	0	0	0	0	1	1	
	0	0	1	1	1	0	1	1	0	0	0	
	1	0	0	0	0	0	1	1	0	1	1	
	1	0	0	1	1	0	0	0	0	1	1	
	1	1	1	1	0	1	0	1	0	0	0	出口

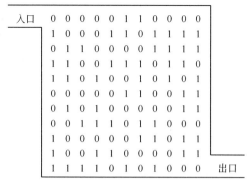

图 5-4 迷宫示例

现在要求从迷宫的入口（矩阵左上角）进入迷宫，若能找到一条路径，可以实现从迷宫的出口（矩阵右下角）走出迷宫则为“成功”；否则说明迷宫没有通路。

计算机中解决迷宫问题，是模拟盲人走路的方法，即一步一试探。对于当前所处的任意一个位置，通常应有四个方向可以试探，即东、西、南、北。但当走到迷宫边缘时，下一步不可能再有四个方位可供试探，而只能存在两到三种可能的方位。为了避免每次检测是否走到边缘，可在算法中把 M 行 N 列的迷宫矩阵扩大为 M+2 行 N+2 列，且令增加的第 0 行、0 列、m+1 行、n+1 列的元素值均为 1。由于元素 1 表示此路不通，扩大后的迷宫矩阵不再需要进行繁琐的边缘判断，这样迷宫矩阵中当前位置的下一步试探方向均为四个方向。为了便于处理，可对这四个方向顺序编号，分别用数字 0、1、2、3 来依次代表东、南、西、北四个方向，图 5-5 给出了方位示意图。显然，在迷宫问题中，从当前位置 maz[i][j]出发，向不同方向走步，会引起不同的位置变化，所产生的行、列位置增量是不同的，为了便于算法实现，可用一个 4 行 2 列的走步增量数组 move 来描述所产生位置变化。沿不同方位试探后产生的位置变化与对应的增量数组如图 5-6 所示。例如：当前位置在 maz[i][j]上，设下一步向正南方向试探，则下一步位置 maz[g][h]对应的数值为

g=i+move[1][0]=i+1

h=j+move[1][1]=j+0

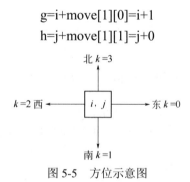

图 5-5 方位示意图

方位	行增量	列增量
东	0	1
南	1	0
西	0	−1
北	−1	0

$$move=\begin{bmatrix}0 & 1\\ 1 & 0\\ 0 & -1\\ -1 & 0\end{bmatrix}$$

图 5-6 不同方位位置变化情况与对应的增量数组

若走到一个位置后，除进入此位置的方位外，其他三个方位均走不通时，则只能后退到前

一个位置再另外选择其他路径。因此，在算法中需要记下每个走步的位置坐标及走步的方位。另外，对已经走过的位置需进行标记以防止重复进入。这样，就需要设立一个栈来存放每个走步的坐标及方位。同时，需要设立一个与迷宫矩阵规模相同的 M 行 N 列的标志矩阵 mark，其初值是零矩阵。每当进入迷宫中某个位置 maz[i][j] 后，需将对应的标志值 mark[i][j] 置为 1。

下面给出这个算法的基本步骤：

① 置当前位置的初始值为迷宫入口处，即 maz[1][1] 处（i,j 初值均为 1）；

② 探测从当前位置 maz[i][j] 开始，首先探测向东方向（即 k 初值为 0），若当前方向不能进入，则接下来按 k 值递增顺序依次探测各方位；

③ 若所探测的下一个位置的 maz[g][h] 及 mark[g][h] 值均为 0，则进入该位置，并记下原位置的行、列坐标及进入该位置的方位（k 的值），即将这三个值入栈；

④ 重复执行步骤②和步骤③；

⑤ 若探测各方向均无通路，则从所在位置沿原路后退一步，即执行出栈操作，并改变探测方位 k 的值，再重复执行步骤②和步骤③，寻找其他通路；

⑥ 重复以上过程，直至走到迷宫出口（找到通路）或退回迷宫入口（无通路），整个算法结束。

下面给出实现迷宫问题的具体程序：

```c
#include<stdio.h>
#include<stdlib.h>
#define M 11   //迷宫矩阵实际行数
#define N 11   //迷宫矩阵实际列数
 typedef struct
 {
   int stack[100][3];   //stack用于存放每一走步的行坐标、列坐标和进入方位
   int top;    //top为栈顶指针，其值为0时标识栈为空
 } SeqStack;    //顺序栈数据类型定义
int main()
{int maz[M+2][N+2];
 //maz用于存放迷宫矩阵，增加的两行两列用于迷宫边缘判断
 int move[4][2]={0,1,1,0,0,-1,-1,0};   //move用于存放走步增量
 int mark[M+1][N+1];
 //mark用于存放迷宫位置进入标志，行列下标均从1开始
 int i,j,k,g,h;
 int flag=1;    //flag为标志变量，其值为0时表示迷宫无通路
 SeqStack *s;  //s为存放走步信息的顺序栈指针变量
 s=(SeqStack*)malloc(sizeof(SeqStack));   //申请顺序栈空间
 s->top=0; //初始化空栈
 for(i=0;i<=M+1;i++)   //设置maz迷宫矩阵的左右边缘信息
     maz[i][0]=maz[i][N+1]=0;
 for(j=0;j<=N+1;j++)   //设置maz迷宫矩阵的上下边缘信息
     maz[0][j]=maz[M+1][j]=0;
 printf("输入迷宫矩阵:\n");
 for(i=1;i<=M;i++)   //输入迷宫矩阵的有效位置信息
     for(j=1;j<=N;j++)
       scanf("%d",&maz[i][j]);
 for(i=1;i<=M;i++)
```

```
        for(j=1;j<=N;j++)  mark[i][j]=0;   //初始化mark，0表示未进入
  mark[1][1]=1;  //从迷宫入口位置出发
  i=1;j=1;
  k=0;  //从东开始试探
  while((i!=M||j!=N)&&(flag==1))  //若未到迷宫出口且迷宫有通路
  { while(k<4)  //向各方位试探
     {g=i+move[k][0];
      h=j+move[k][1];
      if((maz[g][h]==0)&&(mark[g][h]==0))  //若所试探位置可进入
      {  mark[g][h]=1;  //进入此位置并将前一位置坐标及进入方位入栈
         s->top=s->top+1;
         s->stack[s->top][0]=i;
         s->stack[s->top][1]=j;
         s->stack[s->top][2]=k;
         i=g;  //从此位置开始继续向前试探
         j=h;
         k=0;  //从东开始试探
         break;
      }
      k++;  //试探下一个方位
     }  //循环while (k<4)结束
     if(k==4)  //若所试探位置各方位均不能进入
     if(s->top==0)  //若无路可走，说明迷宫无通路，将flag置0
        flag=0;
     else  //后退一步，继续探测其他方位
   {  i=s->stack[s->top][0];
      j=s->stack[s->top][1];
      k=s->stack[s->top][2]+1;
      s->top--;
   }
  }  //外循环while结束
  if(flag==0)
      printf("no road!\n");
  else
  {   for(i=1;i<=s->top;i++)  //输出迷宫通路
       printf("步骤%d: %d,%d\n",i,s->stack[i][0],
              s->stack[i][1]);
      printf("到达迷宫出口: %d,%d\n",M,N);
  }
  return 0;
}
```

5.2 广义表

5.2.1 广义表的定义

广义表，也称为**列表**，是由 n（$n \geq 0$）个元素构成的序列，一般记作 GL=($a_1,a_2,\cdots,a_i,\cdots,a_n$)，

其中 GL 为广义表的名称，a_i 为广义表中的第 i 个元素，n 称为广义表的**长度**。a_i 既可以是单个数据元素，也可以是一个广义表。

从上述定义中可看出，广义表是对线性表的推广。在线性表中，每个元素只能是单个数据元素，而广义表中的元素既可以是单个数据元素（**原子**），也可以是一个广义表（**子表**）。显然，广义表是一个表中套表的多层次结构，其定义是一个递归的定义。

在广义表的表示形式中，通常采用一对圆括号将各个元素括起来，其中用大写字母表示广义表（包括子表），用小写字母表示原子。例如：

（1）A=()

广义表 A 为空表，表长为 0。

（2）B=(a,b)

广义表 B 包含两个原子 a 和 b，表长为 2。

（3）C=(c,d,(e,f,g))

广义表 C 包含两个原子 c 和 d 以及一个子表(e,f,g)，表长为 3。

（4）D=(A,B,C,h)=((),(a,b),(c,d,(e,f,g)),h)

广义表 D 包含三个子表 A、B 和 C 以及一个原子 h，表长为 4。

（5）E=(a,E)

广义表 E 是一个递归的表，包含一个原子 a 和一个子表 E，表长为 2，相当于一个无限的广义表(a,(a,(a,…)))。

广义表除了采用上述的括号表示法描述外，还可以采用更直观的多层次树状图来表示，如上面列出的广义表 D 所对应的图表示形式如图 5-7 所示。其中，用圆圈符号表示广义表，以矩形符号表示原子。

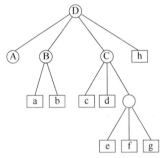

图 5-7　广义表 D 的图形表示

广义表的**深度**是指其子表的最大嵌套层数，即括号表示法中所包含括号的最大重数，如广义表 D 的深度为 3，空表为 1。

任何一个非空的广义表都可以划分为**表头**和**表尾**两部分，其中：表头为广义表中的第一个元素（可以是原子或广义表），表尾为除了第一个元素外的剩余元素构成的表（一定是广义表）。例如：广义表 C=(c,d,(e,f,g))，其表头为原子元素 c，表尾为由剩余的原子 d 和子表(e,f,g) 两个元素构成的广义表，即表尾为(d,(e,f,g))。

广义表的相关运算有很多，其中比较常用的运算包括以下几种。

① 创建广义表 CreateGList( )：根据广义表括号表示形式所对应的字符串建立该广义表的存储结构。

② 输出广义表 PrintGList(GL)：以括号表示形式输出广义表 GL。

③ 求长度 LengthGList(GL)：获得广义表 GL 的长度。例如，对于广义表 C=(c,d,(e,f,g))，LengthGList(C)=3。

④ 求深度 DepthGList(GL)：获得广义表 GL 的深度。例如，对于广义表 C=(c,d,(e,f,g))，DepthGList (C)=2。

⑤ 取表头 GetHead(GL)：取出广义表 GL 的表头元素。例如，对于广义表 C=(c,d,(e,f,g))，GetHead(C)=c。

⑥ 取表尾 GetTail(GL)：取出广义表 GL 的表尾，即原广义表中除表头以外的剩余元素所构成的表。例如，对于广义表 C=(c,d,(e,f,g))，GetTail(C)= (d,(e,f,g))。

⑦ 查找指定原子元素 SearchGList(GL, x)：在广义表 GL 中查找指定原子元素 x。

5.2.2 广义表的存储结构

由于广义表中的元素包括原子和子表两类，且二者的结构不同，因此难以用顺序存储结构实现，通常采用链式存储结构表示。常用的广义表链式存储结构包括头尾链表存储结构和扩展线性链表存储结构两种形式。

（1）头尾链表存储结构

由于构成广义表的元素有两类，即原子和子表，而子表又可分解为表头和表尾，为了表示这两类不同结构的元素，头尾链表存储结构中的表结点数据类型可定义如下：

```
typedef struct GLNodeType
{ int tag;   //元素类别标志域，值为 0 表示原子，值为 1 表示子表
  union   //元素信息域，采用共用体类型，对于两类元素分别存放不同信息
  {
  DataType atom;   //原子结点信息域，存放原子元素值
  struct   //子表结点信息域，由头、尾两个指针数据项构成，分别存放表头和表尾指针
  {
    struct GLNodeType *head;
    struct GLNodeType *tail;
  }sublist;
  }info;
}GLNode;
```

显然，在该广义表链式存储结构中，tag 域是用于区分两类元素的标志域。当 tag 为 0 时，表示存放的是原子，原子结点域直接存储对应原子元素值；而当 tag 为 1 时，表示存放的是子表，子表结点域中需要分别存放表头和表尾的指针信息。两类元素所对应的表结点结构如图 5-8 所示。

图 5-8　广义表头尾链表存储的表结点结构

广义表 D 对应的头尾链表存储结构示意图如图 5-9 所示。

在此链表中，若广义表为空，则其表头指针为空；除此之外，对任何非空表，其表头指针均指向一个表结点，该结点的 head 域指向表头元素结点。

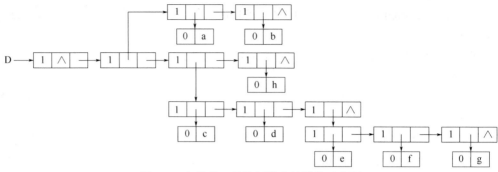

图 5-9 广义表 D 的头尾链存储结构示意图

（2）扩展线性链表存储结构

此链式存储结构中也由原子结点和子表结点两类结点构成，所不同的是两类结点均由三个域组成，具体的表结点数据类型定义如下：

```
typedef struct GLNodeType
{ int tag;  //元素类别标志域，值为 0 表示原子，值为 1 表示子表
  union //元素信息域，共用体类型，对于两类元素分别存放不同信息
  {
    DataType atom;  // 原子结点信息域，存放原子元素值
    struct GLNodeType *link; // 子表结点信息域，用于存放子表表头结点的指针
  }info;
  struct GLNodeType *next;  // 指针域，用于存放同层下一个元素结点的指针
}GLNode;
```

基于上面数据类型定义，广义表两类元素所对应的扩展线性链表存储的表结点结构如图5-10 所示。

图 5-10 广义表扩展线性链表存储的表结点结构

广义表 D 对应的扩展线性链表存储结构示意图如图 5-11 所示。

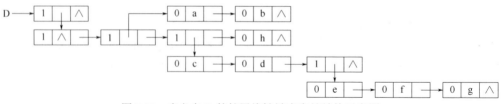

图 5-11 广义表 D 的扩展线性链表存储结构示意图

5.2.3 广义表基本操作实现

本节以广义表的扩展线性链表存储结构为例，介绍广义表的创建、输出、求长度、求深度和查找原子元素的具体实现算法。在下面各个算法中，假设广义表中原子元素的类型为字符型，即有：

```
typedef char DataType;
```

（1）广义表的创建

广义表的创建可以采用递归函数实现。该算法根据从键盘输入的广义表括号表达式，通过逐个扫描字符串中的各个字符，为子表元素和原子元素分别申请结点空间并存储相应信息，并通过递归调用为子表元素建立下层链表结构，最终实现建立广义表的扩展链表存储结构。本节算法中约定原子元素的值均为英文字母，且整个广义表字符串的输入以分号作为结束标志，对应的具体广义表创建算法如下：

```
//输入广义表括号表达式所对应的字符串，实现扩展链表存储结构的建立，函数返回值为
链表的头指针
GLNode *CreateGList()
{   char ch;
    GLNode *GL=NULL;
    scanf("%c", &ch);//读入括号表达式中一个字符
    if(ch!=';')  //若读入的字符不是分号
    {
        GL=(GLNode*)malloc(sizeof(GLNode)); //申请新结点空间
        if(ch=='(')  //若输入字符为左括号
          {
            GL->tag = 1; //建立由 GL 所指向的子表结点并递归构造子表
            GL->info.link=CreateGList();
          }
        else
            if(ch==')')  //若输入字符为右括号，则表明当前广义表的结束
                GL=NULL;
            else  //若输入为字母字符，则建立由 GL 所指向的原子结点
              {
                GL->tag=0;
                GL->info.atom=ch;
              }
    }
    else  //若读入的字符为分号，则置当前表头指针为空
        GL=NULL;
    if(GL!=NULL)  //若广义表未结束
    {   scanf("%c",&ch);    //此处读入的字符必为逗号、右括号或分号
        if(ch==',')  //若输入逗号则递归构造后续子表
            GL->next=CreateGList();
        else  //若输入为右括号或分号则置 GL 的后继指针域为空
            GL->next = NULL;
    }
    return GL;
}
```

（2）广义表的输出

广义表输出算法同样可以通过递归函数实现。当给定广义表扩展链表的头指针，算法从前向后逐个对链表中每个结点进行处理，最终以括号表达式形式输出整个广义表。对于原子结点直接输出其元素值，对于子表结点则调用递归函数对该子表中各个结点分别进行输出。每个子表的输出均以左括号字符开始，以右括号字符结束。具体的广义表输出算法如下：

```
//以括号表达式形式输出广义表，GL 为该广义链表的头指针
void PrintGList(GLNode *GL)
{ if(GL!=NULL)   //对于链表中每个结点逐个进行处理
   { if(GL->tag==1)
    {   //若存在子表，则输出左括号，作为开始符号
     printf("(");
     if(GL->info.link==NULL)   //若子表为空，则输出空字符
        printf("");
     else   //若子表非空，则递归输出子表
        PrintGList(GL->info.link);
     printf(")");   //当一个子表输出结束后，应输出一个右括号终止符
    }
   else //对于原子结点，输出该结点的值
        printf("%c", GL->info.atom);
    if(GL->next!=NULL)   //输出结点的后继表
     {
      printf(",");   //先输出逗号分隔符
      PrintGList(GL->next);   //再递归输出后继表
     }
    }
}
```

（3）求广义表的长度

对于以扩展链表形式存储的广义表，求长度的操作实现较为简单，可以看成是对广义表最上层单链表的结点计算问题。一旦给定广义链表的头指针，只需从第一个表结点出发，根据 next 域的值向后搜索出所有结点并计数即可得到广义表的长度值。需要注意区分广义表()和(())，前者为空表，长度为 0；后者包含一个空子表元素，长度为 1。具体的求广义表长度算法如下：

```
//求广义表的长度，GL 为该广义链表的头指针，函数返回值为此广义表的长度值
int LengthGList(GLNode *GL)
{   int n=0; //n 用于存放广义表的长度，初值为 0
    GL=GL->info.link; //GL 指向链表中的第一个结点
    while(GL!=NULL) //若广义表非空，则逐个对每个结点计数
    {
      n++;
      GL=GL->next;
    }
    return n;   //返回广义表的长度
}
```

（4）求广义表的深度

求广义表深度可通过下面的递归函数实现。给定广义链表头指针，若其为原子结点，则其深度为 0，否则原广义表的深度为其所有子表中的最大深度值加 1，而每个子表的深度通过递归调用求出。具体的求广义表深度算法如下：

```
//求广义表的深度，GL 为该广义链表的头指针，函数返回值为此广义表的深度值
int DepthGList(GLNode *GL)
{   int d; //d 用于存放当前广义表的深度值
    int max=0;//max 用于存放当前最大深度值，初值为 0
```

```
    if(GL->tag==0)  //若为原子结点，则返回深度值 0
        return 0;
    GL=GL->info.link;  //GL 指向链表中的第一个结点
    if(GL==NULL)//若为空表，则返回深度值 1
        return 1;
    //若广义表非空，则遍历表中每一个结点，求出所有子表的最大深度
    while(GL!=NULL)
    {
        if(GL->tag==1)
        {
            d=DepthGList(GL);//递归调用求出一个子表的深度
            if(d>max)
                max=d;//让 max 始终为同一层所求过的子表中深度的最大值
        }
        GL = GL->next;//使 GL 指向同一层的下一个结点
    }
    return(max+1);//返回表的深度
}
```

（5）在广义表中查找指定值的原子

由于广义表的递归特点，查找指定原子的操作可采用递归函数实现。该算法从广义表的表头结点出发逐个结点进行搜索，若当前结点为子表，则调用递归实现在子表中的搜索过程。函数返回值用 1 或 0 分别表示查找成功或失败。具体查找算法如下：

```
// 在广义表中查找等于给定值 x 的原子结点，查找成功时返回 1，否则返回 0
int SearchGList(GLNode *GL, DataType x)
{
    while(GL!=NULL)
    {
        if(GL->tag==1)
        //若搜索结点为子表，则在该子表中递归搜索指定值的原子结点
        {
            if(SearchGList(GL->info.link, x))
                return 1;
        }
        else//若搜索结点为原子，则判断是否等于指定值 x，若是则返回 1
        {
            if(GL->info.atom==x)
                return 1;
        }
        GL = GL->next;//使 GL 后移指向同一层的下一个结点
    }
    return 0;//若 GL 为 NULL，则说明查找失败，返回 0
}
```

5.2.4 广义表应用举例

多项式是数学模型中较为常用的表达形式，本节以 m 元多项式在计算机中的表示为例介绍一下广义表的应用。对于一个 m 元多项式 $P(x_1, x_2, x_3, \cdots, x_m)$，它是由若干个单项式构成的，其

中每个单项式可能含有 $1 \sim m$ 个自变量。由于构成多项式的各单项式中自变量个数不等且最大个数为 m，若采用单链表存储，每个结点需要存储的指数域个数各不相同，实现起来非常麻烦，而采用广义表则可以较好地解决这个问题。

下面以三元多项式 $P(x,y,z)=2x^8y^5z^3+x^7y^5z^3-3x^4z^3+6x^3y^2z+5yz+8$ 为例，介绍采用广义表的扩展线性链表实现存储的具体做法。首先，以 z 作为自变量将整个多项式按照指数递减表示为一个含有子表 A，B 的广义表：

$$P(x,y,z)=(2x^8y^5+x^7y^5-3x^4)z^3+(6x^3y^2+5y)z+8=Az^3+Bz+8z^0$$

其中：A，B 均为二元多项式，$A(x,y)=2x^8y^5+x^7y^5-3x^4$，$B(x,y)=6x^3y^2+5y$。接下来，以 y 作为自变量将广义表 A，B 再按照指数递减分别表示为

$$A(x,y)=(2x^8+x^7)y^5-(3x^4)\,y^0=Cy^5+Dy^0$$
$$B(x,y)=(6x^3)y^2+5y=Ey^2+5y^1$$

其中：C，D，E 均为一元多项式，$C(x)=2x^8+x^7$，$D(x)=-3x^4$，$E(x)=6x^3$。最后，对于 C，D，E 分别建立广义表，如 C 对应$(2,8)$和$(1,7)$，此时广义表中的元素均为存放系数和指数的原子结点，广义表 P 的最终表达形式已确定。

具体实现多项式广义表的扩展线性链表结点结构如图 5-12 所示。

原子结点				子表结点			
tag=0	coef	exp	next	tag=1	link	exp	next

图 5-12　多项式广义表扩展线性链表结点结构

此外，在链表中为了记录每一个一元多项式的自变量（是 x，y 还是 z），需要在它们对应的每个单链表前再额外添加一个由自变量名和头指针两个域构成的表头结点。最终上述多项式 P 对应的广义表扩展线性链表结构示意图如图 5-13 所示。

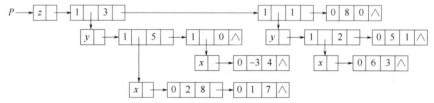

图 5-13　三元多项式 P 的广义表扩展线性链表结构示意图

5.3　小结

本章介绍了可看作线性表扩充形式的两种数据结构：数组和广义表。其中，数组本质上是多个线性表的组合，而广义表则是嵌套的线性表。

数组按照定义方式的不同可分为静态数组和动态数组两种。其中静态数组较为常用，但当用户无法事先确定数组的大小，希望将存储空间的申请推迟到运行阶段时，则可采用动态数组实现。由于静态数组一经定义大小固定不变，故通常采用顺序存储结构存放。在具体实现数组的顺序存储时有"行优先"和"列优先"两种不同做法，其中 C 语言中采用的是"行优先"。在多维数组中，二维数组的应用最为广泛，常用于处理科学和工程计算中的矩阵问题。在处理一些特殊形式的矩阵（如对称矩阵、三角矩阵、稀疏矩阵）时，为了节约存储空间，可对其进行压缩存储。

广义表是一种递归的数据结构，其结构十分灵活。作为线性表的推广形式，其元素既可以是原子，也可以是子表。广义表通常采用链式存储结构，常用的形式包括头尾链表存储结构和扩展链表存储结构。常用的操作包括：创建、输出、求长度、求深度、取表头、取表尾、查找指定原子元素等。

习题

一、单项选择题

1. 在 C 语言中，若有如下三维数组定义：

```
int  a[3][3][2];
```

则在内存中，数组元素 a[1][1][1]之后存放的元素为（   ）。

A. a[1][1][2]　　　　　B. a[2][0][0]　　　　　C. a[1][2][0]　　　　　D. a[2][1][0]

2. 设矩阵 A 是一个 10 行 10 列的下三角矩阵（非零元素分布在矩阵的左下部），为了节省存储空间，将其非零元素按行优先顺序存放在一维数组 B 起始下标为 0 的各个单元中，对于下三角部分中的任一元素 $a_{i,j}(i \geq j, 1 \leq i \leq 10, 1 \leq j \leq 10)$, 它在一维数组 B 中所对应的下标值为（   ）。

A. $i(i-1)/2+j-1$　　　　B. $i(i-1)/2+j$　　　　C. $i(i+1)/2+j-1$　　　　D. $i(i+1)/2+j$

3. 设矩阵 A 是一个 10 行 10 列的主对角线对称矩阵，采用压缩存储将其下三角部分按行优先顺序存放在一维数组 B 起始下标为 0 的各个单元中，若矩阵中第一个元素 $a_{1,1}$ 在内存中的起始地址为 100，占用 2 个字节存储，则矩阵中元素 $a_{5,8}$ 的存储地址为（   ）。

A. 166　　　　　　　B. 128　　　　　　　C. 164　　　　　　　D. 130

4. 下面关于广义表的说法中错误的是（   ）。

A. 广义表中的元素既可以是单个数据元素，也可以是一个广义表

B. 一个广义表的表头一定是广义表

C. 一个广义表的表尾一定是广义表

D. 广义表难以采用顺序存储结构实现

5. 若有广义表 GL=((a,b),((c,d),(e,f,g)),h)，可以从 GL 中取出原子 e 的正确操作为（   ）。

A. GetHead(GetHead(GetTail(GetTail(GL))))　　　B. GetHead(GetHead(GetHead(GetTail(GL))))

C. GetHead(GetTail((GetTail(GetHead(GL))))　　　D. GetHead(GetTail(GetHead(GetTail(GL))))

二、填空题

1. 设有二维数组 int M[4][5]，每个元素(整数)占 4 个存储单元，若元素按行优先的顺序存储，数组的起始地址为 1000，则元素 M[2][3]的内存地址为_____。（数组元素行、列下标均从 0 开始）

2. 设有二维数组 int M[4][5]，每个元素(整数)占 4 个存储单元，若元素按列优先的顺序存储，数组的起始地址为 1000，则元素 M[2][3]的内存地址为_____。（数组元素行、列下标均从 0 开始）

3. 对于一个 100 行 100 列的下三角矩阵，若每个元素需占用 4 个字节进行存储，则采用压

缩存储方法共需占用_____个字节。

4. 将 10 阶的上三角矩阵（非 0 元素分布在矩阵右上部）按照行优先顺序压缩存储到一维数组 A 下标从 0 开始的各个单元中，则原矩阵中第 3 行第 6 列的非 0 元素在一维数组 A 中对应的数组下标为____。

5. 将 10 阶的上三角矩阵（非 0 元素分布在矩阵左上部）按照行优先顺序压缩存储到一维数组 A 下标从 0 开始的各个单元中，则原矩阵中第 4 行第 3 列的非 0 元素在一维数组 A 中对应的数组下标为____。

6. 将 10 阶的下三角矩阵（非 0 元素分布在矩阵右下部）按照列优先顺序压缩存储到一维数组 A 下标从 0 开始的各个单元中，则原矩阵中第 3 行第 8 列的非 0 元素在一维数组 A 中对应的数组下标为____。

7. 对于一个 10 阶对称矩阵 A，若采用行优先的压缩存储方法，矩阵中第 1 行第 1 列的元素 $a_{1,1}$ 的内存地址为 100，每个元素占用 2 个字节，则矩阵中第 8 行第 3 列的元素 $a_{8,3}$ 的内存地址为_____。

8. 广义表 GL=(a,(((b,c),d,e),f),(h,(i,j)),k) 的长度为____，深度为____。

9. 设广义表 GL=((a),(b,c,d),()) ，则其表头是____，表尾是_____。

10. 若有广义表 GL=((((a,b,c),d,e),f),(h,(i)),j)，则执行操作 GetHead(GetHead(GL)) 后的结果为_____。

三、简答题

1. 有一稀疏矩阵如下。（1）画出对其采用三元组顺序表进行压缩存储的存储结构示意图；（2）定义实现三元组顺序表压缩存储所需的一维数组 M 的数据类型。（矩阵的行、列下标均从 1 开始）

$$\begin{bmatrix} 0 & 0 & 0 & 0 & 2 & 0 & 0 \\ 0 & 4 & 0 & 0 & 0 & 0 & 0 \\ 1 & 0 & 0 & 0 & 3 & 0 & 0 \\ 0 & 0 & 0 & 0 & 0 & 0 & 5 \\ 0 & 0 & 0 & 0 & 7 & 0 & 0 \\ 0 & 0 & 0 & 0 & 0 & 0 & 0 \\ 0 & 0 & 1 & 0 & 0 & 0 & 0 \\ 0 & 0 & 0 & 6 & 0 & 0 & 0 \end{bmatrix}$$

2. 若某个 5 行 6 列的稀疏矩阵 A 的三元组顺序表结构如下所示，写出该稀疏矩阵 A。

row	col	elem
5	6	5
1	5	2
2	1	−1
2	6	6
4	5	3
5	3	1

3. 分别画出广义表(a,b,(c,()),(d,(e,(f))))的头尾链表及扩展链表存储结构示意图。

四、算法设计题

1. 编写算法，实现对采用某种压缩存储方法存放的稀疏矩阵 A 进行转置运算。

2. 编写算法，实现对采用某种压缩存储方法存放的两个相同规模（M 行 N 列）的稀疏矩阵 A 和 B 进行求和运算。

3. 编写算法，实现统计扩展链表存储的广义表中原子结点的个数。

4. 编写算法，实现取扩展链表存储的广义表表头的操作。

第6章 树和二叉树

树（tree）是一种重要的非线性数据结构。从形态上看，它很类似于自然界中的树，是一个以分支关系定义的具有明显层次结构的数据结构。树结构被广泛应用于分类、检索、数据库、人工智能等方面。例如操作系统中的文件目录结构、编译系统中的源程序语法结构和数据库中的许多信息组织形式，都是通过树结构来实现的。由于树的逻辑关系较复杂，其存储结构和相关操作实现起来也较为复杂，所以在许多实际问题中树经常被转换为逻辑关系相对简单的二叉树（Binary Tree）进行处理。鉴于二叉树的实际应用更为广泛，本章将着重对二叉树及其相关操作进行介绍。

6.1 树的定义及有关术语

6.1.1 树的定义

树是由 n（$n \geq 0$）个结点构成的有限集合。当 $n=0$ 时称为空树；否则，任意一棵非空树必符合以下两个条件：

① 树中有且仅有一个特定的称为**根**的结点；

② 除根结点外，其余结点可分为 m 个互不相交的有限子集 T_1，T_2，T_3，…，T_m，其中每一个子集本身又是一棵树，称为根的**子树**。

显然，上面关于树的定义是一个递归定义，即树是由子树构成的，而子树本身又是一棵树，且又是由更小的子树构成的。例如在图 6-1 所示的树中，以 A 为根结点的树是由三棵子树构成的，子树的根分别为 B，C 和 D，而以 B 和 D 为根的子树又分别是由更小的两棵子树和三棵子树构成的。可以看出，树结构呈现出明显的层次关系，根结点位于最高层，其他结点分别分布在下面的各层上，某个结点的各棵子树的根均位于树的同一层上。

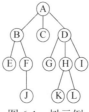

图 6-1 树示例

6.1.2 常用术语

为了便于本章的学习，下面首先介绍一些有关树的常用术语。

• **结点的度**：每个结点的子树个数。如图 6-1 所示的树中，结点 A 的度为 3，结点 B 的度为 2。

- **叶子**：又称**终端结点**，是指度为 0 的结点。如图 6-1 所示的树中，结点 E、J、C、G、K、L 和 I 均为叶子。
- **分支结点**：又称**非终端结点**，是指度不为 0 的结点。如图 6-1 所示的树中，除了 7 个叶子以外的其他结点均为分支结点。
- **树的度**：树中所有结点的度的最大值。如图 6-1 所示的树的度为 3。
- **孩子**：一个结点的子树的根称为该结点的孩子。如图 6-1 所示的树中，结点 E 和 F 为结点 B 的孩子。
- **双亲**：若结点 1 是结点 2 的孩子，则结点 2 就被称为结点 1 的双亲。如图 6-1 所示的树中，结点 D 为结点 G、H 和 I 的双亲。
- **兄弟**：同一双亲的孩子之间互称兄弟。如图 6-1 所示的树中，结点 G、H 和 I 互称兄弟。
- **祖先**：从根到某个结点所经过的分支上的所有结点称为该结点的祖先。如图 6-1 所示的树中，结点 A、D、H 均为结点 L 的祖先。
- **子孙**：以某个结点为根的子树中的所有结点均称为该结点的子孙。如图 6-1 所示的树中，结点 G、H、I、K、L 均为结点 D 的子孙。
- **堂兄弟**：若结点 1 和结点 2 为兄弟关系，则它们的孩子之间互称堂兄弟。
- **结点的层次**：规定根所处的最高层为第一层，其下面紧邻的一层为第二层，依此类推。树中任意结点的层次等于其双亲结点的层次加 1。
- **树的深度**：树中结点的最大层次数。如图 6-1 所示的树的深度为 4。
- **森林**：由 m（$m \geqslant 0$）棵互不相交的树构成的集合。
- **有序树**：树中每个结点的各棵子树从左到右依次有序排列（即次序不能互换）的树。

6.2 二叉树

由于二叉树的应用非常广泛，大部分树的问题都可以转换为对应二叉树的问题来处理，本节将对二叉树的相关知识进行较为详细的介绍。

6.2.1 二叉树的定义

二叉树是一个由 n（$n \geqslant 0$）个结点构成的有限集合。当 $n=0$ 时称为空树；否则，任意一棵非空二叉树必符合以下两个条件：

① 由一个根结点和两个分别被称为左子树和右子树的互不相交的子集构成；

② 其左、右子树也是二叉树。

二叉树示例如图 6-2 所示。显然，二叉树的定义和树的定义一样，也是递归的。此外，6.1.2 节中有关树的术语均适用于二叉树。二叉树与树的区别主要体现在以下两个方面：

图 6-2　二叉树示例

① 度小于等于 2，即二叉树中不存在度大于 2 的结点；

② 有序树，即二叉树中每个结点的子树有左右之分，不能交换。

二叉树的基本形态共有五种，如图 6-3 所示。

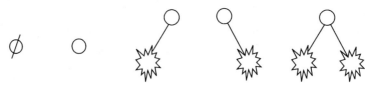

(a) 空树　(b) 只有根结点　(c) 只有左子树　(d) 只有右子树　(e) 兼有左、右子树

图 6-3　二叉树的五种不同形态

读者可以根据上面给出的二叉树的五种基本形态思考一个问题：由三个结点构成的二叉树共有多少种不同的形态？

在二叉树中，还有一些比较特殊的成员，其中较为常用的有：**满二叉树**、**完全二叉树**和**平衡二叉树**。下面给出这几种特殊二叉树的定义。

（1）满二叉树

若一棵二叉树中所有分支结点的度均为 2，即每个分支结点的左、右孩子同时存在，且叶子都分布在最下面一层上，则称此二叉树为**满二叉树**。满二叉树的形态特点非常显著，每层上的结点数都达到了最大值，即树的每一层上结点都是"满"的。一棵深度为 3 的满二叉树如图 6-4 所示。

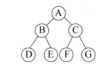

图 6-4　满二叉树示例

（2）完全二叉树

若一棵深度为 k 具有 n 个结点的二叉树，能够与一棵同深度的满二叉树中编号从 1 到 n 的结点（按照从上到下、从左到右的顺序进行编号）相对应，则称此二叉树为**完全二叉树**。如图 6-5 所示为一棵深度为 4 的完全二叉树。

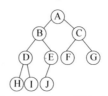

图 6-5　完全二叉树示例

由完全二叉树的定义可以看出，完全二叉树中的度小于 2 的结点只可能出现在最下面的两层中，且最下面一层的叶子结点都出现在该层的左边。换句话说，与满二叉树相比，完全二叉树只能最下面一层的右边不满。因此，若完全二叉树中某个结点的右孩子存在，则其左孩子必然存在。此外，从以上完全二叉树的定义可知，满二叉树实质上可以看作是特殊的完全二叉树。

（3）平衡二叉树

若一棵二叉树中每个结点的左、右子树深度之差（平衡因子）的绝对值均不大于 1，则称该二叉树为平衡二叉树。显然，所有的满二叉树和完全二叉树均为**平衡二叉树**。

在图 6-6 所示的二叉树的所有结点中，只有结点 B 的左、右子树深度之差为 1，其余结点的左、右子树深度之差均为 0，故该二叉树为一棵平衡二叉树。

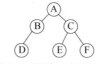

图 6-6　平衡二叉树示例

6.2.2　二叉树的性质

任何二叉树都具有以下三个性质：

〔性质 1〕　二叉树的第 i 层上至多有 2^{i-1} 个结点。

利用数学归纳法容易证得此性质。

〔性质 2〕　深度为 k 的二叉树的结点总数至多为 2^k-1 个。

由性质 1 和等比数列求和公式即可证得此性质。

〔性质 3〕　若一棵二叉树上度为 0（叶子）和度为 2 的结点数分别为 n_0 和 n_2，则 $n_0=n_2+1$。

证明： 设该二叉树中度为 1 的结点数目为 n_1，因为二叉树结点总数= $n_0+n_1+n_2$，又因为二叉树中只存在孩子结点和非孩子结点，非孩子结点只有根结点 1 个，而孩子结点只可能是度为 1 和度为 2 的结点的孩子，其总数为 n_1+2n_2（一个度为 1 的结点只能有 1 个孩子，一个度为 2 的结点只能有 2 个孩子），故二叉树结点总数= $1+n_1+2n_2$。

所以 $n_0+n_1+n_2=1+n_1+2n_2 \Rightarrow n_0=n_2+1$。

对于完全二叉树，也存在以下两个重要的性质：

〔性质 1〕　一棵具有 n 个结点的完全二叉树的深度为 $\lfloor \log_2 n \rfloor +1$。

〔性质 2〕　若一棵完全二叉树中共有 n 个结点，对于其中编号为 i（$1 \leqslant i \leqslant n$）的结点，有：

① 若 $i \neq 1$，则 i 结点的双亲结点为 $\lfloor i/2 \rfloor$；若 $i=1$，则其为根结点，无双亲。

② 若 $2i \leqslant n$，则 i 结点的左孩子为 $2i$；若 $2i>n$，则 i 结点无左孩子。

③ 若 $2i+1 \leqslant n$，则 i 结点的右孩子为 $2i+1$；若 $2i+1>n$，则 i 结点无右孩子。

性质 1 可通过和同深度满二叉树相对比进行证明，性质 2 可通过数学归纳法证明，具体的证明过程留给读者自己思考。通过以上两个性质可以发现，对于一棵结点数目确定的完全二叉树，其深度是确定的，且逻辑关系也是确定的，故对应的形态是唯一的。

6.2.3　二叉树的存储结构

与线性表类似，二叉树也可采用顺序和链式两种存储结构实现存储。下面对二叉树采用这两种结构实现存储的具体方法分别进行介绍。

（1）顺序存储结构

二叉树的顺序存储结构是用一组地址连续的存储单元依次（从上到下，从左到右）存放二叉树中的各个结点的数据信息，借助于各个结点在存储结构中存放的相对位置来反映其逻辑关系。对一棵普通的二叉树来说，由于其任意结点的相对位置和逻辑关系没有一个固定的对应关系，所以不能采用顺序存储结构（读者可以通过思考具有 3 个结点的普通二叉树的不同形态来理解这一点）。那么，到底什么样的二叉树才能进行顺序存储呢？根据完全二叉树的性质 2 可以看出，由于完全二叉树中任意结点的相对位置和其逻辑关系之间存在着一个固定的对应关系，结点数目一旦确定，对应的完全二叉树的形态是唯一的，所以对于完全二叉树可以采用顺序结构进行存储。

例如：对图 6-5 所示的完全二叉树进行顺序存储，其存储结构如图 6-7 所示。

1	2	3	4	5	6	7	8	9	10
A	B	C	D	E	F	G	H	I	J

图 6-7　完全二叉树的顺序存储结构示例

显然，对一棵完全二叉树进行顺序存储，既简单方便又节省空间，但是对于一棵普通的二叉树，由于结点相对位置和逻辑关系之间不对应，显然顺序存储是无法直接采用的。若想要对于普通二叉树进行顺序存储，只有先通过增加虚结点的方法把它构造成一棵完全二叉树后才能实现。例如，现在对图 6-2 所示的一棵普通二叉树通过添加虚结点构造为一棵完全二叉树，之后进行顺序存储，其对应的顺序存储结构如图 6-8 所示，在虚结点对应的数组单元中通常存放一个空值或无意义的值以便与实际结点加以区分。

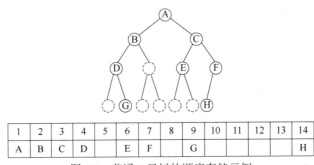

1	2	3	4	5	6	7	8	9	10	11	12	13	14
A	B	C	D		E	F		G					H

图 6-8　普通二叉树的顺序存储示例

通过上例可以看出，对一棵普通二叉树采用顺序存储结构，需添加大量虚结点，存储起来既麻烦又浪费空间，因此对于普通二叉树通常采用链式存储结构进行存储。

（2）链式存储结构

二叉树的链式存储结构需要借助于指针来反映结点之间的逻辑关系。由于二叉树中某个结点的孩子最多有两个，因此通常采用二叉链表的形式进行存储，其结点结构如图 6-9 所示。

lchild	data	rchild

图 6-9　二叉树链式存储结点结构示意图

每个结点包括三个域，其中一个是数据域 data，用于存放结点的数据值；另外两个是指针域，分别存放该结点的左孩子结点和右孩子结点的地址。除此之外，为了存储根结点的地址，还需设立一个指针变量 root。图 6-2 所示的二叉树的链式存储结构如图 6-10 所示。

下面给出 C 语言中二叉链表中结点的类型定义：

```
typedef struct node
{ DataType data; //数据域，存放结点的数据值
    struct node *lchild,*rchild; //左右指针域，分别存放左、右孩子结点的地址}BSTree;
```

为了便于算法描述，本章树的相关算法中均假设顶点类型为 char，即有以下类型定义：

```
typedef char DataType;
```

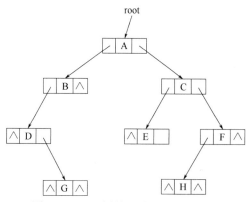

图 6-10 二叉树的链式存储结构示例

此外，在二叉树的链式存储结构中，为了方便获取二叉树中结点的双亲信息，还可以在原链表基础上为每个结点增加一个指向双亲结点的指针域，所构成的链表称为三叉链表。由于二叉链表在实际应用中较常用，本章算法中二叉树的链式存储均采用二叉链表形式。

6.2.4 二叉树的遍历

6.2.4.1 二叉树遍历算法的实现

遍历是二叉树所有算法中最重要和最基本的，二叉树的许多操作都是以遍历为基础。遍历二叉树是指按照一定的顺序访问二叉树中的所有结点，使得每个结点都能被访问且仅访问一次。这里所谓的访问有很广的含义，可以是对结点的各种操作，如修改、计算、输出等。在本节所介绍的遍历算法中均以输出结点数据值的形式对结点进行访问。

按照对二叉树中根结点、左子树和右子树访问的先后顺序，共有三种常用的遍历方法：根、左、右；左、根、右；左、右、根。根据这三种方法中根结点被访问的先后，分别命名为：先（根）序遍历、中（根）序遍历和后（根）序遍历。下面对这三种遍历方法分别进行介绍。

（1）先序遍历

若遍历的二叉树不为空，则依次执行以下操作：

① 访问根结点；

② 先序遍历左子树；

③ 先序遍历右子树。

例如，对图 6-11 所示的二叉树进行先序遍历，得到的遍历序列为：A B D E G H C F。

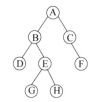

图 6-11 待遍历的二叉树

由于二叉树的定义本身是递归的，并且在先序遍历中，对左、右子树和整棵树的访问都遵循着相同的遍历原则，因此非常适合采用递归算法实现。

先序遍历的算法如下：

```
//对根结点指针为 p 的二叉树进行先序遍历
void PreOrder(BSTree *p)
{
 if(p!=NULL)
 { printf("%5c",p->data);  //访问根结点
   PreOrder(p->lchild);   //先序遍历左子树
   PreOrder(p->rchild);   //先序遍历右子树
 }
}
```

（2）中序遍历

若遍历的二叉树不为空，则依次执行以下操作：

① 中序遍历左子树；

② 访问根结点；

③ 中序遍历右子树。

例如，对图 6-11 所示的二叉树进行中序遍历所得到的遍历序列为：D B G E H A C F。

显然，中序遍历算法与先序遍历算法类似，只需要改变访问根结点语句的位置即可。中序遍历的算法如下：

```
//对根结点指针为 p 的二叉树进行中序遍历
void InOrder (BSTree *p)
{
 if(p!=NULL)
 { InOrder(p->lchild);   //中序遍历左子树
   printf("%5c",p->data);  //访问根结点
   InOrder(p->rchild);   //中序遍历右子树
 }
}
```

（3）后序遍历

若遍历的二叉树不为空，则依次执行以下操作：

① 后序遍历左子树；

② 后序遍历右子树；

③ 访问根结点。

例如，对图 6-11 所示的二叉树进行后序遍历所得到的遍历序列为：D G H E B F C A。

仿照前面的先序和中序遍历算法，很容易写出后序遍历的算法。后序遍历算法如下：

```
//对根结点指针为 p 的二叉树进行后序遍历
void PostOrder(BSTree *p)
{
  if(p!=NULL)
  { PostOrder(p->lchild);  //后序遍历左子树
    PostOrder(p->rchild);   //后序遍历右子树
    printf("%5c",p->data);  //访问根结点
```

```
    }
  }
```

在上面所介绍的三种遍历算法中，当左、右子树为空时，递归函数均会调用一次，由于不满足函数体中的递归条件 p!=NULL，因此这次递归过程实际上不会执行任何有意义的操作就会结束。显然这种无意义的递归调用也需要保存对应的断点信息，会造成内存上不必要的浪费，因此可以在三种遍历算法中对左、右子树进行遍历的递归函数调用语句前加上判空的条件，如在对左子树递归调用进行遍历的语句前加上条件 if (p->lchild!=NULL) 来避免这种无意义的递归调用的执行。

除了以上所介绍的先序、中序和后序这三种最常用的遍历方法外，对二叉树的访问还可以采用一种叫做层序遍历的方法。该方法在访问二叉树各个结点时，遵循"从上到下，从左到右"原则，即先访问第一层上的结点，再访问第二层上的结点，……，依此类推，同一层上的结点按照从左到右的顺序进行访问。例如对图 6-11 所示的二叉树进行层序遍历，所得到的结果为：A B C D E F G H。在这种遍历方法中，显然访问的起始结点是整棵树的根结点，之后要访问的是根结点的左孩子和右孩子，接下来再分别访问根结点的左孩子的左、右孩子和根结点的右孩子的左、右孩子，依此类推。访问过程中最显著的特点是：按照结点被访问的先后次序分别再去访问它们各自的左孩子和右孩子。为了保证先被访问的结点的孩子也能被先访问，算法中需要借助队列来保存所有已访问结点的信息。

层序遍历二叉树的算法思路如下：

① 初始化空队，p 指向二叉树的根结点；

② 访问 p 指向的结点并将 p 入队；

③ 当队列非空时，循环执行以下操作：

a. 出队，并将 p 指向出队元素所指向的结点；

b. 若 p 所指向的结点的左孩子存在，则访问左孩子并将其地址入队；

c. 若 p 所指向的结点的右孩子存在，则访问右孩子并将其地址入队；

④ 当队列为空时，整个遍历过程结束。

有兴趣的读者可以按照上面所提示的思路自己编写出层序遍历的具体实现算法。

6.2.4.2　二叉树遍历算法的应用

二叉树的遍历算法应用非常广泛，如可用于建立二叉树的二叉链表，统计二叉树中叶子结点的个数，计算二叉树的深度等。下面分别以利用先序遍历算法建立二叉树、利用后序遍历计算二叉树深度及利用中序遍历统计二叉树中叶子结点个数为例来介绍遍历算法的应用。

（1）利用先序遍历算法建立二叉树

在此算法中，需要按照先序次序依次输入二叉树的各个结点值，并在输入序列中加入约定的特殊字符来标识空结点以结束递归过程。例如，下面算法在输入的结点值序列中以'#'表示空结点的值。当采用此算法建立图 6-11 所示二叉树的二叉链表时，其对应的结点值先序输入序列为 ABD##EG##H##C#F##，如图 6-12 所示。

利用先序遍历算法建立二叉树二叉链表的具体算法如下：

```
//建立二叉树的二叉链表，t 为指向二叉树根结点指针的指针
void CreatBSTree(BSTree **t)
```

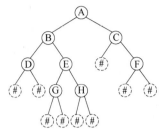

图 6-12　二叉树结点的先序输入序列示意图

```
{DataType ch;
  printf("input data\n");
  scanf("%c",&ch);      //输入当前结点的数据值
  if(ch=='#')   //以'#'作为空结点值用于结束递归
    *t=NULL;
  else
   { *t=(BSTree*)malloc(sizeof(BSTree));  //申请新结点空间
     (*t)->data=ch;
     CreatBSTree(&((*t)->lchild)); //递归创建左子树
     CreatBSTree(&((*t)->rchild)); //递归创建右子树
   }
}
```

（2）利用后序遍历算法计算二叉树的深度

在此算法中，若当前二叉树非空，则首先通过递归调用分别计算左子树的深度 n1 及右子树的深度 n2，之后对 n1 和 n2 的值进行比较并返回其中的较大者加 1 的值（即当前二叉树的深度值）。

```
//计算二叉树的深度，p 为指向根结点的指针，返回值为二叉树的深度
int BSTreeDepth(BSTree *p)
{ int n1,n2;
  if(p==NULL)   //若当前二叉树为空
    return 0;   //二叉树的深度为 0
  else
   {
     n1=BSTreeDepth(p->lchild);     //递归调用计算左子树的深度 n1
     n2=BSTreeDepth(p->rchild);     //递归调用计算右子树的深度 n2
     if(n1>n2)   //对 n1 和 n2 的值进行比较并返回当前二叉树的深度值
         return(n1+1);
     else
         return(n2+1);
   }
}
```

（3）利用中序遍历算法统计二叉树中的叶子结点个数

在此算法中，利用中序遍历的思想，若当前二叉树为空，则叶子结点个数为 0，结束递归；否则先递归调用在左子树中统计叶子个数，接下来判断根结点是否叶子，若为叶子则计数器加 1，最后递归调用在右子树中统计叶子个数。

//统计二叉树的叶子结点个数，p 为指向根结点的指针，返回值为叶子结点个数

```
int CountLeaf(BSTree *p)
{  int n=0;  //n 为存放叶子结点个数的计数器变量，初值为 0
   if(p!=NULL)  //若当前二叉树非空
   {  n+=CountLeaf(p->lchild);  //统计左子树中的叶子结点个数
      if(p->lchild==NULL&&p->rchild==NULL)
        n+=1;  //若为叶子结点，计数器 n 加 1
      n+=CountLeaf(p->rchild);  //统计右子树中的叶子结点个数
   }
   return n;  //返回叶子结点个数
}
```

6.2.4.3 非递归的二叉树遍历算法

通过对 6.2.4.1 节中所介绍的三种二叉树遍历算法的比较不难发现，三者都采用相同的递归思想实现，差别仅在于算法中访问根结点语句的位置不同。递归算法逻辑清晰、代码简练，其执行过程本质上是函数嵌套的层层叠加，而嵌套中各层函数调用的断点信息保存在编译系统中是通过栈来实现的。因此，可以利用栈将这些实现二叉树遍历的递归算法改写为非递归算法。由于遍历过程中每个结点只访问一次，因此非递归算法中所需定义的栈的最大容量为二叉树的深度即可。

在下面将要介绍的具体非递归遍历算法实现中，所采用的顺序栈数据类型 SeqStack 定义见本书 3.1.2 节。由于在遍历算法中栈用于存放已访问结点的地址，故顺序栈数据类型 SeqStack 定义中的栈元素类型在各个非递归遍历算法中对应结点指针类型 BSTree *。算法中栈的初始化、入栈和出栈函数定义详见本书 3.1.2 节，在此仅列出这几个函数的原型如下：

```
SeqStack* IniStack();  // 栈的初始化函数，函数说明见本书 3.1.2 节
int  Push(SeqStack *s, BSTree *x);  //入栈函数，函数说明见本书 3.1.2 节
int  Pop(SeqStack *s, BSTree * *px);  //出栈函数，函数说明见本书 3.1.2 节
int  GetTop(SeqStack *s, BSTree * *px);  //读取栈顶函数，函数说明见本书
3.1.2 节
```

（1）先序遍历的非递归算法

先序遍历二叉树的非递归算法的实现思路如下：

① 初始化空栈，当前结点指针 p 指向二叉树的根结点。

② 若 p 不为空或栈非空时，循环执行以下操作：

a. 若 p 不为空，访问当前结点并将 p 入栈（为访问其右子树做准备）之后将 p 指向当前结点的左孩子；

b. 若 p 为空（此时栈必定非空，否则不会进入本次循环），则进行出栈操作，并将 p 指向出栈结点的右孩子。

③ 当 p 和栈均为空时，整个遍历过程结束。

二叉树先序遍历的非递归具体算法如下：

```
//对根结点指针为 p 的二叉树采用非递归方法进行先序遍历
void PreOrder(BSTree *p)
{ SeqStack *s;
  BSTree *q;
  s=IniStack();  //初始化空栈
```

```
  while(p!=NULL||s->top!=0)  //若 p 不为空或栈非空
     if(p!=NULL)
     {  printf("%5c",p->data);  //访问 p 所指向的结点
        Push(s,p);  //将 p 入栈，等待访问
        p=p->lchild; //p 指向其左孩子，作为下一次要访问的结点
     }
     else  //若 p 为空
     {
        Pop(s,&q); //出栈
        p=q->rchild;  //p 指向出栈结点的右孩子
     }
}
```

（2）中序遍历的非递归算法

由于在中序遍历时，根结点的访问应在其左子树遍历结束，右子树遍历之前进行，因此中序遍历和先序遍历的非递归算法区别是：访问根结点的语句应放在出栈语句之后。

中序遍历二叉树的非递归算法的实现思路如下：

① 初始化空栈，当前结点指针 p 指向二叉树的根结点。

② 若 p 不为空或栈非空时，循环执行以下操作：

a. 若 p 不为空，则将 p 入栈（为访问根结点及其右子树做准备），之后将 p 指向当前结点的左孩子；

b. 若 p 为空（此时栈必定非空，否则不会进入本次循环），则进行出栈操作，并访问当前结点，之后将 p 指向出栈结点的右孩子。

③ 当 p 和栈均为空时，整个遍历过程结束。

二叉树中序遍历的非递归具体算法如下：

```
//对根结点指针为 p 的二叉树采用非递归方法进行中序遍历
void  InOrder(BSTree *p)
{ SeqStack *s;
  BSTree *q;
  s=IniStack();  //初始化空栈
  while(p!=NULL||s->top!=0)  //若 p 不为空或栈非空
     if (p!=NULL)
     {  Push(s,p);  //将 p 入栈，等待访问
        p=p->lchild;  //p 指向其左孩子，作为下一次要访问的结点
     }
     else  //若 p 为空
     {  Pop(s,&q);  //出栈
        printf("%5c",q->data); //访问 p 所指向的结点
        p=q->rchild;  //p 指向出栈结点的右孩子
     }
}
```

（3）后序遍历的非递归算法

后序遍历中根结点的访问次序在其左右子树访问之后，因此在遍历完左子树后，需要判断右子树是否为空且是否已被访问。若右子树非空且未被访问，则遍历右子树，否则访问根结点。

后序遍历二叉树的非递归算法的实现思路如下：

① 初始化空栈，当前结点指针 p 指向二叉树的根结点。

② 若 p 不为空或栈非空时，循环执行以下操作：

a. 若 p 不为空，则将 p 入栈（为访问根结点及其右子树做准备），之后将 p 指向当前结点的左孩子。

b. 若 p 为空（此时栈必定非空，否则不会进入本次循环），则进行读取栈顶操作并将 p 指向出栈结点，判断此时 p 所指向的结点的右子树是否为空且是否已被访问：

i. 若 p 所指向的结点的右子树非空且未被访问，则将 p 指向当前结点的右孩子；

ii. 否则，p 指向出栈结点并对其进行访问，之后将 p 置为空，使得下次访问在新栈顶所指向的上一层结点位置上进行。

③ 当 p 和栈均为空时，整个遍历过程结束。

为了便于判断当前结点的右子树是否已被访问，在程序中加入了一个用于记录前一个访问结点的指针变量 pre。二叉树后序遍历的非递归具体算法如下：

```
//对根结点指针为 p 的二叉树采用非递归方法进行后序遍历
void  PostOrder(BSTree *p)
{ SeqStack *s;
  BSTree *pre=NULL;  //pre 用于记录前一个访问的结点指针，初值置为空
  s=IniStack();  //初始化空栈
  while(p!=NULL||s->top!=0)  //若 p 不为空或栈非空
    if (p!=NULL)
    {  Push(s,p);  //将 p 入栈，等待访问
      p=p->lchild;  //p 指向其左孩子，作为下一次要访问的结点
    }
    else  //若 p 为空
    {  GetTop(s,&p);  //读取栈顶元素，保存在 p 中
      if(p->rchild!=NULL&&&p->rchild!=pre)
      //若 p 所指向结点的右子树非空且未被访问
         p=p->rchild;  //p 指向其右孩子，对右子树进行遍历
      else  //若 p 所指向结点的右子树为空或已被访问
      {  Pop(s,&p);  //出栈，出栈元素保存在 p 中
         printf("%5c",p->data);  //访问 p 所指向的结点
         pre=p;  //pre 记下刚访问过的结点指针
         p=NULL;  //将 p 置为空，下次访问在新栈顶所指向的上一层结点位置进行
      }
    }
}
```

6.2.5 线索二叉树

（1）线索二叉树的概念

通过遍历二叉树，可获得按照一定顺序排列的结点的线性序列，因此遍历的实质是对原来的非线性结构（二叉树）的线性化。但是对于二叉链表存储的二叉树来说，存储结构中只存储了结点的左孩子和右孩子信息，而线性序列（结点的前驱和后继结点信息）只有在遍历过程中

才能获得。为了能够直接得到每个结点的前驱和后继信息，可以在二叉链表结构中增加前驱和后继两个指针域，但这样的做法会造成存储结构空间密度的大大降低。由于 n 个结点的二叉链表有 $2n$ 个指针域，但其中只有 $n-1$ 个指针域存放了二叉树中全部的 $n-1$ 个孩子结点的地址（只有根结点是非孩子结点），可利用其余的 $n+1$ 个空指针域来存储结点的前驱和后继信息。这种利用二叉链表中的空指针域，存放结点在某种遍历次序下的前趋和后继结点的指针（这种附加的指针称为"线索"）的过程称为二叉树的线索化。增加了线索的二叉树称为线索二叉树。

　　具体做法如下：若某个结点存在左（右）孩子，则左（右）孩子指针域用于存放该结点的左（右）孩子结点的地址；否则，若该结点无左孩子，左孩子指针域则用于存放遍历序列中该结点的前驱结点信息，若该结点无右孩子，右孩子指针域则用于存放遍历序列中该结点的后继结点信息。此外，为了区分结点的左、右指针域到底存放的是左、右孩子的地址还是前驱、后继结点的地址，还需在结点结构中增加左、右两个标志域。新的结点结构如图 6-13 所示。

| lchild | ltag | data | rtag | rchild |

图 6-13　线索二叉树结点结构示意图

其中：

$$ltag = \begin{cases} 0 & lchild域存放左孩子结点地址 \\ 1 & lchild域存放前驱结点地址 \end{cases}$$

$$rtag = \begin{cases} 0 & rchild域存放右孩子结点地址 \\ 1 & rchild域存放后继结点地址 \end{cases}$$

　　线索二叉树中结点的类型定义如下：

```
typedef struct ThreadNode
{ DataType data;
  struct ThreadNode *lchild,*rchild;
  int ltag,rtag;
}ThreadBSTree;
```

　　为了方便相关算法的实现，通常会在线索二叉树所对应的二叉链表中再增加一个头结点，并令其 lchild 域指向根结点，rchild 域指向对应遍历序列中的最后一个结点，ltag 设置为 0，rtag 设置为 1。同时，令对应遍历序列中的第一个结点的 lchild 域和最后一个结点的 rchild 域的线索均指向头结点。这样做可建立一个与双向链表类似的双向线索二叉树，既能对二叉树实现正向（从前向后）的分步遍历，又能实现逆向（从后向前）的分步遍历。

　　根据二叉树的不同遍历方法，线索二叉树可分为先序线索二叉树、中序线索二叉树和后序线索二叉树三种。与图 6-14（a）所示二叉树相对应的先序、中序及后序线索二叉树链表示意图见图 6-14（b）、图 6-14（c）、图 6-14（d）。

　　（2）二叉树的线索化

　　二叉树的线索化的过程实质上就是将二叉链表中所有结点的空指针域修改为指向前驱或后继的线索，而前驱和后继的信息需要通过遍历二叉树获得。因此，可以按照某种遍历方法对二叉树进行遍历，并在遇到空指针域时将其值修改为对应的线索。此外，还需要为原来的二叉链表增加一个头结点，在进行线索化之前，建立头结点与二叉树根结点的线索；在线索化之后，建立遍历序列中最后一个结点与头结点之间的线索。

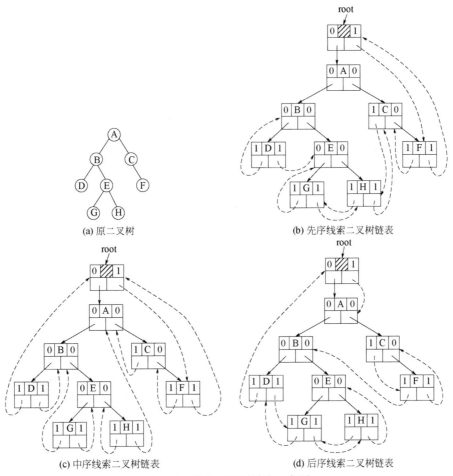

图 6-14 线索二叉树链表示意图

下面以二叉树的中序遍历线索化算法为例介绍具体实现的过程，整个算法通过两个函数来实现。其中，InThread 函数为递归函数，其功能为对 p 所指向的二叉树进行中序线索化，函数中的 pre 为全局变量，总是保存被线索化的当前结点的前驱结点（即遍历过程中上一个被访问的结点）的地址。CreateInThread 函数为中序线索二叉树的主过程，其功能为对以 T 为根的二叉树增加头结点，并调用 InThread 函数对该二叉树进行中序线索化。

```
ThreadBSTree *pre=NULL; //pre 为指向当前结点前驱结点的全局变量
//中序线索二叉树的递归函数，p 为指向二叉树根结点的指针变量
void InThread(ThreadBSTree *p)
{
  if(p!=NULL) //若当前结点非空，则对以其为根的二叉树进行中序线索化
  {
    InThread(p->lchild); //对左子树进行中序线索化
    if(p->lchild==NULL) //若当前结点的左指针域为空，则建立左线索
    { p->ltag=1;   //设置左线索标志
      p->lchild=pre; //保存前驱结点地址
```

```
        }
        else
            p->ltag=0;
      if(pre!=NULL&&pre->rchild==NULL)
//若前驱结点的右指针域为空，则为前驱结点建立右线索
        {   pre->rtag=1; //设置前驱结点的右线索标志
            pre->rchild=p; //保存其后继结点地址
        }
        else
            pre->rtag=0;
      pre=p; //前驱指针下移
      InThread(p->rchild); //对右子树进行中序线索化
    }
}


//中序线索二叉树的主过程，T 为二叉树的根结点指针
ThreadBSTree *CreateInThread(ThreadBSTree *T)
{ ThreadBSTree *root;
  root=(ThreadBSTree *)malloc(sizeof(ThreadBSTree)); //申请头结点空间
  root->ltag=0; //头结点初始化
  root->rtag=1;
  root->rchild=T;
  if(T==NULL)   //若二叉树为空
    root->lchild=root; //头结点左指针域指向自己
  else   //若二叉树非空
    {root->lchild=T; //头结点左指针域指向根结点
     pre=root; //前驱结点初始化为头结点
     InThread(T); //调用 InThread 对以 T 为根的二叉树进行中序线索化
     pre->rchild=root;
     //InThread 调用结束 pre 指向最后一个结点，令其右线索指向头结点
     pre->rtag=1; //设置 pre 的右线索标志
     root->rchild=pre; //头结点的右线索指向 pre
    }
  return root; //结束主过程，返回头结点指针
}
```

（3）遍历线索二叉树

　　由于线索化之后的二叉树中保存了结点的前驱和后继信息，因此遍历过程较为简单，只需从该次序下的起始结点出发，根据右线索不断寻找下一个访问的后继结点，直至最后一个结点。遍历中序线索二叉树的具体算法如下。

```
//对根结点指针为 T 的中序线索二叉树进行遍历
void InOrderThreadBSTree(ThreadBSTree *T)
{ ThreadBSTree *p;
 p=T->lchild;  //p 指向根结点
 while(p!=T)   //若二叉树不为空且遍历未结束
 {
   while(p->ltag==0)   //沿左孩子向下寻找中序遍历起始结点
```

```
    p=p->lchild;
    printf("%5c",p->data);   //访问起始结点
    while(p->rtag==1&&p->rchild!=T)   //若右线索存在且遍历未结束
    {
        p=p->rchild;   //沿右线索依次访问后继结点
        printf("%5c",p->data);
    }
    p=p->rchild;   //对原二叉树的右子树进行遍历
    }
}
```

显然，遍历线索化二叉树时，由于保存了结点的前驱和后继信息，不需要使用栈实现递归，避免了频繁的入栈和出栈操作，因此在时间和空间效率上都优于普通二叉树的遍历算法。特别是当需要经常查找结点在某个遍历序列下的前驱和后继结点时，采用线索二叉树链表作为存储结构无疑是一个不错的选择。

下面以中序线索二叉树为例，简单介绍查找某个结点前驱和后继的思路，并给出寻找前驱结点的算法，有兴趣的同学可以自己思考并写出寻找后继结点的具体算法。

在中序线索二叉树中查找 p 所指向的当前结点的前驱结点可分为两种情况：

① 当 p->ltag=1 时，p 的左指针域所指向的结点为其前驱结点；

② 当 p->ltag=0 时，则说明当前结点的左子树非空，则其中序序列的后继结点为其左子树中最后一个访问的结点（位于左子树的最右下方）。要获得此前驱结点，只需从左子树的根结点出发，沿着左子树的右指针域向下，直到遇到 rtag=1 的结点。

类似地，在中序线索二叉树中查找 p 所指向的当前结点的后继结点也可分为两种情况：

① 当 p->rtag=1 时，p 的右指针域所指向的结点为其后继结点；

② 当 p->rtag=0 时，则说明当前结点的右子树非空，则其中序序列的后继结点为其右子树中第一个访问的结点（位于右子树的最左下方）。要获得此后继结点，只需从右子树的根结点出发，沿着右子树的左指针域向下，直到遇到 ltag=1 的结点。

中序线索二叉树中查找某个指定结点前驱结点的具体算法如下：

```
//在中序线索二叉树中查找 p 结点的前驱结点
ThreadBSTree *GetInPre(ThreadBSTree *p)
{ThreadBSTree *pre,*q;   //pre 用于保存 p 结点的前驱结点指针
    if(p->ltag==1)
        pre=p->lchild;
    else
    {   q=p->lchild;   //q 保存查找过程中的当前结点指针
        while(q->rtag!=1)   //查找左子树中最右下方的结点
            q=q->rchild;
        pre=q;
    }
    return pre;   //返回前驱结点的指针
}
```

6.2.6 哈夫曼树

哈夫曼树，是一类带权路径长度最短的树。它的应用十分广泛，如用于通信及数据传送中，可构造传送效率最高的二进制编码（哈夫曼编码）；或用于编程中构造平均执行时间最短的最佳

判断过程等。在本节中，我们将介绍哈夫曼树的有关概念、生成哈夫曼树的算法，并以哈夫曼编码为例介绍哈夫曼树的应用。

（1）哈夫曼树相关概念

- **结点间的路径长度**：从树中一个结点到另一个结点之间的分支构成这两个结点间的路径，路径上的分支个数称为此路径的长度。如图 6-15 的树中从结点 A 到结点 H 需经过 3 个分支，所以从结点 A 到结点 H 的路径长度为 3。
- **树的路径长度**：从树的根结点到每一个结点的路径长度之和称为该树的路径长度，通常记作 PL。如图 6-15 中的树的路径长度 PL = 0+1+1+2+2+2+3+3 = 14。

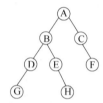

图 6-15　树的路径长度的计算

- **结点的带权路径长度**：指从该结点到根结点之间的路径长度与结点上权值的乘积。如图 6-16（a）中的结点 A 的带权路径长度为 10，结点 B 的带权路径长度为 9，结点 C 的带权路径长度为 21，结点 D 的带权路径长度为 2。
- **树的带权路径长度**：指树中所有带权结点（通常为叶子结点）的路径长度之和，通常记作 WPL。如图 6-16（a）中的树的带权路径长度 WPL = 10+9+21+2 = 42；如图 6-16（b）中的树的带权路径长度 WPL = 10+6+14+4 = 34；如图 6-16（c）中的树的带权路径长度 WPL = 7+10+9+6 = 32。
- **哈夫曼树**：假设有 n 个权值$\{w_1, w_2, \cdots, w_n\}$，构造一棵具有 n 个叶子结点的二叉树，每个叶子结点带权为 w_i，$1 \leqslant i \leqslant n$，则其中带权路径长度最小的二叉树称为哈夫曼树，也称为最优二叉树。如图 6-16（a）、（b）、（c）所示的三棵二叉树都具有权值相同的叶子结点 A、B、C、D，其中(c)中的二叉树带权路径最小。可以验证，（c）中的二叉树即为哈夫曼树。

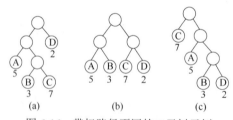

图 6-16　带权路径不同的二叉树示例

（2）哈夫曼树构造算法

对于给定的一组权值，如何来构造一棵哈夫曼树呢？根据"尽量使权值大的结点靠近根"这一原则，哈夫曼在 1952 年提出了一种可以很好地解决这个问题的算法，俗称哈夫曼算法。将此算法的哈夫曼树构造过程叙述如下：

① 对于给定的 n 个权值$\{w_1, w_2, \cdots, w_n\}$，构造出具有 n 棵二叉树的森林 $F=\{T_1, T_2, \cdots, T_n\}$，其中每棵二叉树 T_i 均只有一个带有权值 w_i 的根结点；

② 在 F 中选取根结点权值最小的两棵作为左、右子树构造一棵新的二叉树（通常约定将

较小权值的二叉树放在左子树位置），新二叉树根结点权值为其左、右子树根结点权值之和；

③ 在 F 中删除这两棵作为合并对象的二叉树，同时将新生成的二叉树加入 F 中；

④ 重复②和③，直到 F 只有一棵二叉树为止，这棵二叉树就是所构造的哈夫曼树。

例如给定一组权值{5，2，6，3，7}，根据哈夫曼算法构造出相应的哈夫曼树的过程如图 6-17 所示。

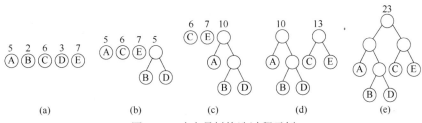

图 6-17 哈夫曼树构造过程示例

哈夫曼树具有以下几个主要特点：

① 在给定权值构造出的所有二叉树中 WPL 最小；

② 权值大的结点离根近，权值小的结点离根远；

③ 树形不唯一（采用上述算法构造出的只是其中某一种形态的哈夫曼树）；

④ 没有度为 1 的结点。

为了实现以上所介绍的哈夫曼树构造算法，首先需要确定其存储结构。由于哈夫曼树是二叉树且不存在度为 1 的结点，若其叶子结点数为 n，则其结点总数一定为 2n−1（除叶子结点外，其余均为度为 2 的结点且数目为 n−1），所以可采用顺序存储方式将其保存在一个大小为 2n−1 的一维数组中。为了便于处理，n 个叶子结点信息存放在数组的前 n 个单元中（数组元素下标为 0~n−1），n−1 个非叶子结点信息存放在数组后半段（数组元素下标为 n~2n−2）。为了记下哈夫曼树中每个结点的权值、孩子及双亲信息，结点的数据类型定义如下：

```
typedef struct
{ int weight;  //存放结点的权值
  int parent, lchild,rchild;  //存放双亲、左孩子和右孩子结点的下标
}HuffmanTree;
```

根据哈夫曼树构造过程，算法的具体实现可分为如下两个步骤：

① 哈夫曼树对应的一维数组初始化。所有结点的 parent、lchild 和 rchild 数据项均初始化为−1，n 个叶子结点的 weight 数据项赋初值为对应权值，其余的 n−1 个非叶子结点的 weight 数据项置初值为 0。

② 构造哈夫曼树。通过 n−1 次循环实现哈夫曼树创建过程中的 n−1 次选择及合并，即每一次从当前森林中选择出两棵权值最小的树合并为一棵新树。

对应的哈夫曼树的构造算法如下：

```
//哈夫曼树构造算法，ht 为存放哈夫曼树中结点信息的数组，n 为树中叶子结点个数
void HFCreat(HuffmanTree ht[],int n)
{ int i,j,min1,min2,k1,k2;
  //min1 和 min2 分别存放最小和次小权值，k1 和 k2 存放对应下标
  for(i=0;i<2*n-1;i++) //初始化所有结点
{ ht[i].parent= ht[i].lchild= ht[i].rchild=-1;
```

```
    //各结点 parent、lchild 和 rchild 初始化为-1
    ht[i].weight=0;  //先将所有结点 weight 项置初值为 0
  }
  printf("input the weights of all leaves:\n");
  for(i=0;i<n;i++)
    scanf("%d",&ht[i].weight);  //输入所有叶子结点的对应权值
  for(i=0;i<n-1;i++)
  { min1=min2=MAXVALUE;  // MAXVALUE 为一个大于所有可能权值的常量
    k1=k2=0;  //置初值
    for(j=0;j<n+i;j++)  //查找当前森林中两棵权值最小的二叉树
    { if(ht[j].parent==-1&&ht[j].weight<min1)
      //若当前结点为根结点且权值小于 min1
      {   min2=min1;
        k2=k1;
        k1=j;
        min1=ht[j].weight;
      } //min 和 k1 分别记最小权值及其下标
     else
        if(ht[j].parent==-1&&ht[j].weight<min2)
        //若当前结点为根结点且权值小于 min2
          {  k2=j;
            min2=ht[j].weight;
          } //min2 和 k2 分别记下次小权值及其下标
    }
    ht[k1].parent=ht[k2].parent=n+i;  //将权值最小的两棵二叉树进行合并
    ht[n+i].lchild=k1; ht[n+i].rchild=k2; ht[n+i].parent=-1;
    ht[n+i].weight=ht[k1].weight+ht[k2].weight;
    //新树权值为合并对象根结点权值之和
  }
}
```

采用此算法构造哈夫曼树，若输入的叶子结点权值为 5，2，6，3，7，则其对应的顺序存储结构中 ht 数组的初始状态和最终状态分别如表 6-1 和表 6-2 所示。

表 6-1　ht 数组初始状态

下标	weight	parent	lchild	rchild	下标	weight	parent	lchild	rchild
0	5	−1	−1	−1	5	0	−1	−1	−1
1	2	−1	−1	−1	6	0	−1	−1	−1
2	6	−1	−1	−1	7	0	−1	−1	−1
3	3	−1	−1	−1	8	0	−1	−1	−1
4	7	−1	−1	−1					

表 6-2 ht 数组最终状态

下标	weight	parent	lchild	rchild	下标	weight	parent	lchild	rchild
0	5	6	-1	-1	5	5	6	1	3
1	2	5	-1	-1	6	10	8	0	5
2	6	7	-1	-1	7	13	8	2	4
3	3	5	-1	-1	8	23	-1	6	7
4	7	7	-1	-1					

（3）哈夫曼编码

哈夫曼树被广泛地应用于通信及数据传送中进行信息的二进制编码。在电报通信中，电文是以二进制的 0、1 序列传送的，即所有需传送的信息都需要转换成由二进制字符组成的字符串。例如，若电文是英文，则电文中的信息仅由 26 个英文字母组成，需要对英文字符集合{A，B，…，Z}进行编码。众所周知，字符集中的各个字符被使用的频率是不均匀的，如 E 和 T 一般使用频率较高。为了使传送的电文总长尽可能短，就应让使用频率高的字符的编码尽可能短。然而，这种不等长编码可能会使电文产生多义性，如 E 的编码为 00，T 的编码为 01，X 的编码为 0001，则若接收的电文为 0001 时，无法确定原电文到底是 ET 还是 X。产生问题的原因在于 E 的编码与 X 的编码的开始部分（前缀）相同，因此，采取不等长编码时应使字符集中的任意字符编码都不同于其他字符编码的前缀，这样的不等长编码称为前缀编码。二进制前缀编码可利用二叉树进行设计。将所需编码的各字符作为树上的叶子结点，约定左分支表示编码 0，右分支表示编码 1，则从根结点到某个叶子结点的路径上各左、右分支的编码顺序排列就构成了此叶子结点的二进制编码。读者可以证明，这样得到的编码必为前缀编码。为了使电文的总长最短，可将每种字符在电文中的出现次数作为代表此字符的叶子结点上的权值，从根结点到该叶子结点的路径长度即为所代表字符的编码长度，则电文总长恰好就是此二叉树的带权路径长度。由此可知，要使电文总长最短，用于设计编码的二叉树应为哈夫曼树，而这样得到的二进制前缀编码便被称为哈夫曼编码。

例如，要发送的电文中含有字符{A，C，E，H，S，T}，各字符的出现次数分别为{2，4，7，5，3，8}，现要求对其编写二进制前缀码，使电文总长最短。为此首先构造对应的哈夫曼树，之后为了获得对应的哈夫曼编码，将哈夫曼树所有左分支标记 0，所有右分支标记 1，从根到某个叶子结点路径上的标记序列即为该叶子结点所对应字符的哈夫曼编码。构造得到的哈夫曼树及其标记情况如图 6-18 所示。

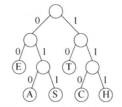

图 6-18 哈夫曼编码示例

由图 6-18 所示的哈夫曼树可得：字符 A 的哈夫曼编码为 010，字符 C 的哈夫曼编码为 110，字符 E 的哈夫曼编码为 00，字符 H 的哈夫曼编码为 111，字符 S 的哈夫曼编码为 011，字符 T 的哈夫曼编码为 10。

当需发送电文中各字符出现的频率相同时，所构造出的哈夫曼树为一棵平衡二叉树，如图 6-19 所示，采用哈夫曼编码和等长编码的效率差别不大；但当各字符出现频率相差很大（如均呈倍数增长）时，如图 6-20 所示，所得到的哈夫曼树上根结点下面的每层上均只有两个结点，此时采用哈夫曼编码可使发送电文的效率得到大大提高。

在哈夫曼树已经生成的基础上，要获得某个叶子结点相应的哈夫曼编码，只需走一条从根结点出发到该叶子的路径，路径所经过的各个分支对应的 0 或 1 代码序列就构成了该叶子的哈夫曼编码。有兴趣的读者可尝试编写程序实现生成哈夫曼编码的算法。

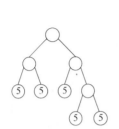

图 6-19   等频率字符的哈夫曼树示例

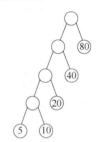

图 6-20   字符频率呈倍数增长的哈夫曼树示例

6.3   树和森林

6.3.1   树的存储结构

通过树的定义和形态可以看出，树中结点具有明显的层次关系，且各结点间的逻辑关系主要体现在分支关系上，即双亲和孩子的关系。对于树中的任意结点来说，若其为根结点，则其无双亲结点；若其为叶子，则其无孩子结点；否则，该结点有且仅有一个双亲结点，并且有若干孩子结点。显然，树中结点的逻辑关系并非一对一的线性关系，而是一种一对多的关系，体现在一个结点只能有一个双亲，但可以有多个孩子。因此，树的逻辑结构显然是非线性的，并且比二叉树的逻辑关系更为复杂。

树的存储一般采用链式存储结构实现，在这里介绍其中较常用的四种方法。

（1）双亲表示法

该方法采用一组连续空间存储树的结点，通过保存每个结点的双亲结点的位置（所在数组元素的下标）来反映树中结点之间的逻辑关系，其结点结构如图 6-21 所示。图 6-22 所示的树对应的双亲表示法如图 6-23 所示。采用双亲表示法实现树的存储时，查找双亲结点非常方便，但若要查找孩子结点则需要遍历整个存储结构才能完成。

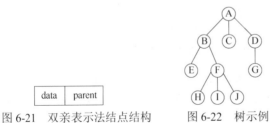

0	A	-1
1	B	0
2	C	0
3	D	0
4	E	1
5	F	1
6	G	3
7	H	5
8	I	5
9	J	5

图 6-21   双亲表示法结点结构   图 6-22   树示例   图 6-23   双亲表示法示例

（2）孩子表示法

由于树中每个结点的孩子个数不确定，较简单直观的孩子表示法采用线性链表来存储树中各结点的孩子信息，即为每个结点建立一个单链表用于存放其孩子结点的位置，所有单链表的头结点构成一个线性表。图 6-22 中树对应的孩子表示法如图 6-24 所示。采用这种存储方式查找某个结点的孩子时非常方便，但要查找某个结点的双亲则需遍历整个存储结构。

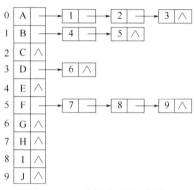

图 6-24　孩子表示法示例

（3）双亲孩子表示法

这种存储方法将双亲表示法和孩子表示法相结合，在原来孩子表示法存储结构的基础上，给树中每个结点所对应的单链表的头结点增加一个存放其双亲结点位置的数据项。图 6-22 所示的树对应的双亲孩子表示法如图 6-25 所示。双亲孩子表示法可较方便地查找某个结点的双亲和孩子信息，但存储结构的具体实现较为麻烦。

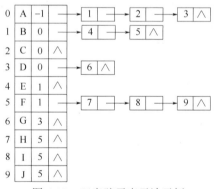

图 6-25　双亲孩子表示法示例

（4）孩子兄弟表示法

这种链式存储在树的存储中使用最为广泛，其结点结构如图 6-26 所示。

图 6-26　孩子兄弟法结点结构

其中，data 域用于存放结点的数据值；first 和 next 域为两个指针域，分别存放该结点的第一个孩子和下一个相邻兄弟的地址。图 6-22 所示的树的孩子兄弟表示法如图 6-27 所示。可以看出，树的孩子兄弟表示法链式存储结构和二叉树的链式存储结构在存储形式上是完全相同的，都是二叉链表的形式,所以二叉树的有关算法常常可用于实现树的操作。这一点也正是孩子兄弟表示法被普遍使用的原因。

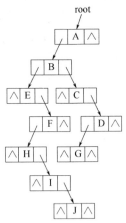

图 6-27　孩子兄弟表示法示例

6.3.2　树或森林与二叉树的转换

树或森林都与二叉树之间存在一个自然的一一对应关系。在处理树和森林时,若将它们转换成对应的二叉树,不但可以方便地进行存储,而且能够利用二叉树的有关算法实现操作。例如,下一节所介绍的树及森林的遍历操作均可以利用对应二叉树的遍历算法来完成。因此,将树、森林转换成二叉树是树结构中的一个重要内容。

由于树或森林中每个结点至多只有一个长子(第一个孩子),且至多只有一个右邻兄弟(下一个相邻兄弟),因此只要将它们分别作为对应二叉树中该结点的左、右孩子,即按照孩子兄弟法建立起树、森林与二叉树的一一对应关系就可以实现树或森林向二叉树的转换。为了提高转换的速度,可利用下面所介绍的步骤通过作图法实现转换工作。

(1)将树转换为二叉树

转换步骤如下:
① 在原树所有兄弟结点之间加一连线;
② 对每个结点,除保留与其长子间的连线外,将该结点与其余孩子间的连线全部抹除;
③ 将树中每一层水平方向连线以该层最左端结点为轴心顺时针旋转 45°并整理各结点的位置,使每个结点的第一个孩子位于其左斜下方位置,相邻兄弟结点位于其右斜下方位置。

按照上述步骤,可将图 6-22 所示的树转换成对应的二叉树,具体过程如图 6-28 所示。

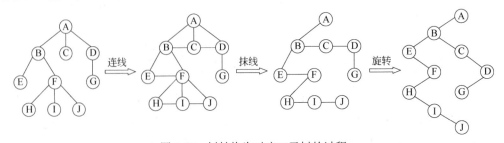

图 6-28　树转换为对应二叉树的过程

（2）将森林转换为二叉树

由于森林是树的有限集合，故首先利用树向二叉树的转换方法对森林中的每棵树进行转换，之后将第一棵树的根结点作为转换后所得到的二叉树的根结点。由于同一森林中的各棵树的根结点之间的关系被认为是兄弟关系，因此森林中相邻两棵树中后一棵树转换得到的二叉树应放在前一棵树根结点的右子树位置。森林向二叉树的具体转换过程如图 6-29 所示。

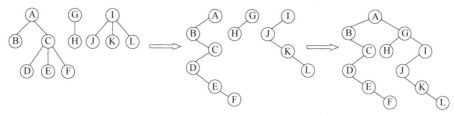

图 6-29　森林转换为对应二叉树的过程

6.3.3　树和森林的遍历

（1）树的遍历

与二叉树相同，遍历也是树的最基本和最重要的操作。由于树中某个结点可以有任意多棵子树，所以树的遍历方法只有两种：先序遍历和后序遍历。

① 先序遍历　若遍历的树不为空，依次执行以下操作：

a. 访问根结点；

b. 从左到右依次先序遍历各个子树。

例如，图 6-22 所示的树的先序遍历序列为

A　B　E　F　H　I　J　C　D　G

② 后序遍历　若遍历的树不为空，依次执行以下操作：

a. 从左到右依次后序遍历各个子树；

b. 访问根结点。

例如，图 6-22 所示的树的后序遍历序列为

E　H　I　J　F　B　C　G　D　A

显然，对树作先序遍历和后序遍历分别与对其孩子兄弟链式存储生成的二叉链表作先序和中序遍历的结果相同，因此对树进行先序和后序遍历可分别通过调用二叉树的先序和中序遍历算法实现。

（2）森林的遍历

森林的遍历方法与树的遍历方法类似，也分为先序和后序两种遍历方法。

① 先序遍历　若遍历的森林非空，则依次执行以下操作：

a. 访问森林中第一棵树的根结点；

b. 从左到右依次先序遍历第一棵树的各棵子树；

c. 先序遍历除去第一棵树以外的各棵树构成的森林。

例如，图 6-29 所示的森林的先序遍历序列为

A　B　C　D　E　F　G　H　I　J　K　L

② 后序遍历　若遍历的森林非空，则依次执行以下操作：

a. 后序遍历森林中第一棵树的各棵子树；

b. 访问第一棵树的根结点；

c. 后序遍历除去第一棵树以外的各棵树构成的森林。

例如，图 6-29 所示的森林的后序遍历序列为

B D E F C A H G J K L I

由于森林转换为二叉树时，第一棵子树的根结点成为了整棵树的根结点，第一棵树中其余结点构成了二叉树的左子树，而森林中剩余的其他各棵树的结点构成了二叉树的右子树，因此与树类似，森林的先序和后序遍历操作同样可以通过对应二叉树的先序和中序遍历算法实现。

6.4　小结

树和二叉树都是具有明显层次关系的非线性数据结构，它们的定义均为递归定义，二叉树相对于树应用更为广泛。对于二叉树的存储，顺序存储结构仅适用于完全二叉树，链式存储则适用于所有二叉树。遍历是二叉树最基本和重要的操作，应熟练掌握。其具体实现方法共有三种，分别为先序、中序和后序遍历。为了加快二叉树某种遍历次序中前驱和后继结点的查找速度，可通过利用二叉树二叉链表中的空指针域存放前驱和后继结点的指针实现二叉树的线索化。哈夫曼树被广泛应用于通信编码设计中，学习时应主要掌握哈夫曼树的概念及哈夫曼树生成算法。由于树形态的多样性，采用链式存储结构进行存储较为方便，最常用的是孩子兄弟链式存储方法。森林和树的遍历与二叉树的遍历方法大致相似，但只有先序和后序两种遍历方法。森林和树可以转换为二叉树进行处理。

习题

一、单项选择题

1. 以下关于二叉树的说法中正确的是（　　　）。

A. 若一棵二叉树中叶子结点的个数大于 2，则该树的度一定为 2

B. 任意一棵二叉树的度一定为 2

C. 任意一棵平衡二叉树的度一定为 2

D. 结点数目大于 3 的二叉树的度一定为 2

2. 以下关于完全二叉树的说法中错误的是（　　　）。

A. 结点数目一旦确定，对应的完全二叉树只有唯一的形态

B. 完全二叉树中的叶子只能出现在该树的最下面一层

C. 任意一棵完全二叉树的一定是平衡二叉树

D. 结点数目大于 3 的完全二叉树的度一定为 2

3. 一棵深度为 k 的完全二叉树中最少有（　　　）个结点。

A. 2^k 　　　　　　　B. 2^k-1 　　　　　　　C. 2^k+1 　　　　　　　D. 2^{k-1}

4. 已知一棵完全二叉树的第 6 层上有 8 个叶子结点，则该完全二叉树的结点个数最多是（　　　）。

A. 71　　　　　　B. 111　　　　　　C. 39　　　　　　D. 103

5. 若一棵深度为 k 的二叉树中只存在度为 2 和度为 0 的结点，则这棵树中最少有（　　）个结点。

A. $2k$　　　　　B. $2k-1$　　　　C. $2k+1$　　　　D. $2k-2$

6. 把一棵树转换为二叉树后，这棵二叉树的形态是（　　）。

A. 唯一的，且根结点一定没有左孩子

B. 唯一的，且根结点一定没有右孩子

C. 有多种，但根结点一定没有左孩子

D. 有多种，但根结点一定没有右孩子

7. 将森林转换为对应的二叉树，若在二叉树中结点 A 是结点 B 的双亲结点的双亲结点，则在原来的森林中，结点 A 和结点 B 可能具有的关系是（　　）。

①结点 A 是结点 B 的双亲结点；　②兄弟关系；　③堂兄弟关系；　④结点 A 是结点 B 的双亲结点的双亲结点

A. ②③　　　　　B. ①②③　　　　C. ①②④　　　　D. ①②

8. 若结点 A 是中序线索二叉树中一个有左孩子的非根结点，则结点 A 的前驱为（　　）。

A. 结点 A 的双亲结点

B. 结点 A 的右子树中最左下方的结点

C. 结点 A 的左子树中最右下方的结点

D. 结点 A 的右子树中最右下方的结点

9. 以下关于哈夫曼树的说法中错误的是（　　）。

A. 给定一组权值，所构造出的哈夫曼树的形态不唯一

B. 给定一组权值所能构造出的所有二叉树中 WPL 最小的二叉树即为哈夫曼树

C. 哈夫曼树中不存在度为 1 的结点

D. 哈夫曼树一定是平衡二叉树

10. 若以 {4，5，7，2，6} 作为叶子结点的权值构造一棵哈夫曼树，则该树的带权路径长度是（　　）。

A. 76　　　　　　B. 54　　　　　　C. 58　　　　　　D. 42

二、填空题

1. 在一棵度为 3 的树中，若度为 3 的结点个数为 2，度为 2 的结点个数为 1，则度为 0 的结点个数为_____。

2. 一棵深度为 6 的满二叉树中，度为 2 的结点个数为_____，度为 1 的结点个数为_____，度为 0 的结点个数为_____。

3. 一棵具有 257 个结点的完全二叉树的深度为_____，其中度为 2 的结点有_____个，度为 1 的结点有_____个，度为 0 的结点有_____个。

4. 已知某棵完全二叉树的第 5 层上共有 7 个结点，则该树共有_____个叶子结点。

5. 设森林 F 中共有三棵树，其中第一、二、三棵树上的结点个数分别为 $n1,n2,n3$，现将森林 F 转换成对应的二叉树 T，则二叉树 T 的左子树中共有_____个结点。

6. 若采用二叉链表结构存储一棵结点数目为 n 的二叉树，则所有结点所对应的 $2n$ 个指针域中有_____个指针域非空。

7．若一棵哈夫曼树中共有 97 个结点，则该树中的叶子结点数目为＿＿＿＿＿＿＿。

8．引入线索二叉树的目的是＿＿＿＿＿＿＿＿＿＿＿＿＿＿＿＿＿＿＿＿＿。

三、简答题

1．试分别画出具有 3 个结点的树和具有 3 个结点的二叉树的所有不同形态。

2．给出题图 6-1 中所示的二叉树的先序、中序和后序遍历序列，并画出其顺序和链式存储结构。

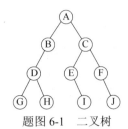

题图 6-1　二叉树

3．已知一棵二叉树的中序遍历序列为 BDCEAFHG，其后序遍历序列为 DECBHGFA。

（1）画出这棵二叉树并写出其先序遍历序列；（2）画出这棵二叉树的先序线索树。

4．现有一组关键字{50，28，73，91，56，18，34，86}，画出生成的二叉排序树，并写出对该树进行中序遍历得到的关键字序列。

5．对同一组关键字以不同顺序输入所建立起来的二叉排序树是否相同？对这些二叉排序树进行中序遍历得到的序列是否相同？

6．写出题图 6-2 所示的树的先序和后序遍历序列，并将此树转换成对应的二叉树。

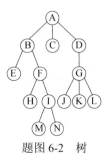

题图 6-2　树

7．设题图 6-3 所示的二叉树是某森林对应的二叉树，请画出对应的森林并写出对该森林进行先序和后序遍历的序列。

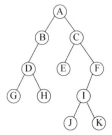

题图 6-3　某森林对应的二叉树

8．假设用于通信的电文仅由 8 个字母{A，B，C，D，E，F，G，H}组成，各字母在电文中的出现频率分别为 7，19，2，6，32，3，21，10。试为这 8 个字母设计哈夫曼编码。

四、算法设计题

1．已知一棵具有 n 个结点的完全二叉树被顺序存储于一维数组 a 中，编写一个算法打印出编号为 i 的结点的双亲和所有孩子。

2．编写一个递归算法，实现统计二叉链表存储的二叉树中度为 2 的结点个数。

3．以二叉链表为存储结构，写出按层次遍历二叉树的算法。

4．以二叉链表为存储结构，写出计算二叉树宽度的算法。所谓二叉树的宽度是指二叉树中各层上结点数目的最大值。

5．以二叉链表为存储结构，写出查找指定值的结点在二叉树所在层次数的算法。

第7章 图

图（graph）是一种比线性表和树更为复杂的数据结构。在图数据结构中，数据元素（顶点）之间则是更加复杂的多对多的关系，每一个顶点的前驱和后继个数没有限制，换句话说任意两个顶点之间都有可能相关。因此，图的结构复杂。图的应用非常广泛，尤其近年来其应用发展迅速，诸如在工程、数学、化学、物理、计算机科学和人工智能等领域都有着极为广泛的应用。因此，研究图的数据结构如何在计算机中表示和处理，具有非常重要意义。

7.1 图的定义及有关术语

为更好地研究图的结构特点，首先需要了解图的定义和与图相关的基本术语。

（1）图的定义

图（graph，G）是由顶点集合（vertex，V）及顶点间的关系（edge，E）两个集合组成的一种数据结构，记作 G=（V，E）。注：通常把图中的数据元素称为顶点。

其中，$V = \{ x \mid x \in$ 某个数据对象$\}$是顶点的有穷非空集合；　$E = \{(x, y)$ 或$<x, y> \mid x, y \in V\}$是顶点之间关系的有穷集合，该集合也叫做边的集合。

根据边的集合不同，图又可以分为有向图和无向图。

① **有向图**　若图中的每一条边都是有方向的，则称 G 是有向图。

$$G=（V，E）$$

$V = \{ x \mid x \in$ 某个数据对象$\}$是顶点的有穷非空集合；

$E = \{<x, y> \mid x, y \in V\}$，有向边或弧集合。弧是顶点的有序对。

有向边或弧通常用尖括号表示。

例：有向边$<V_i, V_j>$；

V_i为边的起点，也称弧尾；V_j为边的终点，也称弧头。

有向边的图形表示如图 7-1 所示。

图 7-1　有向边　　　　　　　　图 7-2　无向边

② **无向图**　若图中的每一条边都是无方向的，则称 G 是无向图。

$$G=（V，E）$$

$V=\{ x \mid x \in$ 某个数据对象$\}$，是顶点的有穷非空集合；

$E = \{(x, y) \mid x, y \in V\}$，无向边集合。无向边是顶点的无序对。

通常用圆括号表示无向边。无向边的表示图形如图 7-2 所示。

例：无向边 (V_i, V_j)；

V_i 与 V_j 互为相邻关系，边(V_i，V_j)和边(V_j，V_i)表示同一条边，即 (V_i，V_j)= (V_j，V_i)。

例 7-1 图 7-3 给出了无向图 G1 和有向图 G2 的示例。

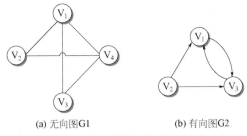

(a) 无向图G1   (b) 有向图G2

图 7-3　无向图和有向图的示例

图 7-3（a）G1 的顶点集合和边集合分别为

$V(G1)=\{V_1,V_2,V_3,V_4\}$

$E(G1)=\{(V_1,V_2),(V_1,V_3),(V_1,V_4),(V_2,V_4),(V_3,V_4)\}$

图 7-3（b）G2 的顶点集合和边集合分别为

$V(G2)=\{V_1,V_2,V_3\}$

$E(G2)=\{<V_1,V_3>,<V_2,V_1>,<V_2,V_3>,<V_3,V_1>\}$

注意：这里的$<V_1,V_3>$和$<V_3,V_1>$不是同一条边（弧），而是两条方向相反的边。

（2）图的逻辑结构

从前面所介绍的图的基本概念可以看出，图是由顶点集合和边集合构成的一种数据结构，各顶点间的逻辑关系主要体现在邻接关系上，即从一顶点到另一顶点是否有边相连。对于图中任意一个顶点，它可以邻接于多个顶点，也可以有多个顶点邻接于该顶点，故顶点之间的逻辑关系是复杂的多对多关系，因此图的逻辑结构为非线性结构。

图的基本操作如下所述。

① CreateGraph（G）：创建图 G。输入图 G 的顶点和边，建立图 G 的存储。

② DestroyGraph（G）：销毁图 G。释放图 G 占用的存储空间。

③ LocateVertex（G，v）：确定顶点 v 在图 G 中的位置。若图 G 中没有顶点 v，则函数值为"空"。

④ GetVertex（G，i）：取出图 G 中的第 i 个顶点的值。若 i 大于图 G 中顶点数，则函数值为"空"。

⑤ FirstAdjVertex（G，v）：求图 G 中顶点 v 的第一个邻接点。若 v 无邻接点或图 G 中无顶点 v，则函数值为"空"。

⑥ NextAdjVertex（G，v，w）：已知 w 是图 G 中顶点 v 的某个邻接点，求顶点 v 的下一个邻接点（紧跟在 w 后面）。若 w 是 v 的最后一个邻接点，则函数值为"空"。

⑦ InsertVertex（G，u）：在图 G 中增加一个顶点 u。

⑧ DeleteVertex（G，v）：删除图 G 的顶点 v 及与顶点 v 相关联的弧。

⑨ InsertArc（G，v，w）：在图 G 中增加一条从顶点 v 到顶点 w 的弧。

⑩ DeleteArc（G，v，w）：删除图 G 中从顶点 v 到顶点 w 的弧。

⑪ TraverseGraph（G）：按照某种次序，对图 G 的每个顶点进行访问，且每个顶点仅访问一次。

（3）图的有关术语

① **邻接点**　在无向图中，若存在边（v_i, v_j）∈E，则称顶点 v_i 邻接于 v_j，或 v_j 邻接于 v_i；即顶点 v_i 和 v_j 互为邻接点；或称 v_i 和 v_j 相邻接；或称边（v_i, v_j）关联于顶点 v_i 和 v_j；或称边（v_i, v_j）与顶点 v_i 和 v_j 相关联。

在有向图中，若存在弧< v_i , v_j >∈E，则称顶点 v_j 邻接于顶点 v_i；或称顶点 v_j 是顶点 v_i 的邻接点。

② **顶点的度**　图中某一个顶点的度是指依附在该顶点的边数，记作 TD(v)。

在无向图中，顶点的度为与该顶点相连的边的个数。

在有向图中，顶点的度为依附在该顶点的弧的数目。弧是有方向的，因此，有向图顶点的度分为入度和出度。顶点的入度是指以该顶点为终点的边数（弧头的弧的数目），记作 ID(v)；顶点的出度则是指以该顶点为起点的边数（弧尾的弧的数目），OD(v)。

有向图中某一个顶点的度是其入度和出度之和，即 TD(v)=ID(v)+OD(v)。

例 7-2　无向图如图 7-4 所示的各个顶点的度和有向图如图 7-5 所示的各个顶点的度。

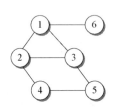

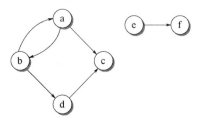

图 7-4　无向图示例

TD(1)=3　　TD(2)=3

TD(3)=3　　TD(4)=2

TD(5)=2　　TD(6)=1

图 7-5　有向图的示例

ID(a)=1　　OD(a)=2　　TD(a)=3

ID(b)=1　　OD(b)=2　　TD(b)=3

ID(c)=2　　OD(c)=0　　TD(c)=2

ID(d)=1　　OD(d)=1　　TD(d)=2

ID(e)=0　　OD(e)=1　　TD(e)=1

ID(f)=1　　OD(f)=0　　TD(f)=1

③ **子图**　假设有两个图 G=（V，E）和 G′=（V′，E′），若 V′⊆V 且 E′⊆E，则称 G′为 G 的子图。

例 7-3　如图 7-6 所示是子图的一些例子。

④ **路径**　在无向图 G 中，从顶点 v_i 到顶点 v_j 的路径是指存在一个顶点序列（v_i, v_{i1}, v_{i2}, …, v_{in}, v_j），其中（v_i, v_{i1}），（v_{i1}, v_{i2}），…，（v_{in}, v_j）均属于图 G 的边的集合 E。

若 G 是有向图，那么路径是有方向的，顶点 v_i 到顶点 v_j 的路径存在如上所述顶点序列，该顶点序列应满足<v_i, v_{i1}>, <v_{i1}, v_{i2}>, …, <v_{in}, v_j>均属于图 G 的弧的集合 E。

路径的长度是指路径上边或弧的数目。例如图 7-4 中（1，2，3，5）是从 v_1 到 v_5 的一条路径，此路径的长度为 3。图 7-5 中（b，a，c）是从 v_b 到 v_c 的一条路径，此路径的长度为 2。

若一条路径中的第一个顶点和最后一个顶点相同，即 v_i= v_j，则称该路径为**回路**或**环**。若一条路径的顶点序列中的顶点各不相同，则称该路径为**简单路径**。一条回路中除第一个顶点和最后一个顶点相同之外，其余顶点均不相同，则称该回路为**简单回路**。

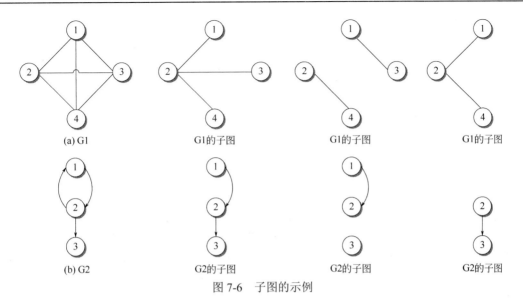

图 7-6 子图的示例

例 7-4 路径和回路示例如图 7-7 所示。

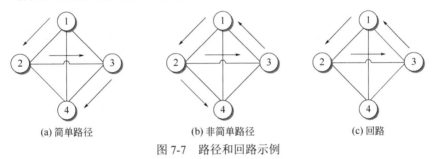

(a) 简单路径　　　　(b) 非简单路径　　　　(c) 回路

图 7-7 路径和回路示例

⑤ **连通图** 在无向图中，若从顶点 v_i 到顶点 v_j 有路径，则称 v_i 和 v_j 是连通的。如果图 G 中任意两个顶点 v_i、$v_j \in V$，v_i 和 v_j 都是连通的，则称 G 是连通图。非连通图的极大连通子图叫做**连通分量**。

例 7-5 连通图和非连通图如图 7-8 所示，其中（b）图中的 H1 和 H2 为非连通图 G2 的连通分量。

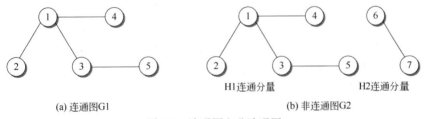

(a) 连通图G1　　　　　　　　(b) 非连通图G2

图 7-8 连通图和非连通图

⑥ **强连通图** 在有向图 G 中，若对于每一对顶点 v_i、$v_j \in V$，从 v_i 到 v_j 和 v_j 到 v_i 都有路径，则称 G 是强连通图。非强连通图的极大强连通子图叫做**强连通分量**。

强连通图和非强连通图如图 7-9 所示。

⑦ **完全无向图** 若一个具有 n 个顶点的无向图中，每一对顶点之间都有边相连，即每个顶点与其他 $n-1$ 个顶点都有边存在，则称其为完全无向图。显然具有 n 个顶点的无向图，若为完

全无向图，则该图共有 $n(n-1)/2$ 条边。

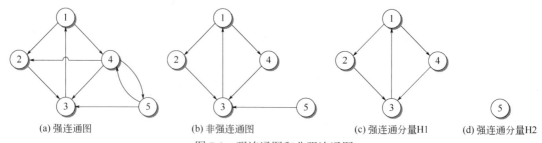

(a) 强连通图　　　　　(b) 非强连通图　　　　　(c) 强连通分量H1　　(d) 强连通分量H2

图 7-9　强连通图和非强连通图

⑧　**完全有向图**　若一个具有 n 个顶点的有向图的每一对顶点之间都有两条方向相反的弧相连，则称其为完全有向图。显然具有 n 个顶点的完全有向图共有 $n(n-1)$ 条边。

⑨　**权**　在图的应用中，经常遇到图中的每条边或弧具有某种实际意义的数值，这种与该边或弧相关的数值称为权。权值可以表示从一顶点到另一顶点的距离、代价、时间或耗费等。

⑩　**网**　边或弧上带有权值的图称为网或带权图。

⑪　**生成树**　一个连通图的生成树是它的极小连通子图，在图有 n 个顶点的情形下，其生成树有 $n-1$ 条边。

⑫　**不予讨论的图**　包含顶点到其自身的边，一条边在图中重复出现，如图 7-10 所示。

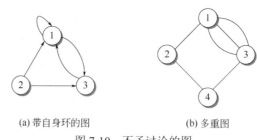

(a) 带自身环的图　　　　　　(b) 多重图

图 7-10　不予讨论的图

7.2　图的存储结构

图是一种复杂的数据结构，对图进行存储时，既需要存储图中各顶点的数据信息，又要存储各顶点之间较为复杂的逻辑关系，因此无论采用何种方式来存储图，都必须要完整、准确地反映这些信息。下面介绍图的两大类存储结构：顺序存储结构和链式存储结构。其中在顺序存储结构中有邻接矩阵和关联矩阵等形式；链式存储结构有邻接表、十字链表和邻接多重表等多种形式。下面分别介绍这两大类型中常用的存储方式邻接矩阵、邻接表、十字接表和邻接多重表。

7.2.1　邻接矩阵

图的存储需要存储各顶点的数据信息，又要存储各顶点之间关系。图采用顺序存储结构时，为了表示顶点和顶点之间的关系，采用两个数组来实现：一个是用于存放各顶点数据信息的一维数组；另一个是用于存放各顶点邻接关系的二维数组，将这二维数组称为**邻接矩阵**。

（1）一般图的邻接矩阵

对于一个有 n 个顶点的图，其邻接矩阵为一个 n 阶方阵，方阵中元素要么为 0 要么为 1，即通过方阵中某个位置上的元素是 0 还是 1 来表示两顶点之间有无邻接关系。设图 $G = (V, E)$ 是一个有 n 个顶点的图，用一维数组 ver[]存放各顶点数据信息，二维数组 edg[n][n]则是图的邻接矩阵，定义：

$$edg[i][j] = \begin{cases} 1, & \text{若 } (<v_i, v_j> \in E \text{ 或 } (v_i, v_j) \in E) \\ 0, & \text{否则} \end{cases} \tag{7-1}$$

也即有边则为 1，无边则为 0。

例 7-6　对于图 7-11 中的无向图 G1 和有向图 G2，其邻接矩阵分别为 edg1 和 edg2。

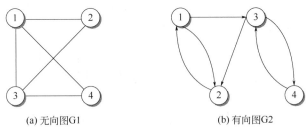

(a) 无向图G1　　　　　　(b) 有向图G2

图 7-11　无向图 G1 和有向图 G2

$$ver[]=\{1,2,3,4\} \qquad\qquad ver[]=\{1,2,3,4\}$$

$$edg1 = \begin{bmatrix} 0 & 1 & 1 & 1 \\ 1 & 0 & 1 & 0 \\ 1 & 1 & 0 & 1 \\ 1 & 0 & 1 & 0 \end{bmatrix} \qquad edg2 = \begin{bmatrix} 0 & 1 & 1 & 0 \\ 1 & 0 & 0 & 0 \\ 0 & 1 & 0 & 1 \\ 0 & 0 & 1 & 0 \end{bmatrix}$$

（2）网络的邻接矩阵

$$edg[i][j] = \begin{cases} 1, & \text{若 } (<v_i, v_j> \in E \text{ 或 } (v_i, v_j) \in E) \\ \infty, & \text{否则} \end{cases} \tag{7-2}$$

例 7-7　图 7-12 给出了一个网及其邻接矩阵。

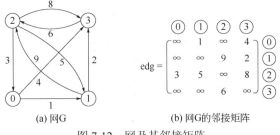

(a) 网G　　　　　　(b) 网G的邻接矩阵

图 7-12　网及其邻接矩阵

$$edg = \begin{bmatrix} \infty & 1 & \infty & 4 \\ \infty & \infty & 9 & 2 \\ 3 & 5 & \infty & 8 \\ \infty & \infty & 6 & \infty \end{bmatrix}$$

（3）邻接矩阵的特点

① 无向图的邻接矩阵是对称的。

② 有向图的邻接矩阵可能是不对称的。

③ 在无向图中，统计第 i 行（列）1 的个数可得顶点 i 的度。

④ 在有向图中,统计第 i 行 1 的个数可得顶点 i 的出度,统计第 j 列 1 的个数可得顶点 j 的入度。

⑤ 邻接矩阵属于静态存储方法,当图中顶点数目发生变化时不易扩充。

⑥ 邻接矩阵的规模与图中具有的顶点个数 n 有关,与边(弧)无关。如果图中顶点个数多,而边或弧较少,易出现稀疏矩阵。

(4)用邻接矩阵法建立图算法

综上所述,图采用邻接矩阵顺序存储所需数据类型定义如下:

```
#define MAXLEN  100       //设置最大顶点数
typedef char DataType      //设置顶点类型为字符型
typedef struct graph
  { DataType  ver[MAXLEN+1];       //ver 用于存放图中各顶点的数据值
   int edg[MAXLEN+1][ MAXLEN+1];    //edg 用于存放图的邻接矩阵
   }Graph;
```

注意: 为了符合一般习惯,使存放邻接矩阵的数组的行、列号与图中顶点的序号相一致,这里对数组元素的使用从下标 1 开始,即不使用下标 0 的元素。

图的邻接矩阵的建立可分为两步完成:首先输入图的所有顶点元素值,存放在 Graph 结构体类型变量的 ver[]数据项中;然后输入所有边的信息(以起点序号,终点序号的形式输入),即根据边的信息向 Graph 结构体类型变量的 edg 数据项对应位置数组元素赋 1(如对于顶点 1 到顶点 2 的边,给 edg 数据项的第 1 行第 2 列元素赋值为 1)。

注意: 若为无向图,则输入一条顶点 i 和顶点 j 之间的边后,需要给对应的 edg 数据项的第 i 行第 j 列及第 j 行第 i 列元素分别赋值为 1。

构造无向图邻接矩阵算法:

```
//无向图 g 邻接矩阵 g->edg[][], n 为顶点个数, e 为边数
void CreatMGraph(Graph *g, int e, int n)
{ int i,j,k;
  printf ("请输入图的顶点信息(1~n): \n");
  for (i=1;i<=n;i++)
      scanf ("%c",&g->ver[i]);    //读顶点信息
  for (i=1;i<=n;i++)
      for (j=1;j<=n;j++)
          g->edg[i][j]=0;         //初始化邻接矩阵
  for (k=1;k<=e;k++)              //输入 e 条边
    { printf("请输入图的边(i, j): ");
      scanf ("%d, %d", &i, &j);
      g->edg[i][j]=1;
      g->edg[j][i]=1;
    }
}
```

算法分析: 上述算法是对无向图进行构造的,可见邻接矩阵建立简单,但它的空间复杂度为 $O(n^2)$,若图顶点多,而边少,存储空间浪费较大,可见邻接矩阵适合稠密图。若要构造一个具有 n 个顶点,e 条边的无向图,其时间复杂度为 $T(n)=n^2+en$。

7.2.2　邻接表

图的链式存储结构有多种形式，诸如邻接表表示法、十字链表表示法、邻接多重表示法等。图的链式存储结构基本思想是只存储关联信息，不存储无关联信息，这样就克服了邻接矩阵的弊病。首先介绍这几种方法中较为简单的邻接表表示法。

邻接表（adjacency list）采用顺序存储结构和链接存储结构结合的存储方法，顺序存储部分用来保存图中所有顶点的信息，链接存储部分用来保存图中所有边（或弧）的信息。由此可以克服邻接矩阵在存储稀疏图时带来的空间浪费大的问题，在边稀疏的情况下，邻接表要比使用邻接矩阵节省空间。邻接表用一维数组构成头结点表来顺序存储每个顶点的数据信息及指针，这个一维数组称为头结点表；一个顶点的所有邻接点依次存放于一个单链表中，用单链表中每个结点表示依附于该顶点的一条边（或弧），这个单链表称为边链表。

头结点表：头结点以顺序存储结构形式存储顶点的数据信息及指向单链表的头指针，可以随机访问任一顶点的边。结构形式如图 7-13（a）所示。

边链表：将图中每一个顶点都建立一个单链表，第 i 个单链表中的结点即为与该顶点 v_i 相邻接的所有顶点，将这些顶点以单链表形式连接起来。边链表中结点的数据域包括：邻接顶点的序号和与该顶点相邻接的下一个顶点的边或弧的指针。其结构形式如图 7-13（b）所示。对于有向图来说，由于有向图的边或弧具有方向性，第 i 个单链表中的结点可以是与该顶点 v_i 相邻接的顶点（出边），即以顶点 v_i 为弧尾的所有顶点，以此方式组成的边链表，称作出边链表，通常邻接表就是出边链表；也可以顶点 v_i 是其他顶点的邻接顶点（入边），即以顶点 v_i 为弧头的所有顶点，称作入边链表，以此方式组成的邻接表称作**逆邻接表**，逆邻接表结构形式如图 7-15（c）所示。

单链表的头结点和边链表结构如图 7-13 所示。

图 7-13　头结点表和边链表的结构形式

头结点由 ver 域和 first 域组成，其中 ver 域用于存放该顶点的数据信息，first 域为指针域，用于存放该顶点第一个邻接点的地址。边结点由 adjv 域和 next 域组成，其中 adjv 域用于存放该顶点的某个邻接顶点在向量表中的下标序号，next 域为指针域，用于存放链表中下一个邻接顶点的地址。cost 域为信息域，当要用邻接表表示带权图时，可以存储边的权值。若要用邻接表表示不带权的图时，此域可以省略。

例 7-8　无向图 G 和 G 的邻接表如图 7-14 所示。

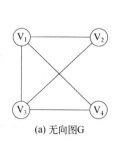

(a) 无向图G

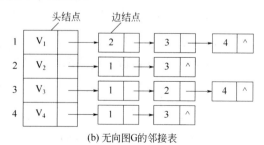

(b) 无向图G的邻接表

图 7-14　无向图 G 和 G 的邻接表

例 7-9   有向图 G3 和 G3 对应的邻接表及 G3 对应的逆邻接表如图 7-15 所示。

(a) 有向图G3   (b) 有向图G3的邻接表   (c) 有向图G3的逆邻接表

图 7-15   有向图 G3 和 G3 的邻接表

可见，在无向图的邻接表中，顶点 v_i 的度就是第 i 个单链表中结点的个数。由于在无向图的邻接表中，每条边会出现两次，所以无向图的邻接表中边结点的数目是无向图中边的数目的 2 倍。在有向图的邻接表中，第 i 个单链表中结点的个数是顶点 v_i 的出度，若求顶点 v_i 的入度，需要扫描整个邻接表的所有单链表，统计序号顶点 v_i 序号出现的次数。

综上所述，图的邻接表数据类型定义如下：

```
typedef  struct  adjnode
                { int  adjv;
                 float  cost;
                 struct  adjnode  *next;
                }AdjNode;      //定义边结点
typedef  struct  vernode
                { DataType  ver;
                 AdjNode  *first;
                }VerNode;          //定义头结点表
VerNode  g[MAXLEN+1];
//g 用于存放图的邻接表，其数组下标与图中各顶点序号一致，g 中未使用下标为 0 的元素。
```

其中，AdjNode 为边结点类型，VerNode 为头结点类型，DataType 为顶点数据值类型。

注意：本节图的所有相关算法中，假定顶点的数据类型 DataType 为 char 类型。

有向图建立邻接表的算法如下：

```
//有向图 n 个顶点，e 条边，邻接表 VerNode g[]。
void CreateAdjlist(VerNode g[], int n,int e)
    { int i, j, k;
      AdjNode  *s;
      for(i=1;i<=n;i++)              //建立头结点
          {g[i].ver=getchar();
           g[i].first=NULL;
          }
      for (k=1; k<=e; k++)          //建立边结点
          { printf("请输入边的顶点序号，输入格式：i, j : \n");
            scanf("%d, %d", &i, &j);   //输入弧<v_i, v_j>的顶点对应的序号
            s=(AdjNode *)malloc(sizeof(AdjNode));
            s->adjv=j;
            s->next=g[i].first;              //在边链表的头部插入新的边结点
            g[i].first=s;
          }
```

　　}

　　从上面的算法可以看出，图的邻接表并不是唯一的，它取决于建立邻接表时边或弧的输入顺序及边结点在链表中的插入位置（头或尾）。建立无向图邻接表的算法与上面的算法相似，只是在输入一条边的顶点对 (i, j) 时，需要同时生成邻接点序号为 j 和邻接点序号为 i 的两个边结点，分别插入 V_i 和 V_j 的链表中。读者可参照上面的算法写出为一个无向图建立邻接表的算法。

　　算法分析：假定无向图具有 n 个顶点，e 条边，则邻接表需 n 个表头结点和 $2e$ 个边结点，当边稀疏 $e \ll n(n-1)/2$ 时，即边数远远小于完全无向图的边数，用邻接表存储图比邻接矩阵存储图节约存储空间。

　　在邻接表上很容易找到某顶点的所有邻接点，但要判断任意两个顶点(V_i, V_j)之间是否存在边或弧，则需要搜索第 i 个和第 j 个链表，不如邻接矩阵方便。

7.2.3 十字链表

　　十字链表（orthogonal list）是有向图的另一种链接存储方法，它实际上是邻接表与逆邻接表的结合，即把有向图的每一条弧分别组织到以弧尾顶点为头结点的链表和以弧头顶点为头顶点的链表中。

　　在十字链表表示中，每个结点表示一条弧，称为弧结点，它由 5 个域组成。弧结点的结构如图 7-16（a）所示（注：这里以有向网为例，对于有向图，没有弧上信息，去掉该域即可），其中尾域（tailvex）和头域（headvex）分别指示弧尾和弧头这两个顶点在图中的位置，链域 hlink 指向弧头相同的下一条弧，链域 tlink 指向弧尾相同的下一条弧，cost 域是该弧的相关信息，也可以是权值域。弧头相同的弧在同一链表上，弧尾相同的弧也在同一链表上。它们的头结点即为顶点结点，另外设立一个由 n 个表头结点组成的向量，每个表头结点表示一个顶点，顶点表的结点结构如图 7-16（b）所示。

图 7-16　顶点表和弧结点

　　它由 3 个域组成，其中 verdata 域存储和顶点相关的信息，如顶点的名称等；firstin 和 firstout 为两个链域，分别指向以该顶点为弧头或弧尾的第一个弧结点。

　　例 7-10　图 7-17（a）所示有向网的十字链表如图 7-17（b）所示。在图的十字链表中，弧结点之间相对位置自然形成，不一定按顶点序号排序，表头结点即顶点结点，它们之间是顺序存储。

　　采用十字链表的有向图，很容易找到以顶点 V_i 为弧尾的弧和以顶点 V_i 为弧头的弧，因此，顶点 V_i 的入度和出度很容易求得。

　　十字链表的数据类型定义如下：

```
typedef struct EdgeNode      //弧结点
   { int tailvex,headvex;
     float cost;
     struct EdgeNode *hlink,*tlink;
   } EdgeNode;
```

```
typedef struct VexNode              //顶点表
  { DataType  ver;
    EdgeNode *firstin, *firstout;
  }VexNode;
typedef struct
  {VexNode vertex[MAXLEN+1];
   int vexnum;                      //图中的顶点数
   int edgenum;                     //图中的边数
  }OrthoGraph;
```

建立图的十字链表的算法如下：

```
// pG 为指向有向网的十字链表的指针
void CreateOrthoGraph（OrthoGraph *pG）
  { int n, e, i, j, w;
    EdgeNode   *pA, p, s;
    printf（"请输入有向网的顶点数和弧数：\n"）;
    scanf（"%d,%d",&n, &e）;
    pG->vexnum = n;
    pG->edgenum = e;
    for（i=1; i<=pG->vexnum; i++）
      { pG-> vertex [i].ver = i;
        pG-> vertex [i].firstin = NULL;
        pG-> vertex [i].firstout = NULL;
      }
    for（k=1; k<=pG->edgenum; k++）
      { printf（"请输入弧的两个顶点序号及弧的权值  %d:\n", k）;
        scanf（"%d,%d,%f", &i, &j,&w）;
        pA =(EdgeNode   *)malloc(sizeof(EdgeNode);
        pA->tailvex = i;
        pA->headvex = j;
        pA-> cost = w;
        pA->hlink = NULL;
        pA->tlink = NULL;
        //将 pA 所指的弧结点插入 pG->vertex[i]. firstin 所指的链表中
```

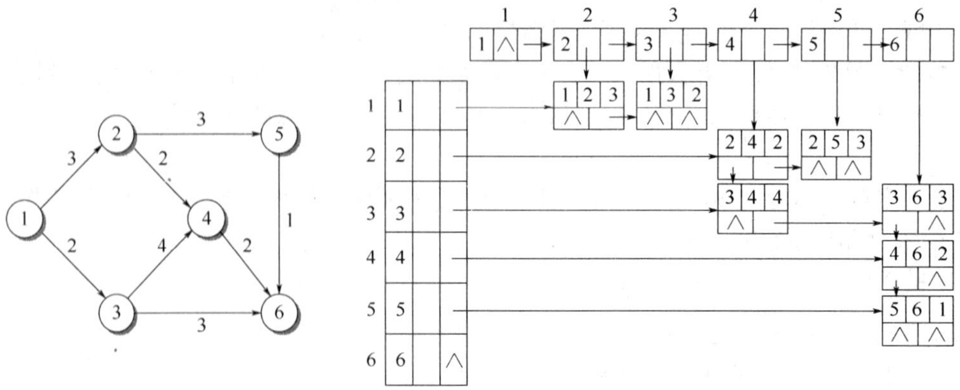

(a) 有向网G　　　　　　　　　　　　　(b) 网G的十字链表

图 7-17　有向网 G 和网 G 的十字链表

```
           if (pG->vertex[i].firstin == NULL)
             pG-> vertex[i].firstin = pA;
           else
            { p = pG-> vertex[i].firstin;
              s = NULL;                        //s 为 p 的前驱, 始终尾随 p 前移
              while (p!= NULL && p -> headvex < pA-> headvex)
                { s = p;
                  p = p->tlink;
                }
              if (s != NULL)     //将 pA 插在 s 和 p 之间
              {pA->tlink = p;
                s->tlink = pA;
              }
              else  //pA 所指的弧结点应插在链表的最前端
              { pA->tlink = pG->vertex[i].firstin;
                pG->vertex[i].tlink = pA;
              }
            }
       //将 pA 所指的弧结点插入 pG->vertex[j].firstout 所指的链表中
        if (pG->vertex[j].firstout == NULL)
           pG-> vertex[j].firstout = pA;
        else
         { p = pG-> vertex[j].firstout;
           s = NULL;              //s 为 p 的前驱, 始终尾随 p 前移
           while (p!= NULL && p ->tailver < pA->tailver)
             { s = p;
               p = p->hlink;
             }
           if (s != NULL)              //将 pA 插在 s 和 p 之间
           {pA->hlink = p;
             s->hlink = pA;
           }
           else                      //pA 所指的结点应插在链表的最前端
             {pA->hlink = pG->vertex[j].firstout;
               pG->vertex[j].firstout = pA;
             }
         }
      }
   }
}
```

在十字链表中既容易找到以 v_i 为尾的弧, 也容易找到以 v_i 为头的弧, 因而容易求得顶点的出度和入度 (若需要, 可在建立十字链表的同时求出)。可以看出, 建立十字链表的时间复杂度与建立邻接表是相同的。在某些有向图的应用中, 十字链表是很有用的工具。

*7.2.4 邻接多重表

邻接多重表 (adjacency multilist) 是无向图的另一种链接存储结构。在无向图的邻接表存储表示中, 每条边的两个顶点分别出现在以该边所关联的两个顶点为头结点的链表中, 这给图的某些操作带来不便。例如, 对已访问过的边做标记, 或者要删除图中某一条边等, 都需要找到

表示同一条边的两个顶点。因此，在解决这一类操作的无向图问题时，采用邻接多重表作为存储结构更适宜，即把邻接表变成一个多重表，每一条边只用一个结点来表示。邻接多重表的存储结构和十字链表类似，也是由顶点表和边表组成，每一条边用一个结点表示，其顶点表结点结构和边表结点结构如图 7-18 所示。

图 7-18　顶点表结点结构和边表结点结构

其中，顶点表由两个域组成，ver 域存储与该顶点相关的信息，firstedge 域指示第一条依附于该顶点的边。边表结点由 5 个域组成，mark 为标记域，可用来标记该条边是否被搜索过；ivex 和 jvex 为该边依附的两个顶点在图中的位置；ilink 指向下一条依附于顶点 ivex 的边；jlink 指向下一条依附于顶点 jvex 的边，也可以增加设置信息域 info 为指向和边相关的各种信息的指针域。

例 7-11　无向图 G13 的邻接多重表如图 7-19 所示（这里图中 e1,e2,…,e6,分别表示不同的边）。

在邻接多重表中，所有依附于同一顶点的边串联在同一链表中，由于每条边依附于两个顶点，因此每个边结点同时链接在两个链表中。可见，对无向图而言，其邻接多重表和邻接表的差别，仅仅在于同一条边在邻接表中用两个结点表示，而在邻接多重表中只用一个结点。在邻接多重表上，各种基本操作的实现亦和邻接表相似。

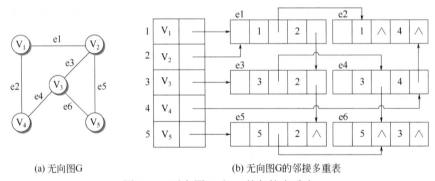

图 7-19　无向图 G 和 G 的邻接多重表

邻接多重表的数据类型定义如下：

```
typedef struct EdgeNode        //边结点类型
   { int mark, ivex,jvex;
      struct EdgeNode *ilink,*jlink;
   } EdgeNode;
typedef struct VexNode         //顶点表类型
   { VexType ver;
      EdgeNode  *firstedge;
   }VexNode;
typedef struct
   { VexNode vertex[MAXLEN+1];
      int vexnum;                    //图中的顶点数
```

```
    int edgenum;                        //图中的边数
}AdjMultiGraph;
```

7.3   图的遍历

图的遍历是指从图的某个顶点出发，沿着一定的搜索路径，对图中各个顶点进行访问，使每个顶点均被访问且每个顶点仅访问一次。因为图中的任一顶点都可能与其他多个顶点相邻接，所以图的遍历显然要比树的遍历复杂得多。在访问了某个顶点后，有可能沿着某条路径搜索时又回到该顶点。为了避免同一顶点被多次访问，在遍历图的过程中必须记下所有已被访问的顶点。为此我们在遍历算法中设置了一个辅助数组 visited[n+1]（不使用下标为 0 的数组元素），用它来记录下每个顶点的访问状态。用 0 表示相应的顶点未被访问，用 1 表示相应的顶点已被访问过了。在图的遍历之前，该数组的所有元素初始值均为 0；在遍历过程中，每访问一个顶点后就将其对应的数组元素置为 1。图的遍历方法有两种，分别是深度优先搜索和广度优先搜索。

注意：对无向图中的连通图和有向图中的强连通图进行遍历时，从任何顶点出发都可以一次性完成对整个图的遍历；否则，需要从每个顶点出发分别对图进行遍历才能保证访问到图中的所有顶点。

7.3.1   深度优先搜索

（1）深度优先搜索（DFS，Depth First Search）算法思路

在访问图中某一起始顶点 V_i 后，由 V_i 出发，访问它的任意一个邻接顶点 V_j；再从 V_j 出发，访问与 V_j 邻接的还没有访问过的顶点 V_k；然后再从 V_k 出发，进行类似的访问，……，如此进行下去，直至到达顶点 V_u 的所有邻接顶点都被访问过为止。接着，退回一步，退到前一次刚访问过的顶点，看是否还有其他没有被访问的邻接顶点。如果有，则访问此顶点，之后再从此顶点出发，进行与前述类似的访问；如果没有，就再退回一步进行搜索。重复上述过程，直到连通图中所有顶点都被访问过为止。

DFS 搜索的次序，体现在优先向纵深的方向去搜索的趋势，因此称为深度优先搜索。

例 7-12   对图 7-20 所示的无向图进行 DFS 搜索，搜索过程和结果如图 7-20（b）和图 7-20（c）所示。

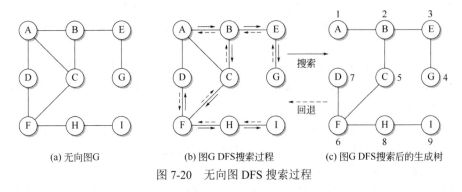

(a) 无向图 G   (b) 图 G DFS 搜索过程   (c) 图 G DFS 搜索后的生成树

图 7-20   无向图 DFS 搜索过程

得到的访问序列为

$$A{\to}B{\to}E{\to}G{\to}C{\to}F{\to}D{\to}H{\to}I$$

（2）DFS 算法步骤（从 V_i 出发）

- 访问 V_i，并将其对应的访问标志位 visited[i] 置为 1；
- 搜索出 V_i 的一个未访问过的邻接点 V_j；
- 从 V_j 出发，按以上步骤继续进行深度优先搜索，直至所有顶点均访问完毕。

由上述算法可见，该算法是一个沿着某顶点的邻接顶点持续访问的过程，最简单的方法就是采用函数递归调用来实现。图的存储方式常用邻接矩阵和邻接表，不同的存储方式使得搜索算法和结果不一样，下面就针对这两种存储方法给出深度优先搜索算法。

① 基于邻接矩阵的深度优先搜索算法

例 7-13　从 V_1 出发，对图 7-21 所示的无向图 G7（邻接矩阵存储结构）进行深度优先搜索，得到的访问序列为

$$V_1{\to}V_2{\to}V_3{\to}V_4{\to}V_5{\to}V_6$$

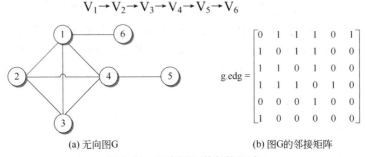

　　　　　　　　(a) 无向图G　　　　　　　　　　(b) 图G的邻接矩阵

图 7-21　无向图及其邻接矩阵

邻接矩阵存储结构的图的深度优先搜索算法如下：

//从 V_i 出发，进行以邻接矩阵存储的图的深度优先搜索，visited 数组用于存放各顶点的访问标志，初值均为 0。图的顶点个数为 n。

```
int visited[MAXLEN+1];
void Dfsm(Graph g, int i, int n)
  { int j;
    printf("%c", g.ver[i]);
    //访问顶点 Vᵢ，并将对应访问标志置 1，表示已经访问
    visited[i]=1;
    for(j=1; j<=n; j++)          //依次搜索出 Vᵢ 的一个未访问的邻接点 Vⱼ
       if (( g.edg[i][j]==1) && ( !visited[j] ))
            Dfsm (g, j, n);   //从 Vⱼ 出发，继续深度优先搜索
  }
```

在以邻接矩阵方式存储的图的深度优先搜索算法中，由于搜索某个顶点未访问过的邻接点时总是在邻接矩阵中按照序号从小到大的原则进行（由循环变量 j 控制），所以由此算法得到的访问序列必然是唯一的。

上述算法分析：若图有 n 个顶点，采用邻接矩阵的存储结构，则确定一个顶点的邻接顶点需要 n 次测试，因此深度优先搜索算法的时间复杂度为 $O(n^2)$。

② 基于邻接表的深度优先搜索算法

例 7-14　从 V_1 出发，对图 7-22 所示的邻接表存储结构的无向图进行深度优先搜索，得到的访问序列为

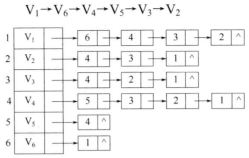

图 7-22 无向图 G 邻接表

邻接表存储结构的图的深度优先搜索算法如下：

//从 V_i 出发，进行以邻接表存储的图的深度优先搜索，visited 数组用于存放各顶点的访问标志，初值均为 0。

```
int visited[MAXLEN+1];
void Dfsa (VerNode g[] , int i)
  {int j;
  AdjNode *p;
  printf("%c", g[i].ver); //访问顶点 Vi，并将对应访问标志置 1，表示已访问
  visited[i]=1;         //置访问标志为 1，表示已访问
  p=g[i].first;
  while (p!=NULL)      //依次搜索出 Vi 的一个未访问的邻接点
    { if (!visited[p->adjv])
          Dfsa (g, p->adjv); //从找到的 Vi 的邻接点出发，继续深度优先搜索
      p=p->next;           //寻找下一个未访问的邻接点
    }
  }
```

在以邻接表方式存储的图的深度优先搜索算法中，由于图的邻接表并不唯一（参见邻接表的生成算法），所以得到的访问序列必然也是不唯一的。但对于一个确定的邻接表，其访问序列是唯一的。如对图 7-21（a）所示的无向图，在给定的邻接表存储结构上进行深度优先搜索，得到的访问序列只有一个。

上述算法分析：若图有 n 个顶点，e 条边，采用邻接表存储结构，则确定一个顶点的邻接顶点需要一次测试，而图有 e 条边，其对应的边结点就为 $2e$，因此以某顶点出发的深度优先搜索算法的时间复杂度为 O(e)，那么对所有顶点的深度优先搜索算法的时间复杂度为 O($n+e$)。

7.3.2 广度优先搜索

（1）广度优先搜索（BFS，Breadth First Search）思路

BFS 在访问图中某一起始顶点 V_i 后，由 V_i 出发，依次访问 V_i 的各个未被访问过的邻接顶点 $w_1, w_2, \cdots, w_t$，然后顺序访问 $w_1, w_2, \cdots, w_t$ 的所有还未被访问过的邻接顶点。再从这些访问过的顶点出发，访问它们的所有还未被访问过的邻接顶点，……，如此做下去，直到图中所有顶点都被访问到为止。

BFS 遍历时尽可能向广的方向去横向搜索。广度优先搜索是一种分层的搜索过程，每向前走一步可能访问一批顶点，不像深度优先搜索那样有往回退的情况。因此，广度优先搜索不是

一个递归的过程，其算法也不是用递归调用。

例 7-15　对图 7-20（a）所示的无向图 G 进行 BFS 搜索，搜索过程和结果如图 7-23（a）和（b）所示。

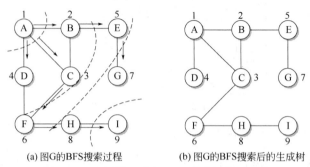

(a)图G的BFS搜索过程　　　　　(b)图G的BFS搜索后的生成树

图 7-23　无向图 G 进行 BFS 搜索过程及结果

为了实现逐层访问，BFS 算法中使用了一个队列，以记忆正在访问的这一层和上一层的顶点，以便于向下一层访问。

与深度优先搜索过程一样，为避免重复访问，需要一个辅助数组 visited []，给被访问过的顶点加标记，初始值 visited []均为 0，表示未访问过，当访问到某顶点 v_i 时，需将 visited [i]置 1，表示顶点 v_i 已经访问过了。

（2）BFS 算法步骤（从 V_i 出发）

- 访问 V_i，并将对应的访问标志位 visited[i]置为 1；
- 搜索出 V_i 的各个未访问的邻接点 V_{j1}，V_{j2}，…，V_{jk} 并依次进行访问；
- 依次分别从 V_{j1}，V_{j2}，…，V_{jk} 出发，按以上步骤继续进行广度优先搜索，直至所有顶点均访问完毕。

在进行广度优先搜索时，为了保证能够实现按照各顶点被访问的先后次序去访问它们各自的邻接点，在算法中使用了队列。在访问了某个顶点之后即将其顶点序号入队保存，借助队列记录顶点访问的先后次序，并利用队列先进先出的特性保证先被访问的顶点的邻接点也能先被访问。

① 基于邻接矩阵的广度优先搜索算法

循环队列基本操作：

```
SeqQueue  *IniQueue ();
int AddQueue(SeqQueue *sq,DataType x);
int DelQueue(SeqQueue *sq , DataType* px);
// SeqQueue 类型定义及以上三个关于循环队列基本操作的函数定义见 3.2 节。
//从 Vi 出发，进行以邻接矩阵存储的图的广度优先搜索。visited 数组用于存放各顶点
的访问标志，初值均为 0。
void Bfsm (Graph g, int i, int visited[])
 { int j;
   SeqQueue *sq;        //sq为存放已访问顶点序号队列的指针
    sq= IniQueue ();     //置空队
    printf("%c", g.ver[i]);
    //访问顶点 Vi，将对应访问标志置 1，并将其序号入队
    visited[i]=1;
    AddQueue (sq, i);
```

```
while (sq->front!=sq->rear)
//若队非空，从队头取出先被访问过的一个顶点的序号
 { DelQueue (sq, &i);
   for (j=1; j<=n; j++) //依次搜索出顶点的每个未访问的邻接点并依次访问
      if ((g.edg[i][j]==1) && (!visited[j]))
         { print f ("%c", g.ver[j]);
            visited[j]=1;    //每个顶点被访问之后，将其访问标志置1
            AddQueue (sq, j); //将其序号入队
         }
   }// while
}
```

按以上算法，从 V_1 出发，对图 7-21 所示的邻接矩阵存储结构的无向图进行广度优先搜索，得到的访问序列为

$$V_1 \rightarrow V_2 \rightarrow V_3 \rightarrow V_4 \rightarrow V_6 \rightarrow V_5$$

上述算法分析，图中每个顶点至多入队一次，因此外循环次数为 n。当图 g 采用邻接矩阵方式存储，由于找每个顶点的邻接点时，内循环次数等于 n，因此其时间复杂度为 $O(n^2)$。

② 基于邻接表的广度优先搜索算法

//从 V_i 出发，对以邻接表存储的图进行广度优先搜索，visited 用于存放各顶点的访问标志，初值均为 0

```
void Bfsa (VerNode g[], int i, int visited[])
  { int j;
  AdjNode *p;
  SeqQueue *sq;        //sq为存放已访问顶点序号的队列的指针
  sq= IniQueue ();       //置空队
  printf("%c", g[i].ver);
  //访问顶点 Vi，将对应访问标志置1，并将其序号入队
  visited[i]=1;
  AddQueue (sq, i);
  while (sq->front != sq->rear))  //若队非空
    { DelQueue (sq, &i);       //从队头取出先被访问过的一个顶点的序号
    p=g[i].first;
    while (p!=NULL)      //依次搜索出 Vi 的每个未访问的邻接点并依次访问
      { if (!visited[p->adjv])
        { printf("%c", g[p->adjv].ver);  //输出被访问的顶点
        visited[p->adjv]=1;   //访问顶点被后，将访问标志置1
        AddQueue (sq, p->adjv);  //将其序号入队
        }
      p=p->next;       //寻找下一个未访问的顶点
      }// while
    }// while
  }
```

按以上算法，从 V_1 出发，对图 7-22 所示的邻接表存储的无向图上进行广度优先搜索，得到的访问序列为

$$V_1 \rightarrow V_6 \rightarrow V_4 \rightarrow V_3 \rightarrow V_2 \rightarrow V_5$$

上述算法分析，图中每个顶点至多入队一次，因此外循环次数为 n。当图 g 采用邻接表存

储时，则当顶点 V_i 出队后，内循环次数等于顶点 V_i 的度。由于访问所有顶点的邻接点的总的时间复杂度为 $O(TD(V_1)+ TD(V_2)+\cdots+ TD(V_{n-1}))=O(e)$，因此当图采用邻接表存储时，广度优先搜索算法的时间复杂度为 $O(n+e)$。

显然，与深度优先搜索一样，若所给的邻接表不同，广度优先搜索算法得到的访问序列也不同。

7.3.3   图的连通性

如果对无向图连通图或有向强连通图应用前面介绍的遍历方法，调用一次遍历算法便能够访问到图中所有顶点，否则不能访问到图中所有顶点，因此可以利用遍历算法判断图是否是连通图或强连通图。如果图为非连通图或强连通图，如何求图的连通分量或强连通分量？连通图如何在实际应用？本节将利用图的遍历算法求解图的连通性问题，并讨论最小代价生成树的算法。

（1）无向图的连通分量

无向图的连通分量的概念，即非连通图的极大连通子图叫做**连通分量**。

对于无向连通图，无论是广度优先搜索还是深度优先搜索，仅需要调用一次搜索过程，即从任一个顶点出发，便可以遍历图中的每一个顶点。

对于非连通无向图，则需要多次调用搜索过程，而每次调用得到的顶点访问序列恰为各连通分量中的顶点集，每调用一次搜索过程便可得到一个连通分量，调用 DFS 或 BFS 的次数就是连通分量的个数。

例 7-16   图 7-24（a）是一个非连通图 G1，按照它的邻接表进行深度优先搜索遍历，三次调用 Dfsa 过程得到的访问顶点序列为：

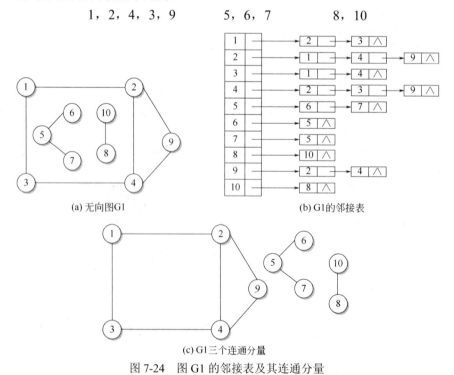

可见，非连通图 G1 有三个连通分量。

假设非连通无向图以邻接表存储，对其进行深度优先搜索，算法如下：

```
//深度优先搜索非连通无向图
  void DfsAll (VerNode g[] )
     { int i;
       for (i=1;i<=n;i++)
          visited[i]=0;              //初始化访问标志为 0，表示未访问
       for (i=1;i<=n;i++)            //依次搜索从 Vi 出发的连通分量
        if (visited[i] !=0)
           Dfsa (g, i);             //从找到的 Vi 的邻接点出发，继续深度优先搜索
     }
```

求以邻接矩阵存储的非连通无向图的连通分量算法，与上述算法很相似，读者可以自行给出算法。

（2）有向图的强连通分量

在有向图 G 中，若对于每一对顶点 V_i、$V_j \in V$，从 V_i 到 V_j 和 V_j 到 V_i 都有路径，则称 G 是强连通图。非强连通图的极大强连通子图叫做**强连通分量**。

有向图的连通性不同于无向图的连通性，有向图的连通性及强连通分量的判断，可以采用深度优先搜索方法对以十字链表作为有向图的存储结构遍历来实现。

由于强连通分量图中的顶点相互都有弧可以到达，可以先按照顶点的出度进行深度优先搜索，并记录下访问顶点的顺序和连通子集，再按照顶点的入度进行深度优先搜索，记录下访问顶点的顺序和连通子集，最终得到各个强连通分量。如果所有顶点均在同一个强连通分量中，则说明该图为强连通图。

例 7-17 非强连通图 G，用十字链表存储如图 7-25（a）、（b）所示，采用深度优先搜索方法对其遍历，遍历结果如图 7-25（c）、（d）所示。

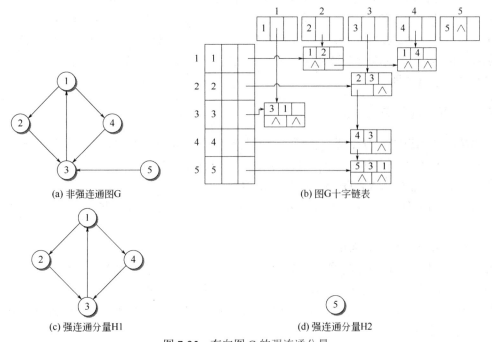

(a) 非强连通图G

(b) 图G十字链表

(c) 强连通分量H1

(d) 强连通分量H2

图 7-25　有向图 G 的强连通分量

7.4   最小生成树

一个连通图的生成树是其极小连通子图，对于 n 个顶点的连通图，其生成树应该含有 n 个顶点、$n-1$ 条边。若边数少于 $n-1$，则该图非连通，若边数大于 $n-1$，则该图必定有回路。采用不同方式遍历连通图，就会产生不同的生成树，如前例图 7-20 和图 7-23 所示深度优先生成树和广度优先生成树。对于一个带权的无向连通图，其各个生成树的所有边上的权值之和各不相同，将其中权值之和最小的生成树，称为连通图的**最小生成树**。

图的最小生成树的应用非常广泛，例如通信线路如何铺设，使其造价最小的问题就是最小生成树问题。假设需要在 n 个城市之间建立通信联络网，可以用连通网（带权连通图）来表示 n 个城市及 n 个城市间可能设立的通信线路，其中，网的顶点表示城市，边表示两城市之间的线路，在边上所赋的权值表示相应的代价。n 个城市之间，最多可能设立 $n(n-1)/2$ 条线路，相应地每一条线路都要付出一定的经济代价，为了减少线路，要连通 n 个城市最少需要 $n-1$ 条线路。这时，需要研究如何在这些可能的线路中选择 $n-1$ 条，使总的耗费（代价）最少。

在一个连通网的所有生成树中，各边的代价之和最小的那棵生成树称为该连通网的最小代价生成树（Minimum Cost Spanning Tree），简称为**最小生成树（MST）**。

最小生成树有如下重要性质：

设 N=(V，E) 是一连通网，U 是顶点集 V 的一个非空子集。若（u，v）是一条具有最小权值的边，其中 u∈U，v∈V–U，则存在一棵包含边（u，v）的最小生成树。

反证法证明：

假设不存在这样一棵包含边（u，v）的最小生成树。任取一棵最小生成树 T，将（u，v）加入 T 中。根据树的性质，此时 T 中必形成一个包含（u，v）的回路，且回路中必有一条边（u′，v′）的权值大于或等于（u，v）的权值。删除（u′，v′），则得到一棵代价小于等于 T 的生成树 T′，且 T′为一棵包含边（u，v）的最小生成树。这与假设矛盾，故该性质得以证明。

利用 MST 性质来生成一个连通网的最小生成树。普里姆（Prim）算法和克鲁斯卡尔（Kruskal）算法便是利用了这个性质。

7.4.1   普里姆算法

普里姆算法的思路：按照逐个将顶点连通起来的方式构造最小生成树。假设 N=(V,E)是连通网，从连通网的某个顶点 u_0 出发，TE 为最小生成树中边的集合。

① 初始 U={u_0}(u_0∈V)，TE=φ，u_0 为起始顶点。

② 在所有 u∈U，v∈V–U 的边中选一条代价最小的边（u_0，v_0）并入集合 TE，同时将 v_0 并入 U。

③ 重复②，直到 U=V 为止。

此时，TE 中必含有 $n-1$ 条边，则 T=（V，TE）为 N 的最小生成树。

可以看出，普里姆算法逐步增加 U 中的顶点，可称为"加点法"。

例 7-18   从起始顶点 v_1 开始，对图 7-26（a）连通网 G1，采用普里姆算法构造最小生成树的过程如图 7-26 所示。

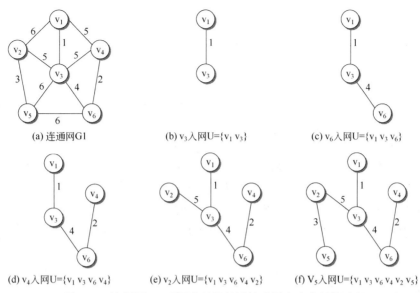

(a) 连通网G1　　　　　(b) v_3入网U={v_1 v_3}　　　　　(c) v_6入网U={v_1 v_3 v_6}

(d) v_4入网U={v_1 v_3 v_6 v_4}　　(e) v_2入网U={v_1 v_3 v_6 v_4 v_2}　　(f) V_5入网U={v_1 v_3 v_6 v_4 v_2 v_5}

图 7-26　连通图 G1 采用普里姆算法构造最小生成树的过程

普里姆算法实现：

设无向连通网 G=(V，E)为一个具有 n 个顶点带权的连通网络，T=(U，TE)为构造出的生成树，我们以连通网 G 采用邻接矩阵存储为例介绍普里姆算法。普里姆算法中一个较为关键的问题是如何能方便和高效地找到以 U 中已有顶点为一端，另一端顶点在 V–U 中且该边为所有边中权值最小。假定无向连通网当前 U 已有 i 个顶点，TE 有 $i-1$ 条边，在加入新的边时，只要考察 U 中已有顶点到 V–U 中所有顶点的边（若边不存在，可以用无穷大表示）的权值，选择权值最小的边加入即可。加入新的边后，需要对 U 中到 U 外所有保留的边进行更新，使所保留的边始终是当前权值最小。

为了实现这个算法需要设置两个辅助数组 closevertex[]和 lowcost[],对 $i \in$ V–U closevertex[i]= $j(j \in$ U)，表示(v_j，v_i)是一条边，且是 v_i 到 U 中各顶点"权最小边"，即属于集合 V–U 的 i 号顶点到当前最小生成树中的 j 号顶点具有最小权值。

lowcost[i]：用来保存连接 v_i 到 U 中各顶点"权最小边"的权，即保存 i 号顶点到 j 号顶点的权值。

对上例图 7-26 中的图 G1 用普里姆算法，构造最小生成树如下：

图 G1 的邻接矩阵如下：

$$
edg[][] = \begin{array}{c}
\begin{array}{cccccc}
1 & 2 & 3 & 4 & 5 & 6
\end{array} \\
\begin{pmatrix}
\infty & 6 & 1 & 5 & \infty & \infty \\
6 & \infty & 5 & \infty & 3 & \infty \\
1 & 5 & \infty & 5 & 6 & 4 \\
5 & \infty & 5 & \infty & \infty & 2 \\
\infty & 3 & 6 & \infty & \infty & 6 \\
\infty & \infty & 4 & 2 & 6 & \infty
\end{pmatrix}
\begin{array}{c}
1 \\ 2 \\ 3 \\ 4 \\ 5 \\ 6
\end{array}
\end{array}
$$

初始状态：U={V_1}　　　　　V–U= {V_2，V_3，V_4，V_5，V_6}

	1	2	3	4	5	6
closevertex[i]=	0	1	1	1	0	0
lowcost[i]=	0	6	1	5	∞	∞

从 lowcost[i]中选择权最小边的顶点 V_3，即边（V_1，V_3），顶点 V_3 加入到 U 中，

U={V_1，V_3}　　　　　V−U={V_2，V_4，V_5，V_6}

取 lowcost[i] = min{ lowcost[i], edg[v][i]}，即用生成树顶点集合外各顶点 i 到刚加入该集合的新顶点 v 的距离 edg[v][i] 与原来它们到生成树顶点集合中顶点的最短距离 lowcost[i] 做比较，取距离近的作为这些集合外顶点到生成树顶点集合内顶点的最短距离。

如果生成树顶点集合外顶点 i 到刚加入该集合的新顶点 v 的距离比原来它到生成树顶点集合中顶点的最短距离还要近，则修改 closevertex [i]：closevertex [i] = v。表示生成树外顶点 i 到生成树内顶点 v 当前距离最近。

	1	2	3	4	5	6
closevertex[i]=	0	3	1	1	3	3
lowcost[i]:	0	5	0	5	6	4

普里姆算法的执行过程如表 7-1 所示。

表 7-1　图 G1 用普里姆算法求最小生成树

顶点 v 趟数		1	2	3	4	5	6	U	V−U	T
(1)	closevertex lowcost	0 0	1 6	1 1	1 5	0 ∞	0 ∞	{1}	{2,3,4,5,6}	{}
(2)	closevertex lowcost	0 0	3 5	1 0	1 5	3 6	3 4	{1,3}	{2,4,5,6}	{(3,1)}
(3)	closevertex lowcost	0 0	3 5	1 0	6 2	3 6	3 0	{1,3,6}	{2,4,5}	{(3,1),(6,3)}
(4)	closevertex lowcost	0 0	3 5	1 0	6 0	3 6	3 0	{1,3,4,6}	{2,5}	{(3,1),(6,3),(4,6)}
(5)	closevertex lowcost	0 0	3 0	1 0	6 0	2 3	3 0	{1,2,3,4,6}	{5}	{(3,1),(6,3),(4,6), (2,3)}
(6)	closevertex lowcost	0 0	3 0	1 0	6 0	3 0	3 0	{1,2,3,4,5,6}	{}	{(3,1),(6,3),(4,6), (2,3),(5,2)}

连通网图采用邻接矩阵存储的普里姆算法如下：

//从连通网 G 的某顶点 v 出发按普里姆算法构造最小生成树，并输出生成树的每条边，n 为连通网 G 顶点个数

```
#define MAXINT  32768     // MAXINT 表示极大值 ∞
#define MAXLEN  100   //最大顶点数
void Prim(Graph G, int closevertex[ ], int v, int n)
//最小生成树中初始有顶点 v
  { int lowcost[MAXLEN+1], i, j, k,mincost ;
```

```
        lowcost[v]=0                  //顶点 v 在最小生成树中
        for (i=1; j<=n; i++)
          { if (i!=v )
                lowcost[i]=G.edg[v][i];
           if (lowcost[i ] != MAXINT)
                closevertex[i]=v;
      }
        for (i=2; i<=n; i++)          // 求出最小生成树的 n-1 边
          { mincost=MAXINT;
           k=0;
           for(j=1; j<=n; j++)    // 找出值最小的 lowcost[k]
             if (lowcost[j] !=0 && lowcost[j] < mincost)
               {mincost=lowcost[j];
                k=j;
                }
           printf("(%d,%d),%d\n",closevertex[k], k, lowcost[k]);
           //输出生成树的边和权值
           lowcost[k]=0;              //将 k 加入当前最小生成树中
           for(j=1; j<=n; j++)           //修改 lowcost 和 closevertex[ ]
             if (lowcost[j] != 0 && G.edg[k][j] < lowcost[j])
             {lowcost[j] = G.edg[k][j];
              closevertex[j] = k;
              }
           }
      }
```

算法分析:

设连通网络有 n 个顶点, 在上述算法中, 图的邻接矩阵为 n 阶方阵, 算法的执行时间主要取决于 $n-1$ 次循环, 每循环一次就要选一条权值最小的边, 其频度为 n, 在最坏情况下它的执行时间为 $O(n^2)$, 则该算法的时间复杂度为 $O(n^2)$, 该算法与网中的边数无关, 因此适用于求边稠密的网的最小生成树。

7.4.2 克鲁斯卡尔算法

克鲁斯卡尔算法是一种按照网中边的权值递增的顺序构造最小生成树的方法。

假设 N=(V, E) 是连通网, 将 N 中的边按权值从小到大的顺序排列:

① 初始状态: 将 n 个顶点看成 n 个集合, 即只有顶点, 无边的集合, 每个顶点自成一个连通分量。

② 按权值由小到大的顺序选择边, 所选边应满足两个顶点不在同一个顶点集合内, 将该边放到生成树边的集合中。同时将该边的两个顶点所在的顶点集合合并。

③ 重复②, 直到所有的顶点都在同一个顶点集合内。

可以看出, 克鲁斯卡尔算法逐步增加生成树的边, 与普里姆算法相比, 可称为"加边法"。

例 7-19 对于上例图 7-26 (a) 所示的连通网, 将所有的边按权值从小到大的顺序排列为

权值	1	2	3	4	5	5	5	6	6	6
边	(v_1,v_3)	(v_4,v_6)	(v_2,v_5)	(v_3,v_6)	(v_1,v_4)	(v_2,v_3)	(v_3,v_4)	(v_1,v_2)	(v_3,v_5)	(v_5,v_6)

在选择第五条边时, 因为 v_1、v_4 已经在同一集合内, 如果选 (v_1, v_4), 则会形成回路, 所以选 (v_2, v_3)。

经过筛选所得到边的顺序为

$$(v_1,v_3)\ (v_4,v_6)\ (v_2,v_5)\ (v_3,v_6)\ (v_2,v_3)$$

至此，所有的顶点都在同一个顶点集合{1，2，3，4，6，5}里，算法结束。所得最小生成树如图所示，其代价为1+2+4+5+3=15。

克鲁斯卡尔算法实现：

设置两一个辅助结构体数组 gedge[]和 tedge[]来存储网络中的各条边，两者边的结构类型包括边连接的两个顶点的编号（start 和 end）和边上的权值（cost），其中 gedge[]用来存储无向连通图 g 的所有边，tedge []用来存储求得的最小生成树的所有边。为了判断新选择的边是否和已有的边构成回路，这里设置另一个辅助数组 vset[n]，其初值为 vset[i] = i（i=1，2，…，n），表示各顶点在不同的连通分量上。每次查找属于两个不同连通分量且权值最小的边时，将这条边作为最小生成树的边输出，并合并它们所属的连通分量。重复上述过程 n−1 次，即可得到最小生成树 tedge[]（图 7-27）。

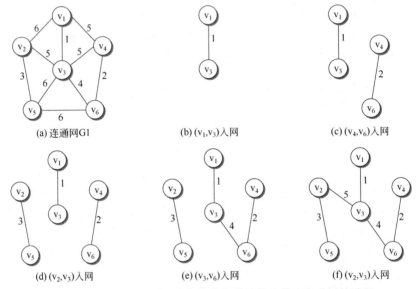

图 7-27　连通图 G1 采用克鲁斯卡尔算法构造最小生成树的过程

边的结构类型定义如下：

```
#define EDGNUM   10       // 图中边数的最大值
Typedefine struct
{ int start;              //边中第一个顶点的编号
  int end;                //边中另外一个顶点的编号
  float cost;             //边上的权值
} TreeEdge;
```

克鲁斯卡尔算法如下：

```
//无向连通图 g 采用邻接矩阵存储，n 为图中的顶点数，生成最小生成树 tedge[]
void Kruskal (Graph  g, TreeEdge tedge[], int n)
   { int vset[MAXLEN+1], m, i, j, k, v;
       TreeEdge gedge[EDGNUM+1];
```

```
    for (i=1; i<=n; i++)
        vset[i] = i;                    //初始化 vset
    m = 0;                              //m 为图中的边数
    for (i=1; i<=n; i++)
        for (j=i+1; j<=n; j++)
        //无向图的邻接矩阵为对称阵，只扫描其上三角部分
        { if (g.edg[i][j] != MAXINT)
            {  m++;
              gedge[m].start = i;
              gedge[m].end = j;
              gedge[m].cost = g.edg[i][j];
            }
        }
    Sort (gedge, m);    //对 m 条边按照权值从小到大排序，并存储在 gedge 中
    v = 1;                             //当前考察的边的序号
    float sum = 0;
    for (k=1; k<n-1; k++)  //产生最小生成树的 n-1 条边
      { if (vset[gedge[v].start]!=vset[gedge[v].end])
        //两个顶点同属一个连通分量
        { tedge[k] = gedge[v];        //将当前扫描到的边加入生成树中
         sum = sum + gedge[k].cost;
         for (j=1; j<=n; j++)        //将两个连通分量合并为一个连通分量
            if (vset[j] == vset[gedge[v].end])
                vset[j] = vset[gedge[v].start];
        }
        v++;        //如果该边的两个顶点同属一个连通分量，则考察下一条边
        } //for
    printf ("最小生成树中的边如下：\n 起点   终点   权值\n");
    for (i=1; i<=n-1; i++)
      printf ("%d  %d  %f\n", tedge[i].start, tedge[i].end,
tedge[i]. cost);
      printf ("最小生成树上各边的权值之和为：%f\n", sum);
    }
```

　　算法分析：若带权无向连通图 G 有 e 条边，则克鲁斯卡尔算法的时间复杂度与边数 e 和排序算法有关，这里的排序函数 Sort 可以采用后面第 9 章介绍的多种排序方法，读者可以根据实际情况选用不同的排序方法。因此该算法适合求边数较少的带权无向连通图的最小生成树。

　　两种最小生成树方法有以下不一样：

　　① 开始状态不一样　普里姆算法开始只有一个顶点，而克鲁斯卡尔算法开始包含所用顶点。

　　② 生成过程不一样　所生成的当前最小生成树中的顶点，普里姆算法连通，而克鲁斯卡尔算法不一定连通。

　　③ 适用情况不一样　普里姆算法适合求边稠密的网的最小生成树，而克鲁斯卡尔算法适合求边稀少的网的最小生成树。

　　注意：图的最小生成树不一定唯一。

7.5　有向无环图及其应用

现实生活中通常把工作计划、施工过程、生产流程、程序流程、公式表达式和学生课程开设计划等看成一个工程，这些大的复杂的工程常常可以划分成许多小的子工程，这些子工程完成了，则整个工程也就完成了。我们把这些子工程称为活动，在工程实施过程中，通常这些活动的先后次序存在着一定的制约关系，比如其中的某些活动必须在另一些活动完成后才能进行，也就是说，必须按照要求安排好各个活动的次序，才能很好地完成工程。对于整个工程有两个方面的问题：一个是工程能否顺利进行，另一个是估计整个工程所需要的最短时间，这就是下面要研究的拓扑排序和关键路径的问题。为了研究这些问题，可以用有向无环图来描述工程完成过程中各个活动之间的制约关系。

（1）有向无环图

有向无环图是指一个无环的有向图（directed acycline graph），简称 DAG。可以用它来描述工程和系统的进行过程。

例 7-20　公式表达式 DAG 图如图 7-28 所示。

在 DAG 图中，若 $<i, j>$ 是图中的有向边，则 i 是 j 的直接前驱，j 是 i 的直接后继。若从顶点 i 到顶点 j 有一条有向路径，则 i 是 j 的前驱，j 是 i 的后继。

假设 G=(V，E) 是一个具有 n 个顶点的有向图，V 中顶点序列 $v_1, v_2, \cdots, v_n$；，当且仅当该顶点序列满足下面条件时，该序列就称为一个拓扑序列，条件为：若有向图 G 中存在从 v_i 到 v_j 的一条路径，则在该顶点序列中顶点 v_i 必须排在顶点 v_j 之前。

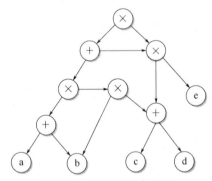

图 7-28　公式表达式 DAG

（2）有向无环图的应用

它是描述一项工程或系统的进行过程的有效工具。对于工程和系统，人们最关心两个方面的问题：工程能否顺利进行——拓扑排序；估算整个工程完成所必需的最短时间——关键路径。下面就这两个问题进行讨论。

7.5.1　拓扑排序

拓扑排序是对有向无环图的顶点的一种排序。通常一个工程的施工图、产品的生产流程图、公式表达式或学生课程开设计划之间的制约关系图，可以用 DAG 来描述工程。

如例 7-20，表达式：((a+b)*(b*(c+d))+(c+d)*e)*((c+d)*e)，用 DAG 图描述带公共子式的表达式的图描述，如图 7-28 所示。

例 7-21　计算机专业学生的课程开设（或教学计划）可以看成一个工程，而学习一门课程就是工程中的活动。给出计算机专业学生的一些必修课程及先修课程的关系如表 7-2 所示，其中有些课程是基础课，不需要先修其他课程，而有些课程则必须先修完某些课程后才能开始。例如，在程序设计和离散数学课程学完之前，不能开始学数据结构这门课。因此，先决条件定义了课程之间的一种优先关系。这个关系可用有向图清楚地表示出来，图 7-29 给出了表 7-2 所示的各个课程(活动)之间的优先关系，图中的顶点表示课程，有向弧表示课程之间的优先关系。若课程 C_i 是课程 C_j 的先决条件，则图中有弧 $<C_i, C_j>$。

表 7-2　基本课程名及关系

课程编号	课程名称	先修课程	课程编号	课程名称	先修课程
C1	高等数学	无	C5	编译原理	C2、C4
C2	高级语言程序设计	无	C6	操作系统	C4、C8
C3	离散数学	C1	C7	普通物理	C1
C4	数据结构	C2、C3	C8	计算机组成原理	C7

在有向无环图中，顶点表示子工程（或称活动），有向边表示活动间的优先关系。这样的有向图称为顶点表示活动的网络，或称 AOV 网（activity on vertex network）。

在 AOV 网中，若 $<v_i, v_j>$ 是图中的有向边，则 v_i 是 v_j 的直接前驱，v_j 是 v_i 的直接后继。若从顶点 v_i 到顶点 v_j 有一条有向路径，则 v_i 是 v_j 的前驱，v_j 是 v_i 的后继。

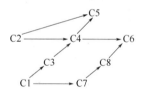

图 7-29　表示课程之间优先关系的有向无环图

AOV 网的特性如下：

若 v_i 为 v_j 的先行活动，v_j 为 v_k 的先行活动，则 v_i 必为 v_k 的先行活动，即先行关系具有可传递性。从离散数学的观点来看，若有 $<v_i, v_j>$、$<v_j, v_k>$，则必存在 $<v_i, v_k>$。

在 AOV 网中，将所有活动（顶点）排列成一个拓扑序列的过程称为拓扑排序。

由于 AOV 网中有些活动之间没有先后次序的要求，那么这些顶点在拓扑序列的先后位置也就没有要求，所以 AOV 网的拓扑排序结果不是唯一的。

例如，图 7.29 的一个拓扑序列为 C1, C2, C3, C7,C4, C5, C8, C6。

图 7.29 的另一个拓扑序列为 C2, C1, C3, C7,C8, C4, C5, C6。

显然，在 AOV 网中不能存在回路，否则回路中的活动就会互为前驱，或者说明某活动要以本活动完成作为先决条件，这显然是不可能的，也根本无法执行。因此要检测一个工程是否可执行，就得检查 AOV 网中是否存在回路。检查有向图中是否存在回路的方法之一就是拓扑排序。

拓扑排序的基本思想如下：

① 从有向图中选一个无前驱的顶点输出；

② 将此顶点和以它为起点的弧删除；

③ 重复①、②，直到不存在无前驱的顶点；

④ 若此时输出的顶点数小于有向图中的顶点数，则说明有向图中存在回路，否则输出的顶点的顺序为一个拓扑序列。

例 7-22   对于图 7-30 所示的 AOV 网，执行上述拓扑排序的过程如下：

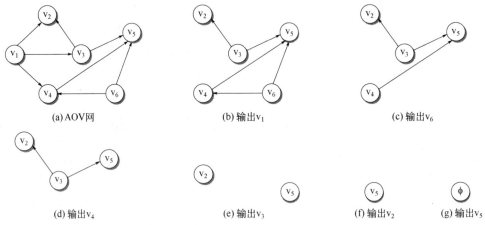

图 7-30   AOV 网拓扑排序过程

得到拓扑序列：v_1，v_6，v_4，v_3，v_2，v_5

或执行上述过程如图 7-31 所示。

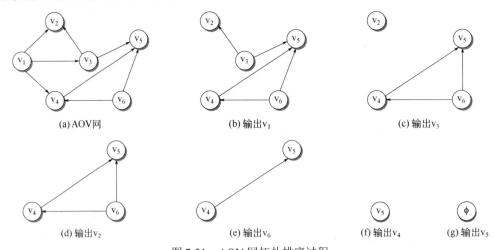

图 7-31   AOV 网拓扑排序过程

得到拓扑序列：v_1，v_3，v_2，v_6，v_4，v_5。

由于有向图的存储形式不同，可以采用邻接矩阵和邻接表存储，遍历方法可以采用深度优先和广度优先搜索方法，因此拓扑排序算法的实现也不同。下面分别介绍基于邻接矩阵和基于邻接表的存储结构的拓扑排序算法。

（1）基于邻接矩阵存储结构的拓扑排序方法

假设 **A** 为有向图 G 的邻接矩阵，那么找图 G 中无前驱的顶点，可以采用在矩阵 **A** 中找到值全为 0 的列来实现；若第 i 列值全为 0，则表示 v_i 是无前驱的顶点；删除以 v_i 为起点的所有弧，即将矩阵 A 中第 i 行全部置为 0。

AOV 网拓扑排序算法步骤如下：

① 取拓扑排序序号为 1。

② 从邻接矩阵的第 1 列开始，找一个未新编号的、值全为 0 的列 j，若找到则转③；否则，若所有的列全部都编过号，拓扑排序结束；若有列未曾被编号，则该图中有回路。

③ 输出列号对应的顶点 v_j，把新序号赋给所找到的列。

④ 将矩阵中 j 对应的行全部置为 0。

⑤ 新序号加 1，转②。

例 7-23　图 7-30（a）所示的 AOV 网的以邻接矩阵存储结构，其邻接矩阵 A 如图 7-32（a）所示。用拓扑排序算法求出的拓扑序列为

$$v_1,\ v_3,\ v_2,\ v_6,\ v_4,\ v_5$$

拓扑排序过程如下：

初始情况下，图 7-30（a）所示的 AOV 网的邻接矩阵如图 7-32（a）所示。

$i=1$，从第 1 列开始查找未编号的、值全为 0 的列 j，找到 $j=1$，输出顶点 v_1，把拓扑序号 1 赋给列 1；将矩阵中 v_1 对应的行全部置为 0；i++；结果如图 7-32(b)所示。

$i=2$，从第 1 列开始查找未编号的、值全为 0 的列 j，找到 $j=3$，输出顶点 v_3，把拓扑序号 2 赋给列 3；将矩阵中 v_3 对应的行全部置为 0；i++；结果如图 7-32(c)所示。

$i=3$，从第 1 列开始查找未编号的、全为 0 的列 j，找到 $j=2$，输出顶点 v_2，把拓扑序号 3 赋给列 2；将矩阵中 v_2 对应的行全部置为 0；i++；结果如图 7-32(d)所示。

$i=4$，从第 1 列开始查找未编号的、全为 0 的列 j，找到 $j=6$，输出顶点 v_6，把拓扑序号 4 赋给列 6；将矩阵中 v_6 对应的行全部置为 0；i++；结果如图 7-32(e)所示。

$i=5$，从第 1 列开始查找未编号的、全为 0 的列 j，找到 $j=4$，输出顶点 v_4，把拓扑序号 5 赋给列 4；将矩阵中 v_4 对应的行全部置为 0；i++；结果如图 7-32(f)所示。

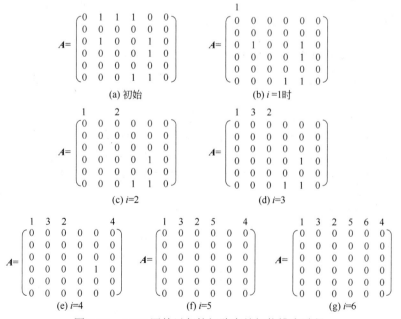

图 7-32　AOV 网的以邻接矩阵存储拓扑排序过程

　　$i=6$，从第 1 列开始查找未编号的、全为 0 的列 j，找到 $j=5$，输出顶点 v_5，把拓扑序号 6 赋给列 5；将矩阵中 v_5 对应的行全部置为 0；$i++$；结果如图 7-32(g)所示。

　　$i=7$，从第 1 列开始查找未编号的、全为 0 的列 j，所有的列全部都编过号，拓扑排序结束。

　　AOV 网邻接矩阵的拓扑排序算法较为简单，感兴趣的读者可以自编。

　　（2）基于邻接表的存储结构的拓扑排序算法

　　入度为零的顶点为没有前驱的顶点，为了操作方便，我们可以建立一个辅助数组 indegree[] 用来存放各顶点入度，在拓扑排序之前，先计算每个顶点的入度。在拓扑排序过程中，当某顶点的入度为零（没有前驱顶点）时，就输出此顶点，同时将该顶点的所有后继顶点的入度减 1，这就相当于删除了以该顶点为尾的弧。其算法如下：

　　① 找 G 中无前驱的顶点，即查找 indegree[i]为零的顶点 v_i；

　　② 删除以 v_i 为起点的所有弧，即对链接在顶点 v_i 后面的所有邻接顶点 v_k，将对应的 indegree[k]减 1；

　　③ 重复以上两步，直至所有顶点输出完为止。

　　为了避免重复检测入度为零的顶点，可以再设置一个辅助栈，若某一顶点的入度减为 0，则将它入栈。每当输出某一入度为 0 的顶点时，便将它从栈中删除。

　　例 7-24　AOV 网的以邻接表存储结构图 7-33 所示，用拓扑排序算法求出的拓扑序列为

$$v_6,\ v_1,\ v_3,\ v_2,\ v_4,\ v_5$$

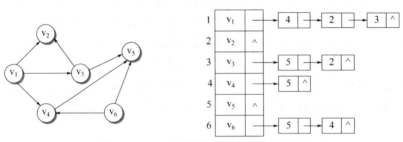

图 7-33　AOV 网及其邻接表存储结构图

　　基于邻接表的 AOV 网拓扑排序算法：

```
//AOV 网的邻接表 g，有 n 个顶点，输出拓扑排序结果，返回值为 1 表示正常，返回值为
0，表示此网有回路
#define MAXLEN   100    //最大顶点数
int TopoSort (VerNode g[], int n)        //n 为 AOV 网顶点数
    { SeqStack S;              // S 为堆栈类型
     int indegree [MAXLEN] ;  // indegree []用来存放各顶点入度
     int i, count, k;
     AdjNode *p;
     FindID (g, indegree);       //求各顶点入度
     InitStack (&S);             //初始化辅助栈
     for (i=1; i<= n; i++)
         if (indegree[i]==0)
            push(&S, i);         //将入度为 0 的顶点入栈
     count=1;
     while (!empty (S))
         { pop(&S, &i);
```

```
                printf("%c", g[i].ver);      //输出顶点 vi
                count++;                       //计数
                p=g[i].first;
                while (p! =NULL)
                    { k=p->adjv ;
                     indegree[k]--;            //i 号顶点的每个邻接点的入度减 1
                     if (indegree[k]==0)
                         push(&S,  k);      //若顶点的入度减为 0，则入栈
                     p=p->next ;
                } //while
          } //while
    if (count < n)
          return(0);      //该 AOV 网含有回路
    else  return(1);
}
```

此拓扑排序算法分析：如果 AOV 网络有 n 个顶点，e 条边，在拓扑排序的过程中，搜索入度为零的顶点，建立栈所需要的时间是 O(n)。在正常的情况下，有向图有 n 个顶点，每个顶点进一次栈，出一次栈，共输出 n 次。顶点入度减 1 的运算共执行了 e 次。所以总的时间复杂度为 O($n+e$)。

7.5.2 关键路径

无环有向图在工程计划和经营管理中有着广泛的应用。通常用有向图来表示工程计划时有两种方法：用顶点表示活动，用弧表示活动间的优先关系，即上节所讨论的 AOV 网；用顶点表示**事件**（event），用弧表示**活动**（activity），弧的权值表示活动所需要的时间（duration），我们把用这种方法构造的有向无环图叫做弧表示活动的网络，简称 AOE（Activity On Edges）网络。

AOE 网通常用于表示工程计划和进度管理，此时图中的顶点表示事件的前期活动已经完成，可以开始此事件的后续活动了。此外，由于实际工程只有一个起始点和结束点，因此，AOE 网络存在唯一的、入度为零的顶点，叫做**源点**；存在唯一的、出度为零的顶点，叫做**汇点**。AOE 网络中，有些活动顺序执行，有些活动并行执行，从源点到汇点的有向路径可能不止一条，这些路径的长度也可能不同，完成不同路径的活动所需要的时间也不同，但是只有所有路径上的活动都完成了，整个工程才算完成。因此，完成整个工程所需要的时间取决于从源点到汇点的最长路径上的所有活动所花费的时间之和。这条最长路径叫做**关键路径**（critical path）。关键路径上的活动叫做**关键活动**。这些活动中的任意一项活动未能按期完成，则整个工程的完成时间就要推迟。相反，如果能够加快关键活动的进度，则整个工程可以提前完成。在研究实际问题时，人们通常关心的是：

① 哪些活动是影响整个工程进度的关键活动？

② 至少需要多长时间能完成整个工程？

例 7-25 有 9 个事件的 AOE 网如图 7-34 所示，对应的顶点为 v_1，v_2，v_3，$\cdots$，v_9。

其中：v_1 是源点，表示整个工程开始。事件 v_5 表示活动 a_4 和 a_5 已经完成，a_7 和 a_8 两个活动可以开始。v_9 是汇点，表示整个工程结束。

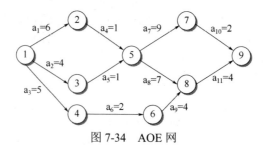

图 7-34　AOE 网

为了找到 AOE 网的关键活动，需要定义几个相关量，假设源点 v_1，汇点 v_n：

• **事件 v_i 的最早开始时间 ve(i)**：从源点 v_1 到顶点 v_i 的最长路径的长度。

• **事件 v_i 的最晚开始时间 vl(i)**：保证汇点 v_n 在 ve(n)时刻完成的前提下，事件 v_i 的允许最晚开始时间为 vl(i)。

• **活动 a_k 的最早开始时间 e(k)**：若活动 a_k 在弧$<v_i, v_j>$上，则 e(k)为从源点 v_1 到顶点 v_i 的最长路径的长度。因此，e(k)= ve(i)。

• **活动 a_k 的最晚开始时间 l(k)**：如果活动 a_k 对应的弧为$< v_i, v_j>$，则有：l(k)=vl(j)–dur$(< v_i, v_j >)$，dur$(< v_i, v_j >)$ 为完成 a_k 所需时间，即在保证事件 v_j 的最晚发生时间为 vl(j)的前提下，活动 a_k 的最晚开始时间为 l(k)。

• **活动 a_k 的时间余量**：表示活动 a_k 的最晚开始时间与 a_k 的最早开始时间之差：d(k)=l(k)–e(k)。当活动 a_k 的时间余量为 0 时，即 l(k)=e(k)，表示活动 a_k 没有时间余量，则活动 a_k 是关键活动。

为了找出关键活动，需要求各个活动的 e(k)和 l(k)，以便判别是否是关键活动。而要求 e(k)和 l(k)，先要求得从源点 v_1 到各个顶点 v_i 的 ve(i)和 vl(i)。

① 求 ve(i)时可从源点 v_1 开始，按拓扑顺序向汇点递推：

$$ve(1)=0;$$
$$ve(i)=\text{Max} \{ve(j)+dur(< v_j, v_i>)\}$$
$$<j, i>\in T, 1 \leq i \leq n;$$

（7-3）

其中，T 为所有以 i 为头的弧$<j, i>$的集合，dur($< v_j, v_i >$)表示与弧$< v_j, v_i >$对应的活动的持续时间。

② 求 vl(i) 时可从汇点 v_n 开始，反向递推：

$$vl(n)= ve(n);$$
$$vl(i)=\text{Min} \{vl(j)+dur(< v_i, v_j >)\}$$
$$< v_i, v_j >\in T, i=n–1, n–2, \cdots, 1;$$

（7-4）

其中，T 为所有以 v_i 为尾的弧的集合。

求各个顶点 v_i 的 ve(i)和 vl(i)需要在拓扑有序和逆拓扑有序的前提下方可进行，即 ve(i)必须在顶点 v_i 的所有前驱顶点的最早开始时间求得之后才能确定；vl(i)需要在顶点 v_i 的所有后继顶点的最晚开始时间求得之后才能确定。

v_1 到 v_9 最长路径（关键路径）有两条$\{v_1, v_2, v_5, v_8, v_9\}$，$\{v_1, v_2, v_5, v_7, v_9\}$，长度为 18，关键活动为（$a_1$, a_4, a_7, a_{10}）或（a_1, a_4, a_8, a_{11}）。

求关键路径的基本步骤如下：

① 对图中顶点进行拓扑排序，在排序过程中按拓扑序列求出每个事件的最早发生时间 ve(i)；

② 按逆拓扑序列求出每个事件的最晚发生时间 vl(i)；

③ 求出每个活动 a_k 的最早开始时间 $e(k)$ 和最晚发生时间 $l(k)$；

④ 找出 $e(k)=l(k)$ 的活动 a_k，即为关键活动。

对图 7-34 所示的 AOE 网采用上述关键路径的算法计算过程如下。

① 计算各事件的最早开始时间：

```
ve(1)=0
ve(2)=max{ve(1)+dur(<1,2>)}=6
ve(3)=max{ve(1)+dur(<1,3>)}=4
ve(4)=max{ve(1)+dur(<1,4>)}=5
ve(5)=max{ve(2)+dur(<2,5>),ve(3)+dur(<3,5>)}=7
ve(6)=max{ve(4)+dur(<4,6>)}=7
ve(7)=max{ve(5)=dur(<5,7>)}=16
ve(8)=max{ve(5)+dur(<5,8>)}=14
ve(9)=max{ve(7)+dur(<7,9>),ve(8)+dur(<8,9>)}=18
```

② 计算各事件的最迟开始时间：

```
vl(9)=ve(9)=18
vl(8)=min{vl(9)-dur(<8,9>)}=14
vl(7)=min{vl(9)-dur(<7,9>)}=16
vl(6)=min{vl(8)-dur(<6,8>)}=10
vl(5)=min{vl(7)-dur(<5,7>),vl(8)-dut(<5,8>)}=7
vl(4)=min{vl(6)-dur(<4,6>)}=8
vl(3)=min{vl(5)-dur(<3,5>)}=6
vl(2)=min{vl(5)-dur(<2,5>)}=6
vl(1)=min{vl(2)-dut(<1,2>),vl(3)-dut(<1,3>),vl(4)-dut(<1,4>)}=0
```

③ 计算各活动的最早开始时间：

```
e(a1)=ve(1)=0
e(a2)=ve(1)=0
e(a3)=ve(1)=0
e(a4)=ve(2)=6
e(a5)=ve(3)=4
e(a6)=ve(4)=5
e(a7)=ve(5)=7
e(a8)=ve(5)=7
e(a9)=ve(6)=7
e(a10)=ve(7)=16
e(a11)=ve(8)=14
```

④ 计算各活动的最迟开始时间：

```
l(a11)=vl(9)-dur(<8,9>)=14
l(a10)=vl(9)-dur(<7,9>)=16
l(a9)=vl(8)-dur(<6,8>)=10
l(a8)=vl(8)-dur(<5,8>)=7
l(a7)=vl(7)-dur(<5,7>)=7
l(a6)=vl(6)-dur(<4,6>)=8
l(a5)=vl(5)-dur(<3,5>)=6
l(a4)=vl(5)-dur(<2,5>)=6
l(a3)=vl(4)-dur(<1,4>)=3
l(a2)=vl(3)-dur(<1,3>)=2
l(a1)=vl(2)-dur(<1,2>)=0
```

对图 7-34 所示 AOE 网的计算各事件和活动最早开始时间和最迟开始时间，结果如表 7-3 所示。

表 7–3　AOE 网的计算 ve, vl, *e*, *l*, *d* 结果

顶点	ve	vl	活动	*e*	*l*	*d=l–e*
1	0	0	a_1	0	0	0
2	6	6	a_2	0	2	2
3	4	6	a_3	0	3	3
4	5	8	a_4	6	6	0
5	7	7	a_5	4	6	2
6	7	10	a_6	5	8	3
7	16	16	a_7	7	7	0
8	14	14	a_8	7	7	0
9	18	18	a_9	7	10	3
			a_{10}	16	16	0
			a_{11}	14	14	0

　　假设 AOE 网以邻接表结构存储,可以将上一节的拓扑排序算法稍加以修改,便可以在进行拓扑排序的同时求出每个事件的最早发生时间 ve(*i*):

　　修改后的拓扑排序算法如下:

　　//对 AOE 网邻接表 g,求每个事件的最早发生时间,函数返回值为 1 表示正常,拓扑序列在 T 中;返回值为 0,表示此网有回路

```
int  ve[MAXLEN+1];          //每个事件的最早发生时间
int TopoOrder(VerNode g[], int n, SeqStack * T)
//n 为 AOE 网顶点数,T 为返回拓扑序列的栈
{ int count,  i,  j,  k;
  AdjNode *p;
  int indegree[MAXLEN+1];          //各顶点入度数组
  SeqStack  S;                     //S 为存放入度为 0 的顶点的栈
  InitStack(T);   InitStack(&S);   //初始化栈 T, S
  FindID  (g, indegree);           //求各个顶点的入度
  for(i=1; i<=n; i++)
    if (indegree[i]==0)
      push(&S, i);
  count=0;
  for (i=1; i<=n; i++)
      ve[i]=0;                     //初始化最早发生时间
  while (!empty(S))
     { pop(&S, &j);
       push(T, j);
       count++;
       p=g[j].first;
       while (p! =NULL)
          { k=p->adjv;
            if (--indegree[k]==0)
              push(&S, k);          //若顶点的入度减为 0,则入栈
            if (ve[j]+p->cost > ve[k])
               ve[k]=ve[j]+p-> cost;
```

```
                    p=p->next;
               }  //while
          } //while
   if (count<n)
       return(0);         //此网有回路
   else
       return(1);
}
```

有了每个事件的最早发生时间，就可以求出每个事件的最迟发生时间，进一步可求出每个活动的最早开始时间和最晚开始时间，最后就可以求出关键路径了。

求关键路径的算法实现如下：

//对 AOE 网邻接表 g，AOE 网顶点数为 n，函数返回值为 1 表示正常，并输出关键路径；返回值为 0，表示此网有回路

```
int CriticalPath(VerNode g[ ], int n)
   {AdjNode  *p;
    int  i, j, k, dur, e, l;
    int  vl[MAXLEN+1];          //每个事件的最迟发生时间
    SeqStack  T;
    If (!TopoOrder(VerNode g[], int n, &T))
        return(0);
    for (i=1; i<= n; i++)
         vl[i]=ve[i];           //初始化顶点事件的最迟发生时间
    while (!empty(T))                   //按逆拓扑顺序求各顶点的 vl 值
         { pop(&T, &j);
          p=g[j].first;
          while (p! =NULL)
             { k=p->adjv;  dur=p->cost;
              if (vl[k]-dur < vl[j])
                   vl[j]= vl[k]-dur;
              p=p->next;
           } //while
       } // while
    for (j=1; j<= n; j++)
    //求各活动的开始时间 ei 和最迟时间 li 及关键活动
       { p=g[j].first;
        while (p! =NULL)
         { k=p->Adjv ;
          dur=p->cost;
          e=ve[j];
          l=vl[k]-dur;
          if (e == l)
               printf ("%c, %c, %d, %d, %d\n", g[j].ver, g[k].ver,
dur, e, l);    //输出关键活动
          p=p->next;
        } //while
     } //  for
   return(1);
}
```

　　算法分析：对拓扑有序求 ve[*i*] 和逆拓扑有序求 vl[*i*] 时，所需时间为 O(*n*+*e*)，求各个活动的 e[*k*] 和 l[*k*] 时，需时间为 O(*e*)，因此，此算法的时间复杂度为 O(*n*+*e*)。

7.6　最短路径

　　对于公路交通网络中经常会遇到这样问题：一个地方（A）到另一个地方（B）是否有公路可以到达？如果从（A）到达（B）的路径可能不止一条，如何找到一条路径长度最短的路径？为了讨论这些问题，可以用带权图（网）来表示公路交通网络，图中的每个顶点代表一个地方（如城市或车站等），边代表两地之间有一条公路，边上的权值表示这两地公路的长度或者表示通过该段路所花费的时间或交通费用，通常把一条路径所经过的边（弧）上的权值之和定义为该路径的路径长度，也就是从一个地方（A）到另一个地方（B）的路径长度、时间或花费则为路径上各边的权值之和。

　　如果从图中某一顶点（称为**源点**）到达另一顶点（称为**终点**）的路径不止一条，假定图中权值不能为负数，如何找到一条路径使得沿此路径上各边（弧）上的权值总和达到最小，这就是最短路径问题。

　　对于无权图，可以看成是带权图的一种特例，只要把每条边的权值看成 1 即可，所以无权图的最短路径指两顶点之间经历的边数最少。可见，无权图和带权图的最短路径是一致的。常见最短路径问题分为以下两种：

　　① 单源最短路径问题：从某一顶点（单源点）到达其他各顶点的最短路径。

　　② 每一对顶点之间的最短路径问题：找出图中所有顶点之间的最短路径。

7.6.1　单源最短路径

　　单源最短路径是指在一个带权有向网 G=(V，E)，给定图 G 的某一个顶点 v 为单源点，求从 v 到 G 中其他顶点的最短路径（假定各边上的权值大于或等于 0）。

　　针对单源最短路径问题，迪杰斯特拉（Dijkstra）提出按路径长度的递增次序，逐步产生其他各顶点最短路径的算法。首先求出从源点 v 到某顶点长度最短的一条路径，再以此为基础求出其他顶点长度次短的一条路径，依此类推，直到从顶点 v 到其他各顶点的最短路径全部求出为止。

　　迪杰斯特拉算法思想：对带权有向网 G=(V，E)，设置两个顶点集合 S 和 T，T=V–S，将以 v_1 为源点和已确定了最短路径的顶点都并入集合 S，集合 S 的初始状态只含源点 v_1，未确定最短路径的顶点均属于集合 T，所以集合 T 的初始状态包含除源点 v_1 之外的剩余顶点，按照各顶点与 v_1 之间最短路径长度递增的次序，逐个将集合 T 的顶点加入集合 S 中，使从源点 v_1 到集合 S 中各顶点的路径长度始终不大于 v_1 到集合 T 中各顶点的路径长度。而且，集合 S 每加入一个新顶点 v_i，均要修改源点 v_1 到集合 T 中所有顶点的最短路径长度。集合 T 中的顶点不断加入集合 S 中，直到集合 T 的顶点全部加入集合 S 中为止。

　　说明，在向集合 S 中添加顶点时，应该始终保持从源点 v_1 到集合 S 中各顶点的路径长度始终不大于 v_1 到集合 T 中各顶点的路径长度。例如：假设向集合 S 中添加了顶点 v_i，对集合 T 中的每个顶点 v_j，若顶点 v_i 到顶点 v_j 有边（即 $\langle v_i, v_j \rangle \in$ E，假设权值为 w_2），$\langle v_1, v_i \rangle$ 权值为 w_1，$\langle v_1, v_j \rangle$ 权值为 w_3，若 $w_3 > w_1 + w_2$，则将 $v_1 \rightarrow v_i \rightarrow v_j$ 路径作为 v_j 新的最短路径，如图 7-35

所示。

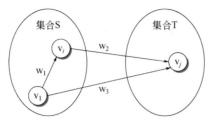

图 7-35　源点 v_1 到顶点 v_j 不同路径比较

例 7-26　求图 7-36 所示带权有向图中 v_1 顶点到其他各顶点的最短路径,该图以邻接矩阵 A 存储。

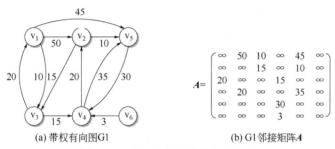

(a) 带权有向图G1　　　　　　　　　(b) G1邻接矩阵A

图 7-36　带权有向图及其邻接矩阵

v_1 顶点到其他各顶点的最短路径按从小到大顺序排列如表 7-4 所示。

表 7-4　最短路径排列过程

源点	终点	最短路径	路径长度
	v_3	v_1　v_3	10
	v_4	v_1　v_3　v_4	25
v_1	v_2	v_1　v_3　v_4　v_2	45
	v_5	v_1　v_5	45
	v_6	无最短路径	

迪杰斯特拉算法实现:假设具有 n 顶点的带权有向图采用邻接矩阵 G 存储结构。算法中设置三个一维辅助数组 s[i]、dist[i] 和 path[i] (i:1~n),s[i]用来标记集合 S 中已经找到最短路径的顶点,规定:若源点 v_1 到终点 v_i 的未找到最短路径,则 s[i]=0;否则 s[i]=1;dist[i]用来保存源点 v_1 到终点 v_i 的当前最短路径,其初值为边 $\langle v_1, v_i \rangle$ 上的权值,若 v_1 到 v_i 无边,则权值为∞,此后每当有新的顶点进入集合 S 中,dist[i]值可能被修改变小;path[i]用于保存最短路径中路径上边所经历的顶点序列,即 path[i]用于存放源点 v_1 到终点 v_i 当前最短路径中前一个顶点的编号。其初值:若 v_1 到 v_i 有边,path[i]为 v_1 的编号;若 v_1 到 v_i 无边,path[i]为-1。

迪杰斯特拉算法的主要步骤如下:

① g 为用邻接矩阵表示的带权网。S←{v_1},dist[i]= g. edg[v_1][v_i];将 v_1 到其余顶点的路径长度初始化为权值。

② 选择 v_k,使得 dist[k]= min (dist[i]| v_i ∈V-S),v_k 为目前求得的下一条从 v_1 出发的最短路径的终点。

③ 将 v_k 加入 S。

④ 修改从 v_1 出发到集合 V–S 上任一顶点 v_i 的最短路径的长度。若 dist[k]+ g. edg[k][i]<dist[i]，则将 dist[i]修改为 dist[k]+ g. edg[k][i]。

⑤ 重复②、③进行 $n–1$ 次，即可按最短路径长度的递增顺序，逐个求出 v_1 到图中其他每个顶点的最短路径。

用迪杰斯特拉算法求 v_1 到其他各个顶点之间的最短路径过程如表 7-5 所示。

表 7–5　迪杰斯特拉算法求最短路径过程

终点		v_1 到各个顶点的最短路径寻找过程					
		初始化	i=1	i=2	i=3	i=4	i=5
v_2	dist	50	50	50	45		
	path	–1	$v_1\,v_2$	$v_1\,v_2$	$v_1\,v_3 v_4 v_2$		
v_3	dist	10	10				
	path	–1	$v_1\,v_3$				
v_4	dist	∞	∞	25			
	path	–1	–1	$v_1\,v_3\,v_4$			
v_5	dist	45	45	45	45	45	
	path	–1	$v_1\quad v_5$	$v_1\quad v_5$	$v_1\quad v_5$	$v_1\quad v_5$	
v_6	dist	∞	∞	∞	∞	∞	无最短路径
	path	–1	–1	–1	–1	–1	
v_k			v_3	v_4	v_2	v_5	
s		v_1	$v_1\,v_3$	$v_1\,v_3\,v_4$	$v_1\,v_3\,v_4 v_2$	$v_1\,v_3\,v_4 v_2\,v_5$	

求从 v 到各个顶点的最短路径的算法描述如下：

```
//假设具有 n 顶点的带权有向图采用邻接矩阵 g 存储结构，v 为源点
void PathDJS (Graph g, int v, int n )
{ int dist[MAXLEN+1], path[MAXLEN+1];
  // path[i]中存放顶点 i 的当前最短路径，dist[i]中存放顶点 i 的当前最短路径长度
  int  s[MAXLEN+1];     //s 为已找到最短路径的终点集合
  int  i, j, k;
  for ( i =1; i<=n ; i++)        //初始化 dist[i]和 path [i]
    { dist[i]=g. edg[v][i];

      s[i]=0;
      if  ( dist[i]< MAXINT)
          path[i]=v;      //添加操作
      else
          path[i]=-1;
    }
  s[v]=1;              //将 v 看成第一个已找到最短路径的终点
  for (i=2; i<=n; i++)     //求 v 到其余顶点的最短路径
    { min=MAXINT;
     k=v;
```

```
    for ( j =1;  j<=n;  j++)
      if (s[j]==0 && dist[j]<min )
            { k =j;
               min=dist[j];
            }
    s[k]=1;
    for ( j=1; j<=n; j++)        //修正 dist[j],   j∈V-S
       if (s[j]==0) && (dist[k]+g. edg[k][j]<dist[j])
             { dist[j]=dist[k]+ g. edg [k][j];
               path[j]=k;
             }
    }//for
} // PathDJS
```

算法分析：该算法主要花费时间：从顶点集合 V-S 中选取最小路径的顶点 v_k 所花费的时间为 O(n)，修改顶点集合 V-S 中各顶点的距离需要花费 O(n)，通过 n-1 次循环，并求出 v_1 到图中其他每个顶点的最短路径。显然，算法的时间复杂度为 $O(n^2)$。

7.6.2　每一对顶点之间的最短路径

对于有向图 G=（V，E），找出图 G 中任意一对顶点 v_i 和 v_j（$v_i \neq v_j$）最短路径，欲求出任意一对顶点之间的最短路径，可以将每一顶点作为源点，重复调用迪杰斯特拉算法 n 次，其算法的时间复杂度为 $O(n^3)$。还有一种形式较为简单方法——弗洛伊德（Floyd）算法。其算法的时间复杂度亦为 $O(n^3)$，但是此方法形式更为简单，易于理解和编程。

弗洛伊德算法的基本思想：设带权有向图 G 用邻接矩阵法来存储，求图 G 中任意一对顶点 v_i、v_j 间的最短路径。开始时，以任意两个顶点 v_i、v_j 的弧的权值作为路径长度，以后逐步尝试在原有路径上加入中间顶点，若新增顶点后，得到的路径长度小于原有的路径长度，则以此新的路径代替原先的路径，修改邻接矩阵相应的元素值，如此下去，便可求出从顶点 v_i 到顶点 v_j 的最短路径。

① 如果从 v_i 到 v_j 有弧，则将 v_i 到 v_j 的最短路径长度初始化为 g. edg[i][j]，否则 v_i 到 v_j 的最短路径长度初始化为∞，该路径不一定是最短路径，需要进行如下 n 次比较和修正。

② 在 v_i、v_j 间加入顶点 v_1，考虑是否存在（v_i, v_1, v_j）路径（即判别弧<v_i, v_1>和<v_1, v_j>是否存在），如果存在，比较（v_i, v_1, v_j）和(v_i, v_j)的路径的长度，取其中较短的路径作为 v_i 到 v_j 的最短路径。

③ 在 v_i、v_j 间加入顶点 v_2，得（v_i, …, v_2）和(v_2, …, v_j)，如果（v_i, …, v_2）和（v_2, …, v_j）分别为当前找到中间的顶点序号不大于 2 的最短路径，将（v_i, …, v_2, …, v_j）与上一步已求出的且 v_i 到 v_j 中间顶点号不大于 1 的最短路径比较，取其中较短的路径作为 v_i 到 v_j 的最短路径。

依此类推，经过 n 次比较和修正，在第 n-1 步，将求得 v_i 到 v_j 的且中间顶点号不大于 n-1 的最短路径，这必是从 v_i 到 v_j 的最短路径。

设置一个 n 阶方阵 $dist^{(k)}$ 来对应图 G 中所有顶点偶对 v_i、v_j 间的最短路径长度，该矩阵除对角线之外，其余元素 $dist^{(k)}[i,j]$ 表示顶点 i 到顶点 j 的路径长度，k 表示运算步骤，初始状态时 k=0，将任意两个顶点的弧的权值作为其路径长度，若这两个顶点之间无弧，则该路径长度为∞。在上述 n+1 步中，dist 的值不断变化，对应一个 n 阶方阵序列 $dist^{(k)}$。

定义 n 阶方阵序列：$dist^{(0)}$, $dist^{(1)}$, …, $dist^{(n-2)}$, $dist^{(n-1)}$, $dist^{(n)}$

其中：

$$\text{dist}^{(0)}[i][j] = g.\text{edg}[i][j]$$
$$\text{dist}^{(k)}[i][j] = \text{Min}\{\,\text{dist}^{(k-1)}[i][j],\ \text{dist}^{(k-1)}[i][k] + \text{dist}^{(k-1)}[k][j]\,\} \tag{7-5}$$
$$k = 1,\ 2,\ \cdots,\ n-1,\ n$$

从上述计算公式可见：$\text{dist}^{(1)}[i][j]$ 是从 v_i 到 v_j 的中间顶点号不大于 1 的最短路径；$\text{dist}^{(k)}[i][j]$ 是从 v_i 到 v_j 的中间顶点号不大于 k 的最短路径；$\text{dist}^{(n)}[i][j]$ 是从 v_i 到 v_j 的最短路径长度。

以上解决了寻找最短路径并确定了最短路径长度的问题，但如何保存任意顶点之间的最短路径？需要采用一个 n 阶方阵 $\text{path}^{(k)}[i][j]$ 表示从 v_i 到 v_j 中间顶点不大于 k 的最短路径上 v_j 的前一个顶点的序号，k 表示运算步骤，先初始化 n 阶方阵 path，使 $\text{path}^{(0)}[i][j] = -1$，在寻找从 v_i 到 v_j 最短路径过程中，若路径经过某顶点 v_k，为更短的路径，则在更改 $\text{dist}^{(k)}[i][j]$ 的同时，更改 $\text{path}^{(k)}[i][j] = k$，最终当 $\text{dist}^{(k)}[i][j] \neq \infty$，$\text{path}^{(k)}[i][j] = -1$，则表示 v_i 到 v_j 的路径可以直接到达，中间不经过其他顶点；当 $\text{path}^{(k)}[i][j] \neq -1$ 时，则 $\text{path}^{(k)}[i][j]$ 存放的是 v_i 到 v_j 的路径上所经过的某个顶点的序号。当要输出 v_i 到 v_j 的最短路径时，需要判断 $\text{path}[i][j]$ 的值，若 $\text{path}[i][j] = -1$，表示 v_i 到 v_j 的最短路径就是 $\langle v_i,\ v_j \rangle$；$\text{path}[i][j] = k(k \neq -1)$，表示 v_i 到 v_j 的最短路径要经过顶点 v_k，那么 v_i 到 v_k 和 v_j 到 v_k 这两条最短路径上分别又经过哪些顶点？需要用同样的方法查看 $\text{path}[i][k]$ 和 $\text{path}[k][j]$ 的值，依此类推，直到 $\text{path}[][]$ 的值为 -1 为止。

例 7-27 利用上述弗洛伊德算法，求图 7-37 所示的带权有向图 G2 的每一对顶点最短路径及路径长度。

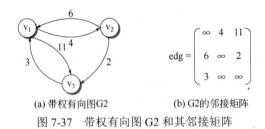

(a) 带权有向图G2   (b) G2的邻接矩阵

$$\text{edg} = \begin{pmatrix} \infty & 4 & 11 \\ 6 & \infty & 2 \\ 3 & \infty & \infty \end{pmatrix}$$

图 7-37 带权有向图 G2 和其邻接矩阵

用弗洛伊德算法求各个顶点之间的最短路径过程如表 7-6 所示。

$$\text{dist}^{(0)} = \begin{pmatrix} \infty & 4 & 11 \\ 6 & \infty & 2 \\ 3 & \infty & \infty \end{pmatrix} \qquad \text{path}^{(0)} = \begin{pmatrix} -1 & -1 & -1 \\ -1 & -1 & -1 \\ -1 & -1 & -1 \end{pmatrix}$$

$$\text{dist}^{(1)} = \begin{pmatrix} \infty & 4 & 11 \\ 6 & \infty & 2 \\ 3 & 7 & \infty \end{pmatrix} \qquad \text{path}^{(1)} = \begin{pmatrix} -1 & -1 & -1 \\ -1 & -1 & -1 \\ -1 & 1 & -1 \end{pmatrix}$$

$$\text{dist}^{(2)} = \begin{pmatrix} \infty & 4 & 6 \\ 6 & \infty & 2 \\ 3 & 7 & \infty \end{pmatrix} \qquad \text{path}^{(2)} = \begin{pmatrix} -1 & -1 & 2 \\ -1 & -1 & -1 \\ -1 & 1 & -1 \end{pmatrix}$$

$$\text{dist}^{(3)} = \begin{pmatrix} \infty & 4 & 6 \\ 5 & \infty & 2 \\ 3 & 7 & \infty \end{pmatrix} \qquad \text{path}^{(3)} = \begin{pmatrix} -1 & -1 & 2 \\ 3 & -1 & -1 \\ -1 & 1 & -1 \end{pmatrix}$$

表 7-6　Floyd 算法求各个顶点之间的最短路径过程

	dist$^{(0)}$			dist$^{(1)}$			dist$^{(2)}$			dist$^{(3)}$		
	1	2	3	1	2	3	1	2	3	1	2	3
1	∞	4	11	∞	4	11	∞	4	6	∞	4	6
2	6	∞	2	6	∞	2	6	∞	2	5	∞	2
3	3	∞	∞	3	7	∞	3	7	∞	3	7	∞
	path$^{(0)}$			path$^{(1)}$			path$^{(2)}$			path$^{(3)}$		
	1	2	3	1	2	3	1	2	3	1	2	3
1		v_1v_2	v_1v_3		v_1v_2	v_1v_3		v_1v_2	$v_1v_2v_3$		v_1v_2	$v_1v_2v_3$
2	v_2v_1		v_2v_3	v_2v_1		v_2v_3	v_2v_1		v_2v_3	$v_2v_3v_1$		v_2v_3
3	v_3v_1			v_3v_1	$v_3v_1v_2$		v_3v_1	$v_3v_1v_2$		v_3v_1	$v_3v_1v_2$	

弗洛伊德算法如下：

```
//n 个顶点带权有向图以邻接矩阵 g 存储
void PathFloyd(Graph g, int n)
{ int dist [MAXLEN+1] [MAXLEN+1] , path [MAXLEN+1] [MAXLEN+1] ;
 //path[i][j]为 vi 到 vj 的当前最短路径,dist[i][j]为 vi 到 vj 的当前最短路径长度
 int i,j;
 for (i=1; i<=n; i++)
   for (j =1; j<=n; j++)
    { dist[i][j]=g. edg[i][j];   //初始化 dist⁽⁰⁾[i][j]和 path⁽⁰⁾[i][j]
     path[i][j]=-1;
    }
 for (k =1; k<= n; k++)
   for (i =1; i<= n; i++)
    for (j=1; j<= n; j++)
     if (dist[i][k]+dist[k][j]<dist[i][j])
      { dist[i][j]=dist[i][k]+dist[k][j];   //更新最短路径长度
       path[i][j]= k;   //记录中间顶点 vk 编号
      }
 DisplayPath (dist, path, n) ;   //输出最短路径
 }
```

输出最短路径算法如下：

```
//输出最短路径,其中函数为递归输出从顶点 vi 到 vj 的最短路径
void DisplayPath (dist, path, n)
  {int i,j;
   for (i=1; i<=n; i++)
    for (j =1; j<=n; j++)
     if (dist[i][j]==MAXINT)
      if (i!=j)
       printf ("顶点%d 到顶点%d 没有路径\n, i, j")
      else
       {printf ("顶点%d 到顶点%d 路径:\n, i, j")
       DgPath (path, i, j) ;
       printf ("路径长度:\n, dist[i][j] ")
```

```
        }
    }
void  DgPath  (p,  i,  j)
    {int  k;
     k=p[i][j];
     if  (k==-1)
        printf ("%d, %d", i, j);   //顶点之间直接到达
     else
       {dgpath (p, i, k);
        printf ("%d" , k);
        dgpath (p, k, j);
       }
    }
```

本节给出的求最短路径的算法不仅适用于带权有向图，同样适用于带权无向图，因为带权无向图可以看作是有往返两重边的有向图，只要顶点 v_i 到 v_j 有边存在（v_i, v_j），就可以看成这两个顶点有两条权值相同的有向边< v_i, v_j >和< v_j, v_i >。

总结以上方法：

Dijkstra 算法——边上权值非负情形的单源最短路径问题。

Floyd 算法——所有顶点之间的最短路径。

7.7 图的应用实例

下面给出一个图遍历的应用实例。

例 7-28 某公园有若干个景点，与这些景点相连有若干条道路，不同的游客对公园景点兴趣不同，游览线路也就不同。编制一个能够把游客提供的感兴趣景点作为必经景点，给游客提供多条游览线路，供游客选择程序。

设计思路：采用无向图来描述公园，每个景点为图的顶点，景点相连道路为图的边。采用邻接表存储该图，游客提供的感兴趣景作为必经景点，深度优先搜索图中的顶点。

```
//邻接表图的遍历
#include<stdio.h>
#include<malloc.h>
#define MAXLEN 20
typedef char DataType;
typedef struct ANode
{   int adjv;
    struct ANode *next;
} ArcNode;        //定义边结点
typedef  struct  vernode
{ DataType ver;
  ArcNode  *first;
 }VerNode;        //定义头结点表
 int visited[MAXLEN+1];
 int vb[MAXLEN+1], n;      // VB 为必过景点集合；n 为必过景点的个数
 int count = 0;           //路径个数
```

```
   void CreateAdj(VerNode G[], int A[MAXLEN+1][MAXLEN+1], int n1, int
e1)
   {   int i, j;
       ArcNode *p;
       for (i = 1; i <= n1; ++i)
          G[i].first = NULL;
       for (i = 1; i <= n1; ++i)
           for (j = n1; j > 0; --j)
              if (A[i][j] == 1)
           {p = (ArcNode*)malloc(sizeof(ArcNode));
               p->adjv = j;
               p->next = G[i].first;
               G[i].first = p;
           }
   }
  int Comp(int path[], int d)
   { int flag1, flag2, f1,f2,i,j;
     flag1=0;
     flag2=0;
     for (i = 1; i <= n; ++i)
         { f1 = 1;
          for (j = 1; j <= d+1; ++j)
              if (path[j] == vb[i])
                  { f1 = 0;
                    break;
                  }
          flag1 += f1;
          }
     if (flag1 == 0 && flag2 == 0)
              return 1;
     else
              return 0;
   }
  void FindPath(VerNode G[], int u, int v, int d, int path[])
   {   int i;
       ArcNode *p;
       visited[u] = 1;
       ++d;
       path[d] = u;
       if (u == v && Comp(path, d))
          { printf("路径%d: ", ++count);
            printf("%d", path[1]);
            for (i = 2; i <= d; ++i)
                printf("->%d ", path[i]);
            printf("\n");
          }
       p = G[u].first;
       while (p != NULL)
         { if (visited[p->adjv] == 0)
                 FindPath (G, p->adjv, v, d, path);
           p = p->next;
         }
```

```
            visited[u] = 0;
     }
   void main()
   {  VerNode G[MAXLEN+1];
      int u, v,i;          // u为景点起点，v为景点终点
      int path[MAXLEN+1];
      char y;
      int A[MAXLEN+1][MAXLEN+1] = {{0, 0, 0, 0, 0, 0, 0, 0, 0, 0, 0,
         0, 0, 0, 0, 0 },
   {0, 0, 1, 1, 1, 1, 0, 0, 0, 0, 0, 0, 0, 0, 0, 0 },{0, 1, 0, 0, 0, 0,
      0, 1, 0, 1, 0, 0, 0, 0, 0, 0 },
      {0, 1, 0, 0, 0, 0, 0, 0, 0, 0, 0, 0, 0, 0, 0, 0 },{0, 1, 0, 0, 0,
         0, 0, 1, 0, 0, 0, 0, 0, 0, 0, 0 },
      {0, 1, 0, 0, 0, 0, 0, 1, 0, 0, 0, 0, 0, 0, 0, 0 },{0, 0, 0, 0, 0,
         0, 0, 0, 0, 1, 1, 0, 0, 0, 0, 0 },
      {0, 0, 1, 0, 1, 0, 0, 0, 1, 0, 1, 0, 0, 0, 0, 0 },{0, 0, 0, 0, 0,
         1, 0, 1, 0, 0, 0, 1, 1, 0, 0, 0 },
      {0, 0, 1, 0, 0, 0, 1, 0, 1, 0, 1, 0, 0, 1, 0, 0 },{0, 0, 0, 0, 0,
         0, 1, 1, 0, 0, 0, 1, 0, 1, 0, 0 },
      {0, 0, 0, 0, 0, 0, 0, 0, 1, 0, 1, 0, 0, 0, 1, 0 },{0, 0, 0, 0, 0,
         0, 0, 1, 0, 0, 0, 0, 0, 0, 1, 0 },
      {0, 0, 0, 0, 0, 0, 0, 0, 1, 1, 0, 0, 0, 0, 1 },{0, 0, 0, 0, 0,
         0, 0, 0, 0, 0, 1, 1, 0, 0, 1 },
      {0, 0, 0, 0, 0, 0, 0, 0, 0, 0, 0, 0, 0, 1, 1, 0 } };
      CreateAdj(G, A, 15, 21);
      while (1)
        {printf("输入景点起点和景点终点：");
        scanf("%d %d", &u, &v);
        printf("输入必过景点个数：");
        scanf("%d", &n);
        printf("输入必过景点集合：");
        for (i = 1; i <= n; ++i)
        scanf("%d", &vb[i]);
        printf("\n\n 所有路径如下：\n");
        FindPath (G, u, v, 0, path);
        printf("\n\n 是否需要重新找路径？y/n："); //\n\n
        scanf("%c", &y);
        if (y!='y'|| y!='Y')
             break;
        }
   }
```

7.8 小结

图是所有非线性数据结构中最复杂的一种，图中各顶点间的逻辑关系表现为多对多的邻接关系。本章介绍了图的基本概念，如有向图、无向图、顶点、边、度、完全图、子图、路径、路径长度、连通图、权、网等。图可以通过邻接矩阵、邻接表、十字链表和邻接多重表等多种存储方式来进行存储，用于表示顶点的信息、边的信息以及顶点和边的关联信息。图的遍历有

两种方法：深度优先搜索和广度优先搜索。其中，深度优先搜索算法是通过递归方法实现的；广度优先搜索算法要借助于队列实现。图被广泛地应用于各个领域，可以解决很多的实际问题。最后针对图的应用，讨论了普里姆算法和克鲁斯卡尔算法求图的最小生成树的过程、算法描述及相应的时间复杂度；求图的拓扑序列、最短路径及关键路径的算法。在本节所介绍的内容中，读者应重点掌握图的有关概念、术语和存储方法，注意理解本节所介绍的各种算法的实质，学会把这些算法应用于解决实际问题。

习题

一、单项选择题

1.设无向图 G 中 n 个顶点和 e 条边且采用邻接表作为存储结构，则邻接表中有（   ）个表结点。

A.n B.e C.$2e$ D.$n+e$

2.带权有向图 G 用邻接矩阵 A 存储，则顶点 i 的入度等于 A 中（   ）。

A.第 i 行非无穷大元素之和   B.第 i 列非无穷大元素之和

C.第 i 行非零且非无穷大元素的个数   D.第 i 列非零且非无穷大元素的个数

3.在含有 n 个顶点和 e 条边的无向图的邻接矩阵中，零元素的个数为（   ）。

A. $n-e$ B. $2n-2e$ C. n^2-2e D. $2n^2-e$

4.连通具有 n 个顶点的无向图至少需要（   ）条边。

A.n B.$n+1$ C. $n/2$ D. $n-1$

5.设强连通图 G 有 n 个顶点，则该图至少有（   ）条边。

A.n B.$n+1$ C. $n（n-1）$ D. $n-1$

6.下列说法正确的是（   ）。

A.一个具有 n 个顶点的无向完全图的边数为 $n×（n-1）$

B.连通图的生成树是该图的一个极大连通子图

C.图的广度优先搜索是一个递归过程

D.在非连通图的遍历过程中，每调用一次深度优先搜索算法得到该图的一个连通分量

7.无向图的深度优先遍历算法类似于二叉树的（   ）。

A.中序遍历   B.先序遍历   C.后序遍历   D.层次遍历

8.图的广度优先搜索类似于二叉树的（   ）。

A.中序遍历   B.先序遍历   C.后序遍历   D.层次遍历

9.用邻接表表示的图进行广度优先遍历时，通常采用（   ）来实现算法。

A.栈   B.队列   C.树   D.图

10.用邻接表表示的图进行深度优先搜索时，通常采用（   ）来实现算法。

A.栈   B.队列   C.树   D.图

11.下列关于图的遍历说法中不正确的是（   ）。

A.连通图的深度优先搜索是个递归过程

B.图的广度优先搜索中邻接点的寻找具有"先进先出"的特征

C.非连通图不能用深度优先搜索

D.图的遍历要求每个顶点仅被访问一次

12.如果从无向图的任一顶点出发进行深度优先搜索即可访问到图中所有顶点,则该图一定是(　　)。

　　A.完全图　　　　　　　B.连通图　　　　　C.有回路　　　　　　　D.一棵树

13.设无向图 G=(V, E),其中 V={a, b, c, d, e, f},E={ (a, b), (a, e), (a, c), (b, e), (e, d), (d, f), (f, c) },从顶点 a 出发按深度优先搜索遍历该图,则可以得到一种顶点序列为(　　)。

　　A.a, b, e, c, d, f　　　　　　　　　　B.a, c, f, e, d, b, d

　　C.a, e, b, c, f, d　　　　　　　　　　D.a, e, d, f, c, b

14.用深度优先搜索遍历一个有向无环图,并在深度优先搜索算法退栈返回时打印出相应的结点,则输出的顶点序列是(　　)。

　　A.逆拓扑有序的　　B.拓扑有序的　　　　C.无序的　　　　　　　D.DFS 遍历序列

15.含有 n 个顶点和 e 条边的无向连通图,利用克鲁斯卡尔算法生成最小生成树,其时间复杂度为(　　)。

　　A.O($e\log_2 e$)　　　B.O(ne)　　　　C.O($n\log_2 e$)　　　　D.O($n\log_2 n$)

16.已知有向图 G 的二元组形式表示为 G=(V, E),其中 V={1, 2, 3, 4, 5, 6},E={<1, 2>, <2, 3>, <1, 4>, <4, 5>, <4, 6>, <6, 5>, <5, 3>},则由图 G 得到的一种拓扑排序序列为(　　)。

　　A.v_1, v_4, v_6, v_2, v_5, v_3　　　　　　B.v_1, v_2, v_3, v_4, v_5, v_6

　　C.v_1, v_4, v_2, v_3, v_6, v_5　　　　　　D.v_1, v_2, v_4, v_6, v_3, v_5

二、填空题

1. 若在有向图 G 中存在一条弧<v_i,v_j>,则称顶点 v_i ＿＿＿＿＿＿＿于顶点 v_j。

2. 设无向图 G 有 e 条边且所有顶点的度数之和为 m,则 m 与 e 之间的关系为＿＿＿＿＿＿。

3. 设无向图 G 中的顶点数为 n,则图 G 中最少有＿＿＿条边,最多有＿＿＿条边;设有向图 G 中的顶点数为 n,则图 G 中最少有＿＿＿条边,最多有＿＿＿条边。

4. 设无向图 G 中有 n 个顶点和 e 条边,当用邻接矩阵作为存储结构时,访问任何一个顶点的所有邻接点的时间复杂度为＿＿＿＿＿;当用邻接表作为存储结构时,访问任何一个顶点的所有邻接点的平均时间复杂度为＿＿＿＿＿。

5.设有向图 G 有 n 个顶点,采用邻接矩阵作为存储结构,则该矩阵中含有＿＿＿＿＿＿个数组元素。

6. 在有向图的邻接矩阵中,第 i 行上非零元素个数之和即为顶点 i 的＿＿＿＿,第 i 列上非零元素个数之和即为顶点 i 的＿＿＿＿＿。

7. 图的遍历方式有＿＿＿＿＿和＿＿＿＿＿两种。设无向图 G 有 n 个顶点和 e 条边,则用邻接矩阵作为图的存储结构进行深度优先遍历或广度优先遍历的时间复杂度为＿＿＿＿＿;用邻接表作为图的存储结构进行深度优先遍历或广度优先遍历的时间复杂度为＿＿＿＿＿;图的深度优先或广度优先遍历的空间复杂度为＿＿＿＿＿＿。

8. 一棵有 n 个顶点的生成树有且仅有＿＿＿＿＿＿＿条边。

9. 设用邻接矩阵作为图的存储结构,则用普里姆算法求连通图的最小生成树的时间复杂度为_____，适用于求_____的网的最小生成树；用克鲁斯卡尔算法求连通图的最小生成树的时间复杂度为_____，适用于求_____网的最小生成树。

10.设有向图 G 有 n 个顶点和 e 条边且用邻接表作为存储结构，则进行拓扑排序时的时间复杂度为_____。

11. 在一个有向图 G 中若有弧 $<i, j>$、$<j, k>$、$<i, k>$，则在图 G 的拓扑序列中，顶点 i、j、k 的相对次序为_____。

12. 设有向图 G 的邻接表中第一条单链表中有结点 2、5、4，第 2 条单链表中有结点 3、5，第 3 条单链表中有结点 5，第 4 条单链表为空，第 5 条单链表中有结点 4、3，则从该图中顶点 1 出发的深度优先遍历序列为_____，广度优先遍历序列为_____。

13. 在一个有向图中，所有顶点的入度之和等于所有顶点出度之和的_____倍。

14. AOV 网中顶点和有向边分别代表_____和_____。

15. AOE 网中顶点和有向边分别代表_____和_____。

三、简答题

1. 已知无向图 G 的邻接矩阵为 V(G)={v₁,v₂,v₃,v₄,v₅}，见题图 7-1，按要求完成下列各题：

（1）给出无向图 G 中各顶点的度数；

$$\begin{pmatrix} 0 & 0 & 1 & 1 & 0 \\ 0 & 0 & 1 & 0 & 1 \\ 1 & 1 & 0 & 1 & 1 \\ 1 & 0 & 1 & 0 & 1 \\ 0 & 1 & 1 & 1 & 0 \end{pmatrix}$$

题图 7-1　无向图 G 的邻接矩阵

（2）给出无向图 G 的邻接表。

2. 已知有向图 G 的顶点集合为 V(G)={ v₁,v₂,v₃,v₄,v₅}，其对应的邻接矩阵见题图 7-2。

$$\begin{pmatrix} 0 & 1 & 1 & 0 & 0 \\ 0 & 0 & 0 & 1 & 0 \\ 0 & 0 & 0 & 1 & 0 \\ 1 & 1 & 0 & 0 & 1 \\ 0 & 0 & 1 & 0 & 0 \end{pmatrix}$$

题图 7-2　有向图 G 的邻接矩阵

（1）画出图 G 的图形并判断图 G 是否为强连通图；

（2）画出图 G 对应的邻接链表；

（3）当图 G 采用此邻接链表方式存储时，写出从顶点 v₃ 出发进行深度优先搜索的遍历序列。

3. 给出题图 7-3 所示的无向图的邻接矩阵和邻接链表，并写出在相应邻接矩阵和邻接链表上对其进行深度优先搜索和广度优先搜索所得到的遍历序列。

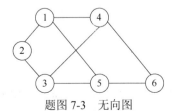

题图 7-3　无向图

4. 已知一个图的邻接链表如题图 7-4 所示，请画出该图并写出 v_1 出发其深度优先和广度优先遍历的序列。

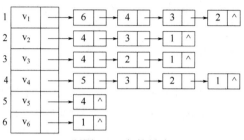

题图 7-4　邻接链表

5. 已知一个图的邻接矩阵如题图 7-5 所示，顶点用 v_1,v_2,v_3,v_4,v_5,v_6 表示，请画出该图并写出其深度优先和广度优先遍历的序列。

$$\begin{pmatrix} 0 & 1 & 1 & 1 & 0 & 1 \\ 1 & 0 & 1 & 1 & 0 & 0 \\ 1 & 1 & 0 & 1 & 0 & 0 \\ 1 & 1 & 1 & 0 & 1 & 0 \\ 0 & 0 & 0 & 1 & 0 & 0 \\ 1 & 0 & 0 & 0 & 0 & 0 \end{pmatrix}$$

题图 7-5　邻接矩阵

6. 对如题图 7-6 所示的有向网，用 Dijkstra 求顶点 1 到其他顶点的最短路径。

7. 无向带权图如题图 7-7 所示，分别用 Prim 和 Kruskal 算法求解其最小生成树。

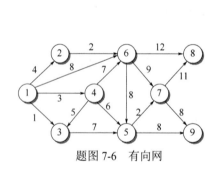

题图 7-6　有向网

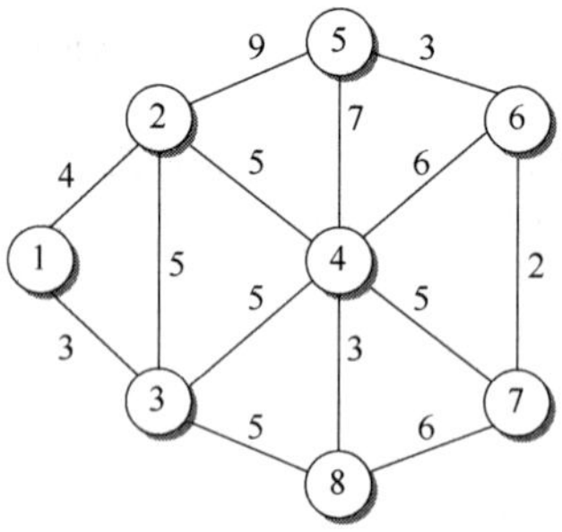

题图 7-7　无向带权图

8. 对题图 7-8 所示的 AOV 网，试给出它的带入度值的邻接表，从该邻接表中得到的拓扑序列是什么？

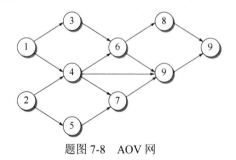

题图 7-8　AOV 网

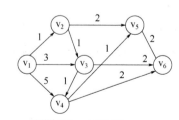

题图 7-9　AOE 网

9. 对题图 7-9 所示的 AOE 网，计算各活动弧的最早开始时间 e(i) 和最晚开始时间 l(i)，各事件的最早开始时间 ve(i) 和最晚开始时间 vl(i)，列出各条关键路径，并回答：工程完成的最短时间是多少？哪些活动是关键活动？是否有某些活动提高速度后能导致整个工程缩短工期？

四、算法设计

1. 编写一个将无向图的邻接矩阵转化为邻接表的算法。
2. 假设图采用邻接矩阵来存储，写一个算法判断顶点 v_i 到 v_j 之间是否可达。
3. 设计一个算法输出图 G 中从顶点 v_i 到顶点 v_j 的所有简单路径。
4. 假设图采用邻接表进行存储，编写一个算法输出图中包含顶点 v_j 的所有简单回路。
5. 假设 AOV 网采用邻接矩阵来存储，编写一个算法进行拓扑排序并输出拓扑序列。

第8章 查找

在程序设计中，**查找**是非数值处理中的一种非常基本和重要的操作。对于很多实际应用问题，尤其是数据量庞大的实时系统，查找算法效率的高低直接决定着整个系统性能的优劣。由于系统实现时会根据问题的不同特点采取不同的数据组织形式，因此本章将分别介绍可应用于线性表、树表和哈希表上的查找算法。

8.1 查找的有关概念

为了便于后面查找算法的学习，本节首先介绍一些与查找有关的基本概念。

- **查找**：又称检索，是指在大量同类型数据元素（记录）构成的集合中寻找关键字值等于给定值的数据元素的过程。如在全校学生学籍信息表中查找指定学号的学生学籍信息。
- **查找表**：指由同一种类型数据元素构成的、用于查找的数据集合。由于查找表中各数据元素的关系比较松散，可通过不同的形式组织和存储，因此查找表可采用多种不同数据结构具体实现，如线性表、树表及哈希表等。
- **静态查找**：指仅在查找表上按照指定关键字值进行的纯粹的查找，查找过程中不对查找表进行任何修改。
- **动态查找**：在查找表上查找指定关键字值记录的同时，对查找表进行必要的修改，如查找过程中在查找表中插入原本不存在的元素或者删除原本存在的元素。
- **主关键字**：指在组成记录的若干个数据项中，能够唯一标识一条记录的数据项。
- **次关键字**：指在组成记录的若干个数据项中，不能唯一标识一条记录的数据项。
- **平均查找长度**（Average Search Length）：指查找过程中，对于查找关键字进行比较的平均比较次数，记为 ASL。其计算公式如下：

$$ASL = \sum_{i=1}^{n} p_i c_i \tag{8-1}$$

其中，p_i 为查找第 i 个元素的概率，c_i 为查找第 i 个元素所需进行的比较次数。通常情况下认为查找每个元素的概率相等，即 $p_1 = p_2 = \cdots = p_n = 1/n$。平均查找长度是对查找算法进行算法分析时通常采用的衡量指标。显然，算法的平均查找长度越小，说明查找过程中需要进行比较的次数越少，查找时间就越短，查找效率也就越高。

在设计查找算法时，一定要注意区分查找关键字是主关键字还是次关键字。如学生记录中的学号为主关键字，而年龄则为次关键字。对于基于主关键字的查找，满足条件的记录至多只有一条，因此只要查找到一条满足条件的记录即可结束查找过程；而基于次关键字的查找，满足条件的记录可能有多条，所以只有查找完整个数据表才能得到正确的结果。显然，基于主关键的查找和基于次关键字的查找在算法实现上会有所不同。注意：本章所研究的各种查找方法均为基于主关键字的方法。

为了描述本章所介绍的各种查找算法，在此给出查找表中数据元素的结构体类型定义（为了具有通用性，假设查找关键字 key 为 KeyType 类型，其他所有关键字统称为 others，定义为 OthersType 类型）：

```
typedef  struct
{  KeyType  key;
   OthersType  others;
}DataType;
```

在本章的查找算法程序实现中，均以 KeyType 为 int 类型为例描述算法，即有：

```
typedef  int  KeyType;  //查找关键字 key 的数据类型 KeyType 对应为整型
```

8.2　线性表的查找

线性表是一种最基本的数据结构，也是查找表经常采用的最简单的组织形式，本节首先学习线性表上的三种常用查找算法。

本节所介绍的线性表查找算法中顺序表数据类型定义如下：

```
typedef struct
{  DataType list[MAXLEN+1];
   int length;
}SeqList;
```

注意：为了符合大多数人的一般习惯，本节算法在采用顺序表存放数据元素时数组下标从 1 开始。即若线性表表长为 n，则元素存放在下标从 1 到 n 的各个数组单元中。

8.2.1　顺序查找

顺序查找是一种最为直观、易于接受的查找算法，无论顺序存储或链式存储的线性表都可以采用这种算法进行查找。

（1）基本思想

从线性表的表尾到表头（从后往前），或者从线性表的表头到表尾（从前往后），依次将每个元素的关键字值和给定关键字值相比较，寻找关键字值与给定关键字值相等的元素。若找到满足条件的元素，则查找成功；若查找完整个线性表都找不到满足条件的元素，则查找失败。当查找结束时，无论查找成功或失败，都需要带回相应的返回值。顺序存储时，若查找成功，将返回该元素在表中的位置；若查找失败，则返回一个无意义的下标值；链式存储时，若查找成功，返回该元素（结点）的指针；若查找失败，则返回空指针。

（2）算法描述

下面给出基于顺序表的顺序查找算法的具体实现。读者可自己思考写出基于单链表的顺序查找算法（只能从链头向链尾方向查找）。

```
//在线性表上查找关键字为 x 的元素，L 为指向顺序表的指针变量
//查找成功时，函数返回值为对应元素在顺序表中所在的位置；查找失败时返回 0
int SeqSearch(SeqList *L,KeyType x)
```

```
{ int i;
  L->list[0].key=x;  //设置监视哨
  i=L->length;  //从表尾开始向前扫描
  while(L->list[i].key!=x)
    i--;
  return i;  //若查找成功，返回元素所在的位置；若查找失败，则返回 0
} //seqsearch
```

（3）算法说明

在算法中，线性表元素存放于数组 list 起始下标为 1 的各个数组元素中，通过利用数组元素 list[0]充当"监视哨"，可避免查找过程中每次循环时对防止数组下标越界条件（$i>0$）的判断，从而提高了算法的执行效率。

（4）算法分析

假设线性表表长为 n，当查找成功时，若所查元素为最后一个元素，只需一次比较；若所查元素为第一个元素，需要 n 次比较；若所查元素为第 i 个元素，则需进行 $n-i+1$ 次比较。因此在等概率条件下算法在查找成功时的平均查找长度为

$$\text{ASL} = \sum_{i=1}^{n} p_i c_i = \sum_{i=1}^{n} p_i \times (n-i+1) = \frac{1}{n} \sum_{i=1}^{n} (n-i+1) = \frac{n+1}{2}$$

8.2.2 二分查找

顺序查找虽然思想简单、容易实现，但效率不高，特别是在查找不成功时。若线性表顺序存储且元素按关键字排列有序，则可采用一种效率更高的查找方法——二分查找。

（1）基本思想

二分查找又称折半查找，其基本思想为：找到查找区间的中间位置，用此位置上元素的关键字值与待查关键字值相比较。若相等，则查找成功；否则，将查找范围缩小到半个区间，只在可能存在待查元素的前半区间或后半区间进行查找。重复上述过程，直到查找成功或查找范围缩小到空。

注意：二分查找算法在使用时必须满足前面提到的两个前提条件：第一，线性表中的元素必须按照查找关键字排列有序；第二，线性表必须以顺序存储方式存储。图 8-1 所示的是在一个升序线性表{18，26，32，45，52，66，80，91}上查找关键字为 52 的元素的二分查找过程。

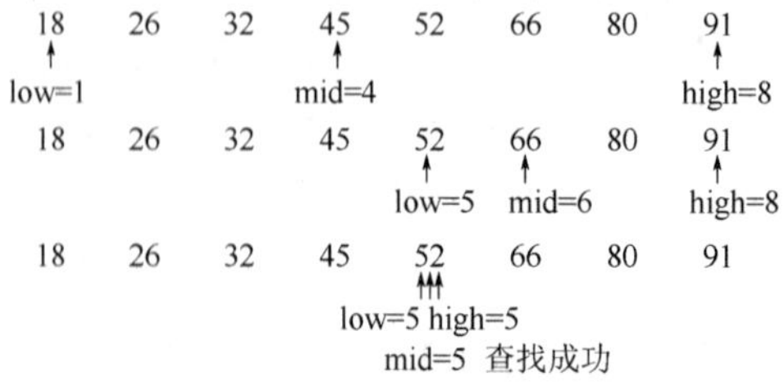

图 8-1 二分查找过程示例

（2）算法描述

下面给出顺序存储且按关键字升序排列的线性表上的二分查找算法。

```
//在升序顺序表上查找关键字为 x 的元素，L 为指向顺序表的指针变量
//查找成功时，函数返回值为对应元素在顺序表中所在的位置；查找失败时返回 0
int BinSearch(SeqList *L,KeyType x)
{ int low,high,mid;
  low=1;  high=L->length;
//设置查找区间左、右端点的初值
  while(low<=high) //当查找区间非空时进行查找
   { mid=(low+high)/2; //求出区间中间位置 mid 的值
    if(x==L->list[mid].key)
       return(mid); //查找成功时返回元素所在位置
    else
    { if(x<L->list[mid].key)
        high=mid-1; //缩小查找区间到前半个子区间
      else
        low=mid+1; //缩小查找区间到后半个子区间
    }
   }
  return(0);  //查找失败时返回 0
}
```

（3）算法说明

算法中整型变量 low、high、mid 分别用于标识查找区间的左端点、右端点及中间位置，线性表中的元素存放于数组 list 的起始下标为 1 的各个数组元素中。在升序排列的线性表中，若待查元素关键字值小于中间位置元素的关键字值，则待查元素只可能出现在前半个子区间中，故缩小查找区间到原区间的前半部（区间左端点不变，区间右端点变为 mid −1）；若待查元素关键字值大于中间位置元素的关键字值，则待查元素只可能出现在后半个子区间中，故缩小查找区间到原区间的后半部（区间右端点不变，区间左端点变为 mid +1）；若待查元素关键字值等于中间位置元素的关键字值，则查找成功，返回该元素的位置值 mid。

在降序线性表上进行二分查找的过程与上述过程类似，只是在缩小查找区间时的区间选择与升序排列的线性表恰好相反。读者可自己写出降序线性表上的二分查找算法。

（4）算法分析

二分查找过程可借助二叉树来描述。在这棵二叉树中，把查找区间中间位置元素的序号作为根结点，区间前半部和后半部元素的序号分别作为左、右子树中的结点，此树被称为二分查找判定树。例如，图 8-1 所示的二分查找过程所对应的判定树如图 8-2 所示。

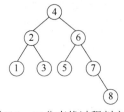

图 8-2　二分查找过程判定树

从判定树中可以看出，若查找第 4 个元素，只要一次比较即可找到；若查找第 2 或第 6 个元素，分别需要进行 2 次比较；若查找第 1、3、5、7 个元素，各需进行 3 次比较；若所查找的

是第 8 个元素，需进行 4 次比较。可见，查找某个元素所需的比较次数正好是该元素序号在判定树中所处的层次数。显然，对表长为 8 的线性表进行二分查找的平均查找长度为

$$ASL=(1+2+2+3+3+3+3+4)/8≈2.6$$

借助于二叉判定树，很容易求得二分查找的平均查找长度。在表长为 n 的线性表上进行二分查找，其最坏情况下查找成功时的平均查找长度也不会超过对应判定树的深度。为了讨论方便，假设二分查找判定树为一个满二叉树，此时该树的深度 h 为 $\log_2(n+1)$，树中第 k 层上的结点个数为 2^{k-1}。因此，在等概率条件下，查找成功时的平均查找长度为

$$ASL = \sum_{i=1}^{n} p_i c_i = \frac{1}{n}\sum_{k=1}^{h} k \times 2^{k-1} = \frac{n+1}{n}\log_2(n+1) - 1$$

当 n 很大时，二分查找的平均查找长度可近似为 $\log_2(n+1)-1$。可见，二分查找比顺序查找的平均查找效率高，但由于二分查找只适用于顺序存储的有序表，所以其使用受到了很大的限制。

8.2.3 分块查找

分块查找是性能介于顺序查找和二分查找之间的一种查找方法，又称为索引顺序查找。它是通过对线性表分块和建立索引表的方法来实现查找的。

（1）基本思想

分块查找要求按如下索引方式来存储线性表：将线性表 R 均匀地分成 b 块，每一块的元素不要求有序排列，但一定要保证块间有序，即后一块中元素的关键字值均大于（或小于）前一块元素的关键字值；建立由各块中最大关键字值和起始位置两个数据项构成的索引表 ID，即 ID[i]($1≤i≤b$) 中存放着第 i 块的最大关键字值和该块在表 R 中的起始位置。由于表 R 块间有序，所以索引表是一个有序表。此处采用的基本数据表加索引表的存储方式称为索引存储，属于一种较常用的存储结构。分块查找的索引存储结构示意图如图 8-3 所示。

	1	2	3	4	5	6	7	8	9	10	11	12	13	14	15
数据表R	23	15	12	9	20	34	42	36	25	48	60	51	74	86	55

索引表ID	起始地址addr	1	6	11
	最大关键字值key	23	48	86

图 8-3　分块查找的索引存储

分块查找的基本思想是：首先在索引表中查找，确定待查元素所在的块；然后在所确定的那一块中查找指定关键字的元素。由于索引表是有序表，查找时可采用二分查找或顺序查找；而在块内查找时，由于块内无序，故只能采用顺序查找。

例如，在图 8-3 所示的存储结构中查找关键字值为 25 的元素的过程为：

① 首先在索引表 ID 中查找，以确定待查元素所在的块。由于索引表中元素关键字值呈有序排列，可采用二分查找实现。查找结果有两种情况：若待查关键字为所在块的最大关键字，则查找成功时 mid 的值即为该块信息在索引表中存储的位置；若待查关键字不是所在块的最大关键字（例如 25），则当查找区间为空时 low 的值即为该块信息在索引表中的存储位置。由此可以确定关键字值为 25 的元素若存在则必定在第二块中。

② 在对应的块范围中查找指定关键字的元素。对于查找关键字 25，由 ID[2].addr 可得到第二块的起始地址 6，从此地址开始在第二块中进行顺序查找（即在数据表 R 的 ID[2].addr 到

ID[3].addr-1 区间中查找），即可查找成功，由于 R[9].data.key 值为 25，返回结果为 9。

（2）算法描述

分块查找实际上是两次查找过程，即先在索引表中进行二分查找或顺序查找，再在块内进行顺序查找。分块查找算法利用前面所学的两个查找算法即可得到，具体算法在此略去。

（3）算法说明

分块查找的过程并不复杂，在使用时应注意的是两项准备工作：第一，对线性表进行分块，保证块间有序；第二，建立索引表。

（4）算法分析

分块查找的平均查找长度由两部分组成，即 $ASL=ASL_{索引表}+ASL_{块内}$。设线性表中有 n 个元素，分为 b 块，每块有 s 个元素（$s=n/b$），则：

若在索引表中采用二分查找，那么

$$ASL \approx \log_2(b+1)-1+(s+1)/2 \approx \log_2(n/s+1)+s/2$$

若在索引表中采用顺序查找，那么

$$ASL= (b+1)/2 + (s+1)/2 = (s^2+2s+n)/2s$$

可以看出，分块查找的效率介于顺序查找和二分查找之间。

8.3　树表的查找

上一节介绍了三种线性表上的常用查找算法，其中顺序查找的查找表可采用顺序表或链表实现，二分查找的查找表必须采用有序顺序表，而分块查找的查找表则需通过索引顺序表进行组织。当查找表中元素的插入或删除操作频繁时，线性表的维护时间成本较高，因此基于线性表的组织形式更适用于静态查找，而对于动态查找通常可采用二叉树和树结构的树表组织形式。其中，常用的二叉树结构包括**二叉排序树**和**平衡二叉树**，常用的树结构包括 **B−树**和 **B+树**。

8.3.1　二叉排序树

二叉排序树又称**二叉查找树**，它是一种特殊的二叉树，其树中结点按照元素关键字呈现出有序分布的特点，可很好地应用于查找和排序问题中。这里首先给出二叉排序树的定义。

（1）二叉排序树的定义

二叉排序树或是一棵空树，或是满足以下条件的二叉树：

① 若其左子树非空，则其左子树中所有结点的关键字值均小于根结点的关键字值；

② 若其右子树非空，则其右子树中所有结点的关键字值均大于根结点的关键字值；

③ 其左、右子树本身均为二叉排序树。

如图 8-4 所示的二叉树满足以上定义，它为一棵二叉排序树。利用二叉排序树结点关键字分布的有序性，可实现高效的查找。此外，二叉排序树还有一个重要的特点：对其进行中序遍历可得到一个按关键字值升序排列的结点序列。利用这个特点，二叉排序树可用于对数据进行排序，这就是它被称作"二叉排序树"的原因。如对图 8-4 所示的二叉排序树进行中序遍历，得到的关键字序列为（12，18，25，30，44，45，49，62，82，88）。

　　二叉排序树通常采用二叉链表实现。二叉排序树所对应的二叉链表中每个结点的结构体类型定义与本书 6.2 节中普通二叉树链表结点类型定义相同。

　　（2）二叉排序树的查找

　　因为二叉排序树可看作是一个有序表，所以二叉排序树上的查找和二分查找类似，也是一个逐步缩小查找范围的过程。

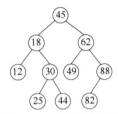

图 8-4　二叉排序树示例

　　① 算法思想　首先在整棵树中进行查找，用待查关键字值与根结点关键字值相比较，若等于根结点的关键字值，则查找成功；若小于根结点的关键字值，则说明待查结点只可能出现在左子树中，缩小查找范围到左子树；若大于根结点的关键字值，则说明待查结点只可能出现在右子树中，缩小查找范围到右子树；在左、右子树中的查找与在整棵树中的查找过程相同。重复上述查找过程，直到找到或查找范围缩小为空。

　　② 算法描述　下面给出在二叉排序树上查找指定关键字结点的非递归算法。

```
//在根结点指针为 t 的二叉排序树中查找关键字为 k 的元素
//查找成功时返回对应结点的指针，查找失败则返回空指针
BSTree *BstSearch(BSTree *t, KeyType k)
{while(t!=NULL)
   {if(k==t->data.key)
      return t; //查找成功时返回该结点的指针
    else
     {if(k<t->data.key)
        t=t->lchild; //当待查值小于根结点关键字值时在左子树中查找
      else
        t=t->rchild; //当待查值大于关键字值时在右子树中查找
     }
   }
 return NULL; //查找失败时返回空指针
}
```

在二叉排序树上实现查找的递归算法实现起来也较简单，基本步骤如下：

a. 若待查找的二叉排序树为空，则查找失败，返回空指针。

b. 若待查找的二叉排序树非空，则用指定关键字 k 与根结点关键字 t->data.key 进行比较：

　　i. 若 k==t->data.key，则查找成功，返回根结点指针 t；

　　ii. 若 k<t->data.key，则递归调用查找函数在左子树中查找；

　　iii. 若 k>t->data.key，则递归调用查找函数在右子树中查找。

有兴趣的读者可按照上述步骤尝试写出二叉排序树查找的递归函数。

　　③ 算法说明　以上算法可实现在二叉排序树上查找指定关键字值结点的功能。查找过程从

根结点出发，通过一次关键字的比较，或者查找成功，或者缩小查找范围至原树的某个子树；若查找成功，返回该结点的指针；若查找不成功（查找范围缩小至空树），则返回空指针。

④ 算法分析　显然，在二叉排序树上进行查找，若查找成功，查找过程是走了一条从根结点到待查结点的路径；若查找不成功，则是走了一条从根结点到某个叶子的路径。因此，二叉排序树上的查找与二分查找类似，查找过程中关键字的比较次数不会超过树的深度。可见在二叉排序树上进行查找时的平均查找长度与树的形态（深度）有关。若待查二叉排序树结点个数为 n，最坏的情况是当该树为单支树（树的深度为 n）的时候；而最好的情况是该树为一棵平衡二叉树（树的深度约为 $\lfloor \log_2 n \rfloor +1$）的时候。

（3）二叉排序树的插入

二叉排序树的插入操作是在查找算法基础上实现的，即要将一个新元素插入指定的二叉排序树中，首先从根结点出发自上至下查找待插元素是否已经存在，若不存在，即查找失败时才进行插入。最终新元素总是被插入原二叉排序树上某个叶子结点（查找路径中的最后一个实际结点）的左孩子或右孩子位置。

插入一个结点的操作按下述方法完成：

① 若原二叉排序树为空，则将待插结点作为此树的根结点插入。

② 若原二叉排序树不空，则比较待插结点和查找路径中的最后一个实际结点的关键字值。若待插元素的关键字值小于查找路径中的最后一个实际结点的关键字值，则将其插入此结点的左孩子位置；否则，将其插入该结点的右孩子位置。

具体的在二叉排序树上插入新元素的非递归算法如下：

```
//将新元素 x 插入到 bt 所指向的二叉排序树中，插入成功返回 1，否则返回 0
int InsertBST(BSTree **bt, DataType x)
{
 BSTree *p,*f,*s;
 p=*bt;
 while(p!=NULL)   //由根结点向下进行查找，p 指向当前结点
 {  //插入前先进行查找，若 x 不存在，则插入并返回 1；否则，则不插入并返回 0
   if(p->data.key==x.key)
      return 0;   //若查找成功，即 x 存在，则不进行插入并返回 0
   f=p;  //f 保存 p 结点的双亲
   if(x.key<p->data.key)
      p=p->lchild;
   else
      p=p->rchild;
 }  //当 while 循环结束时，查找失败，p 为空，f 指向查找路径中的最后一个结点
 s=(BSTree*)malloc(sizeof(BSTree));   //为新元素 x 申请结点空间
 s->data=x;
 s->lchild=s->rchild=NULL;
 if(*bt==NULL)   //若当前二叉排序树为空，新结点 s 作为根结点插入
   *bt=s;
 else  //若当前二叉排序树非空，新结点 s 作为 f 结点的左孩子或右孩子插入
   if(x.key<f->data.key)
      f->lchild=s;   //将新结点 s 插入 f 的左孩子位置
   else
```

```
      f->rchild=s;   //将新结点 s 插入 f 的右孩子位置
 return 1;
}
```

在二叉排序树中插入一个不存在的元素时也可以通过递归算法实现，基本步骤如下：

① 若待插入的二叉排序树为空，则将新元素作为根结点插入。

② 若待插入的二叉排序树非空，则用新元素关键字与根结点关键字进行比较：

i. 若新元素关键字小于根结点关键字，则递归调用插入函数将新元素插入当前二叉排序树的左子树中；

ii. 若新元素关键字大于根结点关键字，则递归调用插入函数将新元素插入当前二叉排序树的右子树中。

有兴趣的同学可按照上述步骤尝试写出二叉排序树插入的递归函数。

（4）二叉排序树的创建

二叉排序树的创建过程就是从一棵空的二叉排序树开始，对输入的每一个元素首先在二叉排序树中进行查找，若不存在则将其插入树中的恰当位置。

对于输入的一组关键字{51，34，79，18，45，86}，创建对应的二叉排序树的过程如图 8-5 所示。

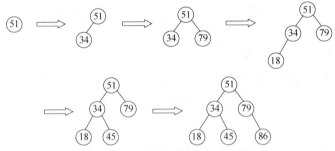

图 8-5　二叉排序树的生成过程

为了便于算法描述，在下面创建二叉排序树的算法中输入结点元素值时仅考虑存放查找关键字值的 key 数据项。

创建二叉排序树的具体算法如下：

```
//二叉排序树的创建算法，返回值为二叉排序树的根结点指针
BSTree* BSTreeCreate()
{ int endflag=-1;
  //endflag 为输入结束标志，在本算法中假定以-1 作为输入结束标志
  DataType x;
  BSTree *t;//t 用于保存二叉排序树根结点地址
  t=NULL;//二叉排序树初始化为空
  printf("input the elements of BSTree,end flag is -1\n");
  scanf("%d",&x.key);
  while(x.key!=endflag)  //将输入的各元素依次插入二叉排序树中
    { InsertBST(&t,x);
      scanf("%d",&x.key);
    }
  return (t);//返回创建的二叉排序树根结点指针
```

}

由上面生成二叉排序树的算法 BSTreeCreat 可知，一棵二叉排序树的创建是通过逐个输入各个元素的数据值并调用 InsertBST 函数将其插入树中恰当位置来实现的。

注意：从生成二叉排序树的整个过程可以看出，对于同一组元素，若其输入顺序不同，则生成的二叉排序树也不同。

（5）二叉排序树的删除

二叉排序树的删除是指删除树上某一个指定关键字值的结点，并且在删除后仍要保持二叉排序树的性质。假设指向被删结点的指针为 p，指向被删结点的双亲结点的指针为 f，且不失一般性，可设被删结点为其双亲结点的左孩子，下面分三种情况进行讨论：

① 若被删结点为叶子结点，则只需修改其双亲结点的左孩子指针域为空即可，如图 8-6（a），给 f–>lchild = NULL 即可。

② 若被删结点仅有左子树或仅有右子树，则只需将被删结点的左子树或右子树作为其双亲结点的子树以取代被删结点，如图 8-6（b）所示，令 f–>lchild = p–>rchild 即可。

③ 若被删结点的左、右子树均非空，则可查找到被删结点在中序序列中的直接前驱（即其左子树中关键字值最大的结点），假设指向该结点的指针为 s，此时 s 结点一定无右子树。用*s 结点代替*p 结点；令*s 结点的左子树为其双亲结点*q 的右子树，即令 q–>rchild = s–>lchild；最后删除*s 结点。如图 8-6（c）所示。

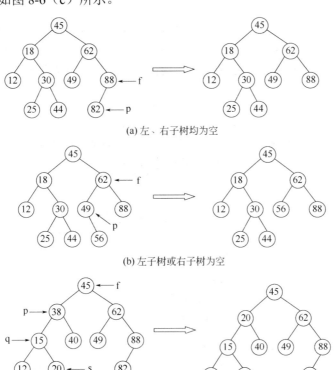

(a) 左、右子树均为空

(b) 左子树或右子树为空

(c) 左、右子树均非空

图 8-6　二叉排序树上结点的删除

通过前面的学习可以知道，由于二叉排序树可以看作是一个有序表，在树上的查找、插入和删除结点操作都十分方便，无须移动大量结点，只需修改某几个结点的指针域，所以对于经常需要进行插入、删除和查找运算的表，宜采用二叉排序树结构。

8.3.2 平衡二叉树

通过上一节的学习可以发现，二叉排序树的查找效率直接与树的形态相关，为了提高效率，可以通过动态调整树的形态使之成为或接近于一棵**平衡二叉树**。这种平衡的二叉排序树是由两位苏联数学家 Adelson-Velskii 和 Landis 提出的，故又被称为 **AVL 树**。

构造平衡的二叉排序树的基本方法是：在构造二叉排序树的基础上，如果插入了一个新结点后，其二叉排序树中某个结点的左右子树的深度之差的绝对值超过 1，则进行相应的调整使之满足平衡二叉树的要求。调整过程中必须遵循的原则是：既要满足平衡二叉树的要求，又要保持二叉排序树的性质。

在一棵平衡的二叉排序树中插入一个新结点后，会导致部分结点平衡因子变化的情况可分为以下三种：

① 插入前部分结点的平衡因子为 0，插入后变为 1 或–1，仍满足平衡二叉树的要求，不需要进行调整；

② 插入前部分结点的平衡因子为 1 或–1，插入后变为 0，平衡程度更高，不需要进行调整；

③ 插入前部分结点的平衡因子为 1 或–1，插入后变为 2 或–2，破坏了二叉树的平衡要求，需要进行调整。

显然，调整只需针对上述的第三种情况进行。调整的具体策略为：找到离插入结点位置最近且平衡因子绝对值超过 1 的祖先结点并将调整范围定位在以这个结点为根的子树内，这棵子树被称为最小不平衡子树，调整最小不平衡子树的具体操作可分为下列四种情况（假设最小不平衡子树的根节点为 A）。

（1）LL 型调整

在 A 的左孩子 B 的左子树α上插入新结点，导致 A 的平衡因子由 1 增至 2，可通过进行一次向右的顺时针旋转操作进行调整。LL 型调整过程如图 8-7 所示。

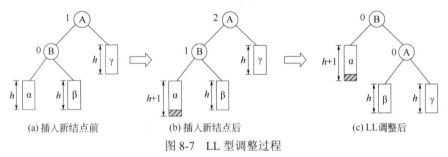

(a) 插入新结点前　　　　　(b) 插入新结点后　　　　　(c) LL 调整后

图 8-7　LL 型调整过程

具体操作为：将 B 作为旋转轴向右顺时针旋转，使 B 代替 A 成为根结点，A 成为 B 的右孩子，B 的原右子树旋转为 A 的左子树。LL 型调整示例如图 8-8 所示。

（2）RR 型调整

在 A 的右孩子 B 的右子树γ上插入新结点，导致 A 的平衡因子由–1 变为–2，可通过进行一次向左的逆时针旋转操作进行调整。RR 型调整的过程如图 8-9 所示。

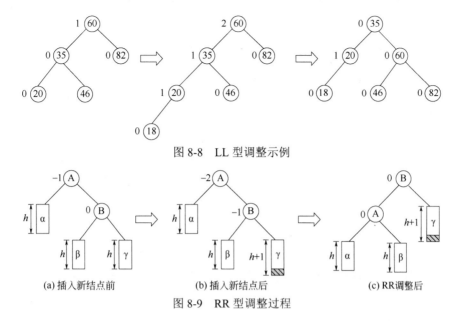

图 8-8 LL 型调整示例

图 8-9 RR 型调整过程

(a) 插入新结点前　　　　(b) 插入新结点后　　　　(c) RR调整后

具体操作为：将 B 作为旋转轴向左逆时针旋转，使 B 代替 A 成为根结点，A 成为 B 的左孩子，B 的原左子树旋转为 A 的右子树。RR 型调整示例如图 8-10 所示。

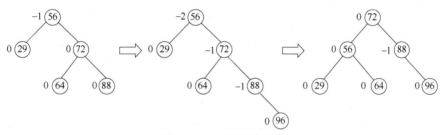

图 8-10 RR 型调整示例

（3）LR 型调整

在 A 的左孩子 B 的右子树上插入新结点，导致 A 的平衡因子由 1 增至 2，可通过进行先向左逆时针再向右顺时针的两次旋转操作进行调整。LR 型调整的过程如图 8-11 所示。

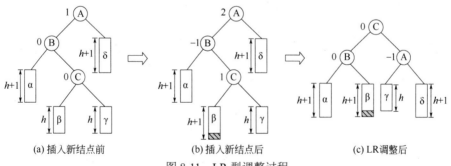

(a) 插入新结点前　　　　(b) 插入新结点后　　　　(c) LR调整后

图 8-11 LR 型调整过程

具体操作为：先将 B 的右孩子 C 作为旋转轴向左逆时针旋转，取代原来 B 结点的位置，B 成为 C 的左孩子，原来 C 的左子树成为 B 的右子树；再以 C 为旋转轴向右顺时针旋转，使 C 代替 A 成为根结点，A 成为 C 的右孩子，原来 C 的右子树成为 A 的左子树。LR 型调整示例如

图 8-12 所示。

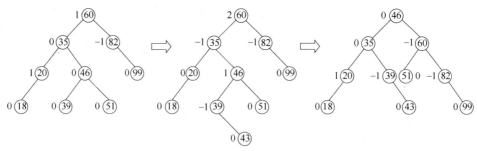

图 8-12 LR 型调整示例

（4）RL 型调整

在 A 的右孩子 B 的左子树上插入新结点，导致 A 的平衡因子由 -1 变为 -2，可通过进行先向右顺时针再向左逆时针的两次旋转操作进行调整。RL 型调整过程如图 8-13 所示。

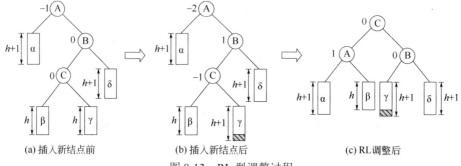

（a）插入新结点前   （b）插入新结点后   （c）RL 调整后

图 8-13 RL 型调整过程

具体操作为：先将 B 的左孩子 C 作为旋转轴向右顺时针旋转，取代原来 B 结点的位置，B 成为 C 的右孩子，原来 C 的右子树成为 B 的左子树；再以 C 为旋转轴向左逆时针旋转，使 C 代替 A 成为根结点，A 成为 C 的左孩子，原来 C 的左子树成为 A 的右子树。RL 型调整示例如图 8-14 所示。

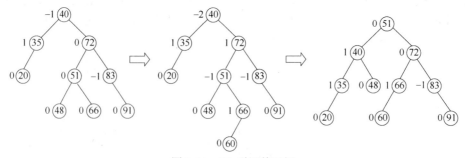

图 8-14 RL 型调整示例

由于上述四种旋转操作不会改变二叉排序树的特性，表现为中序遍历所得到的关键字序列仍保持不变，因此这些调整策略可以正确地应用在最小不平衡子树上，且调整后子树的深度与插入结点之前相同，可以确保调整后的二叉树满足平衡二叉树的要求。

8.3.3 B-树

对于前面刚刚介绍的二叉排序树来说，查找效率与树的深度密切相关。但由于二叉树中每个结点最多只能有 2 个孩子，结点个数为 n 的二叉树的深度不可能突破$\lfloor \log_2 n \rfloor$+1 的限制，因此只有构造度大于 2 的查找树，才能进一步减少树的深度，降低查找过程中对结点的访问次数。**B-树**就是一种可应用于动态查找的多叉排序树（这里的多叉是指 B-树的度通常大于等于 3），其查找效率高于二叉排序树。B-树的度也被称为该树的阶。

（1）B-树的定义

一棵 m 阶 B-树或者是一棵空树，或者是满足以下 5 个条件的 m 叉树：

① 树中每个结点最多有 m 个孩子结点；

② 若根结点不是叶子结点，则其至少有两个孩子结点；

③ 除根结点外，其余结点中的非终端结点至少有$\lceil m/2 \rceil$个孩子结点；

④ 所有的叶子结点都分布在树中的同一层上，并且不带信息，被称为失败结点，指向这些结点的指针为空，其引入目的是便于对 B-树的查找性能进行分析；

⑤ 所有非终端结点最多有 $m-1$ 个关键字。

B-树中每个结点的结构如图 8-15 所示。

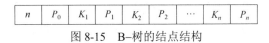

图 8-15 B-树的结点结构

其中，n 为该结点中关键字的个数，除根结点外，其他结点的 n 值满足$\lceil m/2 \rceil -1 \leqslant n \leqslant m-1$；$K_i$（$i=1, 2, \cdots, n$）为该结点的第 i 个关键字，且满足 $K_i < K_{i+1}$；P_i（$i=0, 1, \cdots, n$）为指向该结点各棵子树根结点的指针，且 P_i（$i=0, 1, \cdots, n-1$）所指向的子树中所有结点的关键字均大于 K_i 且小于 K_{i+1}，P_n 所指向的子树中所有结点的关键字均大于 K_n。

图 8-16 为一棵 4 阶的 B-树。为了清晰，图中省略了所有叶子（失败）结点，即空指针所指向的结点。

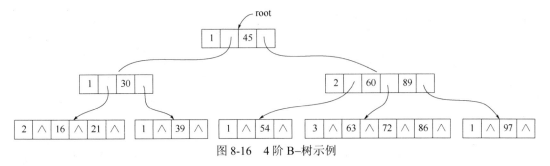

图 8-16 4 阶 B-树示例

如图 8-16，由于 B-树上所有叶子结点均分布在同一层上，故 B-树的形态具有平衡的特点。图中所示的 4 阶 B-树中，孩子结点数目为 4 的结点有 1 个，孩子结点数目为 3 的结点有 2 个，孩子结点数目为 2 的结点数目为 5 个。各结点的关键字个数为孩子结点数目减 1，且所有结点的关键字呈现有序分布。B-树平衡、多叉、有序的特点保证了查找操作的效率。

（2）B-树的查找

由于 B-树是一棵多叉排序树，关键字分布规律与二叉排序树类似，因此 B-树上的查找过程与二叉排序树上的查找过程类似。要在一棵指定的 B−树上查找关键字为 k 的元素，需将 k 与根结点中的 n 个有序排列的关键字 K_i（$i=1, 2, \cdots, n$）进行比较，比较过程可采用顺序查找或二分查找，根据比较的结果选择执行下列操作：

① 若 $k=K_i$，则查找成功；

② 若 $k<K_1$，则在指针 P_0 所指向的子树上继续查找；

③ 若 $K_i<k<K_{i+1}$，则在指针 P_i 所指向的子树上继续查找；

④ 若 $k>K_n$，则在指针 P_n 所指向的子树上继续查找。

可以看出，在上述自上而下查找过程中，每经过一次关键字的比较，查找范围可迅速从当前的 B−树缩小为它的某一棵子树，直到查找成功，或者当查找范围缩小为空树，则说明查找失败。

（3）B−树的插入

B−树上的插入过程与二叉排序树上的插入过程类似，也是在查找操作的基础上完成的，即先在树中查找待插元素是否存在，只有查找失败时才进行插入。当查找失败时，查找路径中的最后一个非终端结点即为新元素应该插入的结点位置。但由于 m 阶 B−树中每个结点的关键字个数不能超过 $m-1$，所以当该结点关键字已满（个数达到上限）时，不能直接在此结点上插入，而是需要对该结点进行分裂操作。分裂结点的具体方法是：以中间关键字（第 $m/2$ 个关键字）为界将原结点一分为二，中间关键字则向上插入其双亲结点中；若插入会导致其双亲结点关键字个数超过上限，则按相同的方法继续向上分裂；若分裂一直进行到根结点，则 B−树的高度会因此增加 1。

在一棵 4 阶 B−树上依次插入新元素 50 和 80 的过程如图 8-17 所示。为了清晰起见，在图中仅列出各结点的关键字。

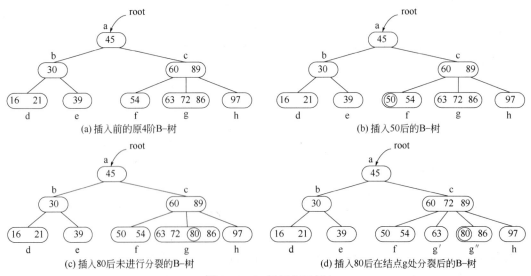

图 8-17   B−树插入示例

由图 8-17(b) 可以看出，关键字 50 的插入过程较为简单，首先在 B−树上进行关键字 50 的查找，到达 f 结点位置确认查找失败，将关键字 50 直接插入结点 f 的恰当位置即可。图 8-17(c) 到图 8-17(d) 为插入关键字 80 的过程。首先在 B−树上查找关键字 80，在结点 g 处确认查找失败并将 80 插入结点 g 的恰当位置上，但由于插入后 g 结点处关键字个数达到 4，超过了 4 阶 B−

树结点的最大关键字个数 3，因此在该结点处进行了分裂，以中间的第 $m/2$ 关键字，即第 2 个关键字位置为界将 g 结点一分为二，分裂为 g′和 g″两个结点，中间关键字 72 向上插入双亲结点 c 中。由于 c 结点处的关键字个数符合 4 阶 B–树的要求，无需继续进行分裂，整个插入过程结束。

（4）B–树的删除

B–树删除操作中最核心的问题是在删除了位于某个结点上的指定关键字元素后，使该结点的关键字个数仍符合 B–树的定义，即使其关键字个数不小于$\lceil m/2 \rceil$–1，否则要通过移动或合并操作进行相应的调整。

具体删除时，若待删关键字位于底层非终端结点处，可分为以下几种情况进行处理：

① 若该结点关键字个数大于$\lceil m/2 \rceil$–1，则直接进行对应数据元素的删除；

② 若该结点关键字个数等于$\lceil m/2 \rceil$–1，删除后该结点关键字个数将不符合 B–树的定义，因此需要通过合并或移动进行结点关键字的调整。

i. 若与该结点相邻的左（或右）兄弟结点中的关键字个数大于$\lceil m/2 \rceil$–1，则将其左（或右）兄弟结点中的最大（或最小）关键字上移到其双亲结点中，并将双亲结点中大于（或小于）上移关键字的相邻关键字下移至该底层非终端结点处，之后删除待删数据元素。

ii. 若与该结点相邻的左（或右）兄弟结点中的关键字个数等于$\lceil m/2 \rceil$–1，则将该底层非终端结点与其左（或右）兄弟结点及其双亲结点上分割二者的数据元素在其兄弟结点处进行合并。若合并后其双亲结点关键字个数小于$\lceil m/2 \rceil$–1，则需依此类推继续做相应处理。

若待删关键字位于非底层非终端结点处，直接删除会丢失其子树信息，可通过用待删数据元素右（或左）边相邻指针所指向子树中关键字最小（或最大）的数据元素来替换待删数据元素的办法进行处理。由于待删数据元素右（或左）边相邻指针所指向子树中关键字最小（或最大）的数据元素一定位于底层非终端结点位置，因此替换后原非底层非终端结点上的删除问题即被转化为底层非终端结点上的删除问题。

图 8-18 列举了 B–树上删除结点时的几种不同情况。图 8-18(b)为在原 3 阶 B–树上删除底层非终端结点 d 上的关键字 21 的结果。由于结点 d 在删除 21 之前的关键字个数大于$\lceil m/2 \rceil$–1，故直接在 d 结点上删除 21 即可。图 8-18(c)为在 B–树上继续删除底层非终端结点 h 上的关键字 97 的结果。由于 h 结点在删除 97 之前的关键字个数等于$\lceil m/2 \rceil$–1，且与其相邻的左兄弟结点 g 的关键字个数大于$\lceil m/2 \rceil$–1，故将 g 结点上的最大关键字 86 上移至其双亲结点 c 中，并将 c 结点中大于关键字 86 的相邻关键字 89 下移至 h 结点处。图 8-18(d)为在 B–树上继续删除底层非终端结点 f 上的关键字 54 的结果。由于 f 结点在删除 54 之前的关键字个数等于$\lceil m/2 \rceil$–1，且与其相邻的兄弟结点 g 的关键字个数也等于$\lceil m/2 \rceil$–1，故将 f 结点与其兄弟结点 g 及其双亲结点 c 上分割二者的关键字 60 合并成一个结点。图 8-18(e)为在 B–树上继续删除非底层非终端结点 b 上的关键字 30 的结果。通过用待删关键字 30 右边相邻指针所指向子树中的最小关键字 39 来替换 30，使 30 换到了底层非终端结点 e 上，从而将问题转化为在底层非终端结点 e 上删除关键字 30。图 8-18(f)为在 B–树上继续删除底层非终端结点 e 上的关键字 42 的结果。由于删除 42 后 e 结点剩余关键字个数为 0，需将其与其兄弟结点 d 及其双亲结点 b 上分割二者的关键字 39 在 d 结点处进行合并，合并后双亲结点 b 的关键字个数变为 0，不符合 B–树的定义，因此需要继续将结点 b 和其兄弟结点 c 及其双亲结点 a 分割二者的关键字 45 在 c 结点处进行合并。

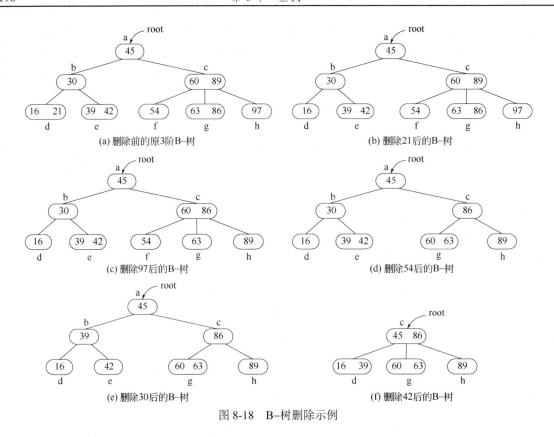

图 8-18　B−树删除示例

8.3.4　B+树

（1）B+树的定义

B+树是 B−树的一种变形，主要用于文件索引系统。图 8-19 为一棵 3 阶的 B+树。

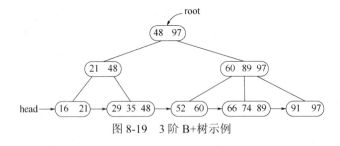

图 8-19　3 阶 B+树示例

一棵 m 阶 B+树与一棵同阶 B−树主要存在以下不同：

① B+树中有 n 棵子树的结点中含有 n 个关键字，而 B−树中有 n 棵子树的结点中含有 $n-1$ 个关键字；

② B+树中的叶子结点包含了所有关键字的信息，且各个叶子结点从左向右按照关键字有序依次链接；

③ B+树每个非叶子结点具有索引作用，仅含有各个关键字所对应的子树中所有结点的最大（或最小）关键字。

B+树中的叶子结点可以看作是一个个文件，而非叶子结点则可看作是这些文件的索引部分。由图 8-19 可以看出，B+树的结构已不符合树的定义，但由于它是从 B-树演化而来的，因此仍被称为树。为了方便查找，通常会在 B+树中设置两个头指针，分别指向根结点和第一个叶子结点，通过指向根结点的头指针可进行随机查找，而通过指向第一个叶子结点的头指针可实现顺序查找。

（2）B+树的查找、插入和删除

B+树上从指向第一个叶子结点的头指针开始的顺序查找过程与单链表上的查找过程相同。B+树上的随机查找、插入及删除过程基本与 B-树类似。B+树上的每一次随机查找，都是走了一条从根结点到叶子结点的路径。当非叶子结点上的关键字等于给定关键字时并不结束查找，而是继续向下查找，直到叶子结点处才结束整个查找过程。

B+树上的插入操作仅在叶子结点处进行。当插入后造成结点关键字个数超过上限 m 时，需将其分裂为两个结点，两个结点中的关键字个数分别为 $\lfloor (m+1)/2 \rfloor$ 和 $\lceil (m+1)/2 \rceil$，并且这两个结点的双亲结点应同时包含它们的最大关键字。

B+树的删除操作也仅在叶子结点处进行。当删除后造成结点关键字个数低于下限 $\lceil m/2 \rceil$ 时，需将该结点与其兄弟结点合并，合并过程与 B-树类似。当结点中的最大关键字被删除时，其在各上层结点中的值可以作为一个"分界关键字"存在。

8.4 哈希查找

一般的查找方法都是通过若干次的关键字比较才能确定待查元素在存储结构中的存放位置，如前面介绍的顺序查找、二分查找、分块查找及在树表上的查找。要提高查找算法的效率，比较的次数越少越好，最理想的情况是查找每个元素都只需一次比较。但若元素是随意存放的，即元素的关键字值与其存放位置间没有对应关系，则对一个给定的待查关键字，我们无法得知对应元素的存放位置，所以想经过一次比较完成查找是无法实现的。而如果在存放元素时在每个元素的关键字值和存放位置间建立一定的对应关系，那么查找时只要按照这个对应关系即可根据待查关键字值得到待查元素的存放位置，这样只要一次比较就能实现查找。这种通过建立元素关键字与存放位置的对应关系实现查找的新方法就是本节所要介绍的哈希查找。哈希查找中采用的这种按照对应关系将所有元素分散存放在一维数组中的存储方式称为散列存储结构，故哈希查找也被称为散列查找。哈希查找所采用的散列存储结构既适用于静态查找问题，又适用于动态查找问题，且查找时的效率非常高。

8.4.1 哈希表的概念及哈希函数的构造

（1）哈希表的有关概念

• **哈希函数**：哈希函数是指对于线性表中各个元素所建立的关键字值与其在一维数组中存放位置之间的函数（对应关系），其形式为

$$\text{addr}(a_i) = \text{H}(k_i)$$

其中，H 为哈希函数名，a_i 为线性表中的第 i 个元素，k_i 为第 i 个元素的关键字值。

• **哈希地址**：通过哈希函数，对线性表中的每个元素根据其关键字值所计算出的在一维数组中的存放位置称为该元素的哈希地址。

- **哈希表**：按哈希地址存放每个元素所生成的顺序表称作哈希表。哈希表空间的单元数（即哈希表表长）应大于元素的个数。

请读者注意，哈希表中存放的是元素所有数据项的值，并非只存放元素的关键字值。但为了简洁明了，在下面的各例中哈希表元素仅以关键字值代表元素值。

例 8-1　若有一个线性表的关键字集合为{65，47，86，34，12，77}，对其构造的哈希函数为 H(k) = k/10，若所开辟的哈希表空间地址范围为 0～9，则形成的哈希表如表 8-1 所示。

表 8-1　哈希表

地址	0	1	2	3	4	5	6	7	8	9
关键字值		12		34	47		65	77	86	

- **冲突**：若例 8-1 中的关键字序列改为{65，47，66，34，12，77}，则对关键字 65 和 66 按照哈希函数所计算出的哈希地址均为 6。这种在计算哈希地址时所出现的不同关键字对应到同一地址的现象，称为冲突。

在哈希查找中，最理想的情况是没有冲突，但是实际上冲突很难完全避免。对于哈希查找中的冲突，我们需要解决好两个问题：一是构造合适的哈希函数以使冲突降低到最少程度；二是在冲突出现时正确地处理冲突。

（2）哈希函数的构造方法

在哈希查找中，哈希函数的构造十分关键。对于不同的问题，应根据数据的实际情况选择合适的哈希函数，使数据的哈希地址分布均匀，避免或减少冲突的出现。下面介绍几种常用的哈希函数构造方法。

① 直接定址法　取关键字值本身或其线性函数值作为哈希地址。其形式为 H(k) = a×k+b，其中 a 和 b 为常数。例如：对于一个 1～100 岁各年龄人数统计表，年龄为关键字，可采用直接定址法，哈希函数取关键字年龄本身。若要查询 20 岁的人有多少，则直接取地址为 20 的元素即可。

② 数字分析法　取关键字中分布较均匀的 n 个数位作为哈希地址。n 的值应为哈希表的地址位数，如哈希地址在 0 到 99 之间（两位数），则 n 应取 2。此方法中通过挑选分布均匀的数位可减少冲突的发生。例如，哈希地址位数为 3，对于下列一组关键字进行数字分析可知，其第 4、8 和 9 位分布较均匀，于是可取每个元素关键字中的这三个数位构成其哈希地址。

关键字	哈希地址
1319426	326
1718309	709
1629443	643
1758615	715
1919697	997
1310329	329
...	...

③ 平方取中法　取关键字平方后的中间几位作为哈希地址。这是一种较常用的哈希函数构造方法，是对数字分析法的改进方法。由于平方后的中间几位数和关键字的每一位都有关，并且数字分布更加均匀，所以平方取中得到的哈希地址冲突很少。

④ 除留余数法　取关键字被某个不大于哈希表表长 m 的数 p 除后所得的余数作为哈希地址，其形式为 H(k) = k % p。这是一种最简单、最常用的哈希函数构造方法。此方法中 p 的选择

十分重要，选择不当时会造成大量冲突。一般情况下，可以选 p 为不大于 m 的最大质数。

8.4.2 哈希表的建立

要采用哈希查找方法实现线性表上元素的高效查找，首先需要将线性表中的各个元素散列到哈希表中，即选择合适的哈希函数，按照每个元素的关键字值计算出哈希地址并将元素存储到哈希表相应地址的单元中，完成哈希表的建立。在建立哈希表时主要需要注意以下几个问题：

① 根据哈希表的地址空间、元素关键字值的分布及特点构造合适的哈希函数，使哈希函数能够映射到哈希表地址空间范围内并且尽量避免冲突的出现。

② 选择合适的冲突处理方法，避免冲突的堆积。

③ 计算出每个元素的哈希地址，若无冲突，将元素放入哈希表中的对应单元中；若出现冲突，则按照处理冲突的方法实现元素的存储。

8.4.3 冲突的处理方法

构造合适的哈希函数虽然能够减少冲突，但是却难以避免冲突。因此，如何处理冲突是构造哈希表不可缺少的另一个重要方面。在这里将介绍两种常用的冲突处理方法：开放定址法和链地址法。

注意：在后面列举的哈希表中，为了简单起见只给出了每个元素的查找关键字，而在实际问题中哈希表中存储的元素均为多个数据项构成的结构体类型，除了查找关键字外，还包括其他的非查找关键字。

（1）开放定址法

这种方法的基本思想是：若在某个地址处发生了冲突，则沿着一个特定的探测序列在哈希表中探测下一个空单元，一旦找到，则将新元素存入此单元中。其探测的序列可用下式描述：

$$H_i = (H(k) + d_i) \% m \qquad (i = 1，2，3，\cdots)$$

其中，k 为新元素关键字值，m 为哈希表表长。

① 当 d_i 取 1，2，3，$\cdots$，$m-1$ 时，称为线性探测再散列；

② 当 d_i 取 1^2，-1^2，2^2，-2^2，3^2，-3^2，$\cdots$，$\pm j^2$（$j \leqslant m/2$）时，称为二次探测再散列。

在开放定址法处理冲突所生成的哈希表中进行查找时，首先按照哈希函数计算出待查关键字所对应的地址；然后用此地址元素的关键字和待查关键字相比较，若相等，则查找成功，若不等，则沿着建立哈希表时的探测序列继续在哈希表中查找，直至查找成功或者探测到一个空位（查找失败）。显然，用开放定址法处理冲突，在建立哈希表之前必须将表中所有单元置空。

例 8-2 设有关键字序列（62，30，18，45，21，78，66，32，54，48），现用除留余数法作为哈希函数，分别用线性探测再散列、二次探测再散列处理冲突，将其散列到地址空间为 0～10 的哈希表中，并计算出两种方法在等概率条件下查找成功时的平均查找长度。

解：取不大于哈希表空间单元数 11 的最大质数 11 作为 p 的值，则哈希函数为 $H(k) = k \% 11$。按照哈希函数，计算出各关键字对应的地址，如表 8-2 所示。

表 8-2 地址表

关键字值	62	30	18	45	21	78	66	32	54	48
地址	7	8	7	1	10	1	0	10	10	4

① 线性探测再散列处理冲突

按关键字的先后顺序依次将各个元素放入哈希表中对应的哈希地址处，如果在存放时发生了冲突，则将其放入线性探测到的空位处。最终生成的哈希表如表 8-3 所示。

表 8-3　线性探测处理冲突生成的哈希表

地址	0	1	2	3	4	5	6	7	8	9	10
关键字值	66	45	78	32	54	48		62	30	18	21

其平均查找长度为

$$ASL = (1+1+3+1+1+2+1+5+6+2)/10 = 2.3$$

② 二次探测再散列处理冲突

按关键字的先后顺序依次将各个元素放入哈希表中对应的哈希地址处，如果在存放时发生了冲突，则将其放入二次探测到的空位处。最终生成的哈希表如表 8-4 所示。

表 8-4　二次探测处理冲突生成的哈希表

地址	0	1	2	3	4	5	6	7	8	9	10
关键字值	66	45	78	54	48		18	62	30	32	21

其平均查找长度为

$$ASL = (1+1+3+1+1+2+1+3+4+1)/10 = 1.8$$

（2）链地址法

这种方法的基本思想是：为每个哈希地址建立一个单链表，将所有哈希地址相同的元素存储在同一单链表中，单链表的头指针存放在基本表中。在将某个关键字的结点向单链表中插入时，既可以插在链尾上，也可以插在链头上。

在链地址法处理冲突所生成的哈希表上进行查找时，首先按照哈希函数计算出待查关键字对应的地址；然后在该地址的单链表上进行查找，即从链头位置出发，逐个对表结点的关键字和待查关键字进行比较，直至查找成功或整个链表查找结束仍未找到（查找失败）。

例 8-3　将例 8-2 中的冲突处理方法改为链地址法（在链头处插入），给出建立的哈希表，并计算在等概率条件下查找成功时的平均查找长度。

解：首先按照哈希函数，计算出各关键字对应的地址，如表 8-2 所示；为每个哈希地址建立单链表，将哈希地址相同的元素存入同一单链表中，最终生成的哈希表如图 8-20 所示。

其平均查找长度为

$$ASL = (1+1+2+1+1+2+1+1+2+3)/10 = 1.5$$

下面对我们学过的冲突处理方法进行一个简单的比较。在开放定址法中，由于线性探测再散列在遇到冲突时总是探测冲突地址的下一个单元，因此会使后面单元的冲突机会加大，即容易使冲突在某个区域"堆积"，而二次探测再散列则能较好地避免这种情况的发生；另外，只要哈希表未满，线性探测保证能够找到一个不发生冲突的单元，而二次探测则不一定能作到这一点。链地址法与开放定址法相比，不会产生堆积现象，因而平均查找长度较小；但由于链地址法中要存储大量的指针，因此所用的空间要比开放定址法多。在用链地址法处理冲突时，若结点的插入位置不同（链头或链尾），所生成的链表中结点的先后次序也不同，但查找时的平均查找长度是相同的。

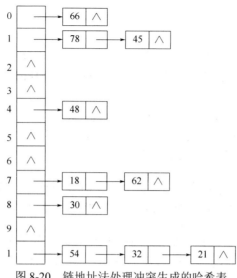

图 8-20　链地址法处理冲突生成的哈希表

8.4.4　哈希查找的实现

（1）基本思想

在哈希表建成后，哈希查找的过程实际上比较简单，在前面介绍冲突处理方法时已经对查找过程作了讲解。在此，再对哈希查找的过程作一个概括：哈希查找的过程实质上就是按照建立哈希表时处理冲突的方法，根据哈希地址在哈希表上查找指定关键字的元素。

（2）算法描述

假设哈希表已经建好（哈希表空间为 $0 \sim m-1$），元素类型 DataType 定义详见 8.1 节，其中查找关键字类型 KeyType 在本算法中对应为 int。下面首先给出用除留余数法作为哈希函数 Hash $(k) = k \% p$，用线性探测再散列处理冲突时的哈希查找算法。

```
//哈希函数，返回值为计算出的哈希地址
int Hash(KeyType k)
{int h;
 h=k%p; //p为一个常数，通常取不大于哈希表长的最大质数
 return h;
 }

//在哈希表 ht[m]上查找关键字为 k 的元素，m 为常数（哈希表表长）
 int HashSearch1(DataType ht[m], KeyType k)
 {int h,i;
 h=Hash(k);  //调用 Hash 函数计算待查元素对应的哈希地址
 i=0;
 while((i<m)&&(ht[h].key!=k))
 //若有冲突，在哈希表上根据探测序列进行查找
 {i++;    //查找次数加 1
 h=(h+1)%m; //线性探测查找下一位置
  }
 if(i<m) return(h);  //若查找成功，返回元素所在的位置；若失败，则返回-1
```

```
   else return(-1);
   }
```

假设哈希表已经建好（哈希表空间为 0~m-1），下面给出用除留余数法作为哈希函数 $Hash(k)=k\%p$，用链地址法处理冲突时的哈希查找算法。（Hash 函数的说明同上）

```
typedef struct chain
{DataType data;   //数据域，存放元素数据值
 struct chain *next;   //指针域，存放链表中下一个结点的地址
}HashChain;     //链表结点类型定义

//在哈希表 ht[m] 上查找关键字为 k 的元素，查找成功返回该元素指针，否则返回空
HashChain *HashSearch2 (HashChain *ht[],KeyType k)
{HashChain *q;
 q=ht[Hash(k)];   //选定查找关键字对应哈希地址的单链表
 while((q!=NULL)&&(q->data.key!=k))   //在该单链表上从前向后顺序查找
   q=q->next;
 return(q);   //若查找成功，返回所查找元素的指针；若失败，则返回空指针
 }
```

（3）算法说明

以上两个算法使用的前提都是必须先将哈希表建好，由于建立哈希表的过程和哈希查找的过程基本相同，所以在此略去建立哈希表的算法，读者可参照上面两个算法写出相应建立哈希表的算法。另外，希望有兴趣的读者自己写出利用二次探测再散列处理冲突时的哈希查找算法。

（4）算法分析

理想情况下，哈希查找的平均查找长度为1，即查找任意元素只需一次比较。但是，由于冲突的存在，在哈希查找过程中对关键字的比较次数可能不止一次，故其平均查找长度通常大于1。

8.5　小结

查找是数据处理中一种十分常用的操作，本章分别介绍了在线性表、树表和哈希表上实现查找的常用算法。

线性表的数据组织形式主要应用于静态查找，本章所介绍的应用于线性表上的查找算法分别为顺序查找、二分查找和分块查找。其中，顺序查找是最基本最简单的一种查找算法，它通过在线性表上从前向后（从后向前）逐个元素的比较实现查找，可适用于任何线性表，但其查找效率较低；二分查找是一种仅适用于有序顺序表上的查找算法，它通过将待查元素与有序顺序表上中间位置元素的比较快速缩小查找范围，从而实现高效的查找；分块查找本质上是对顺序查找与二分查找的一种折中，它通过对数据表进行分块以达到块间有序，并建立关键字排列有序的块索引表，从而可通过在该索引表上的二分查找，迅速锁定待查元素所在的数据块，之后仅需在某个确定的无序块内进行顺序查找即可，其效率介于顺序查找和二分查找之间。

对于数据表中元素插入或删除操作频繁的动态查找问题，通常采用二叉树结构和树结构的树表组织形式。其中，常用的二叉树结构包括二叉排序树和平衡二叉树，常用的树结构包括 B-树和 B+树。二叉排序树上的查找过程与二分查找极为类似，其性能与二叉排序树形态（深度）

有关,当二叉排序树为一棵平衡二叉树的时候性能最佳,而当二叉排序树为一棵单支树的时候性能最差。为了防止最坏情况的出现,可以通过动态调整二叉排序树的形态使之成为或接近于平衡二叉树,具体调整操作可分为 LL、RR、LR 和 RL 四种情况进行。B–树是一棵多叉排序树,其关键字分布规律及查找过程与二叉排序树类似,B–树平衡、多叉、有序的特点保证了查找操作的效率。B+树是 B–树的一种变形,主要用于文件索引系统。B+树上从指向第一个叶子结点的头指针开始的顺序查找过程与单链表上的查找过程相同,B+树上的随机查找过程基本与 B–树类似。

哈希查找所基于的哈希表本质上属于线性结构,但其表中的元素是按照关键字值与存放位置之间的对应关系被散列存放的,其根本目的是以牺牲空间换取时间。在无冲突的理想情况下,哈希查找的平均查找长度可达到1。哈希查找中最关键的两个问题分别是哈希函数的构造和冲突的解决。

习题

一、单项选择题

1. 衡量一个查找算法执行效率高低的最重要的指标是（　　　）。
   A．查找表中的元素个数　　 B．查找过程中关键字比较的最大次数
   C．所需的内存大小　　　　　D．平均查找长度
2. 对线性表进行二分查找时,要求线性表必须（　　　）。
   A．采用顺序存储结构　　　　B．采用顺序存储结构且元素按查找关键字有序排列
   C．采用链接存储结构　　　　D．采用链接存储结构且结点按查找关键字有序排列
3. 有一个表长为 50 的哈希表,若采用除留余数法构造哈希函数,即哈希函数形式为 $H(k)=k$ MOD P,为使哈希函数具有较好的性能,则一般情况下除数 P 的值应选取（　　　）。
   A．49　　　　　　　　　B．47　　　　　　　C．51　　　　　　　D．50
4. 下列（　　　）不是利用查找表中数据元素的关系进行查找的方法。
   A．AVL 树的查找　　　　　B．有序表的查找
   C．哈希查找　　　　　　　D．二叉排序树的查找
5. 哈希查找中的冲突是指（　　　）。
   A．两个元素具有相同序号　　　　　　B．两个元素的关键字值不同
   C．不同关键字值对应相同的存储地址　　D．两个元素的关键字值相同
6. 对于一棵二叉排序树进行（　　　）遍历可得到按关键字有序排列的数据序列。
   A．先序　　　　　　　　B．中序　　　　　　C．后序　　　　　　D．层序
7. 按照以下关键字序列创建二叉排序树,与其他三个序列所创建的二叉排序树不同的是（　　　）。
   A．{4,3,2,1,6,8,5}　　　　　　B．{4,3,6,2,1,5,8}
   C．{4,3,6,1,2,8,5}　　　　　　D．{4,3,6,5,2,1,8}
8. 在具有 n 个结点的二叉排序树上插入一个新结点时,其时间复杂度大致为（　　　）。
   A．$O(n^2)$　　　　　　　B．$O(n)$　　　　　C．$O(\log_2 n)$　　　D．$O(n\log_2 n)$
9. 在一棵二叉排序树上查找指定关键字值的元素,查找成功时的时间复杂度大致为（　　　）。
   A．$O(n^2)$　　　　　　　B．$O(n)$　　　　　C．$O(\log_2 n)$　　　D．$O(n\log_2 n)$

10．依次输入关键字序列{60,35,78,52,21,94,55,27,80,16}生成一棵平衡二叉排序树的过程中，当插入关键字为（   ）的结点时需要进行旋转调整。

A．52   B．94   C．55   D．80

二、填空题

1．在表长为 999 的线性表上进行顺序查找，在等概率情况下查找成功时的平均查找长度为_____。

2．在顺序表(2,5,7,10,14,15,18,23,35,41,52)中，用二分法查找关键字值 10 所需的关键字比较次数为_____。（顺序表元素数组起始下标为 1）

3．在顺序表(2,5,7,10,15,18,21,25)中，用二分法查找关键字值 20 所需的关键字比较次数为_____。（顺序表元素数组起始下标为 1）

4.在顺序表（3,9,12,32,41,62）上进行二分查找时，在等概率条件下其平均查找长度为_____。（顺序表元素数组起始下标为 1）

5.对一个具有 100 个元素的有序顺序表中，若采用二分查找某个指定关键字的元素，最多需要比较_____次。（顺序表元素数组起始下标为 1）

6．对于一棵具有 n 个结点、深度为 h 的二叉排序树，当查找一个指定关键字的元素且查找失败时，最多需要进行_____次比较。

7．在结点数确定的二叉排序树上进行查找的平均查找长度与二叉树的形态有关，最差的情况是二叉排序树为_____树的时候。

8．在结点数确定的二叉排序树上进行查找的平均查找长度与二叉树的形态有关，最好的情况是二叉排序树为_____树的时候。

9．若在某棵平衡二叉树上插入一个新结点后造成了不平衡，设最下层的不平衡结点为 A 且其左右孩子的平衡因子分别为 1 和 0，则为了使其平衡应对它进行_____型的调整。

10．在一棵非空的 m 阶 B–树中，每个结点最多有_____个孩子结点；若根结点不是叶子结点，则其至少有_____个孩子结点；除根结点外，树中其余结点中的非终端结点至少有_____个孩子结点。

三、简答题

1．采用二分查找算法实现线性表上的查找时有哪些适用前提？

2．试分别画出在线性表（a,b,c,d,e,f,g,h）中使用二分查找方法查找关键字 e、f 和 h 过程。

3．画出在顺序表（1,2,3,4,5,6,7,8,9,10）中进行二分查找的判定树。

4．依次输入数据（30,18,15,60,27,9,68,22），画出所生成的二叉排序树，并计算等概率条件下在此二叉排序树上查找成功时的平均查找长度。

5．可以生成如题图 8-1 所示二叉排序树的关键字的初始序列有几种？请写出其中的任意 3 个。

6．为什么 B–树上的查找效率比二叉排序树上的查找效率高？

7．简述 B–树和 B+树的主要区别。

8．对关键字序列{18,25,33,79,14,47,32}用除留取余法构造哈希函数，将其散列到地址空间 0～7 中。试分别画出分别采用①线性探测再散列、②二次探测再散列、③链地址法处理冲突所生成的哈希表，并分别求出等概率条件下在三个哈希表上查找成功时的平均查找长度。

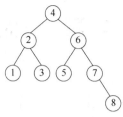

题图 8-1　二叉排序树

四、算法设计题

1. 假设有一个整型顺序表，其关键字递增有序，试写出在此线性表上进行顺序查找的算法。

2. 写出以链式存储结构存放的关键字递增有序的整型线性表上的顺序查找算法。

3. 试写出递归的二分查找算法。

4. 在一棵以二叉链表形式存储的二叉排序树上，从小到大依次输出所有数据值大于等于给定值 x 的结点，写出实现这一操作的递归算法。

5. 写出利用除留余数法构造哈希函数，采用二次探测再散列解决冲突，在已生成的哈希表上进行哈希查找的实现算法。

第9章 排序

排序是数据处理中经常需要进行的操作。本章将学习几种常用的排序方法，这些排序方法根据排序时采用的不同策略，可分为插入排序、交换排序、选择排序、归并排序和基数排序等几类，每一类排序方法在具体实施时又可以有多种不同的实现算法。在对每一种排序算法进行学习时，我们不但要学会算法的具体实现，还需要了解每种排序算法的主要指标和优缺点，以便在具体应用时能够根据问题的实际情况选择最合适的排序算法。

9.1 排序的有关概念

在学习排序算法之前，需要认识一下排序中要涉及的两个基本概念。

① **排序**：指将一组记录按照指定关键字大小递增（或递减）的次序排列起来。

② **稳定性**：若待排序的一组记录中存在多个关键字值相同的记录，如果使用某种排序算法进行排序后，相同关键字值的多个记录的相对次序与排序前相比没有改变，则称此排序算法具有稳定性。

稳定性是排序算法的一个重要指标。在处理某些复杂排序问题时，如后面将介绍的多关键字排序问题，算法的稳定性是选择排序算法的重要衡量因素。当然，由于排序算法是计算机应用中最常用和最基本的算法，其执行效率直接影响着整个计算机系统的效率，所以排序算法的执行效率往往是选择算法的最重要的因素。通常，我们用时间复杂度作为衡量排序算法执行效率的指标。在本章对各种排序算法的学习中，我们都会讨论它们各自的稳定性及时间复杂度。此外，我们还会简单分析每一个算法的空间复杂度。在后面的章节中，为了说明每一种排序算法的稳定性，在排序过程示例中都特意选择了包含两个相同关键字的数据序列，请读者留心观察排序前后它们的相对次序是否发生了变化。

本章排序算法所对应的线性表类型同上一章，其定义如下：

```
typedef  struct
{ KeyType  key;
  OthersType  others;
}DataType;
typedef struct
{ DataType list[MAXLEN+1];
  int length;
}SeqList;
```

和上一章相同，为了符合一般习惯，线性表元素仍然从数组中下标为 1 的单元开始存储。

需要说明的一点是，后面讲解各种排序算法时均以按关键字 key 升序排列为例，读者可仿照写出对应的降序排列算法。

9.2 插入排序

插入排序是通过将未排序部分的记录逐个按其关键字大小插入已排好序部分的恰当位置，最终实现全部记录有序排列的排序方法。本节将介绍的直接插入排序、折半插入排序和希尔排序都属于插入排序方法。

9.2.1 直接插入排序

直接插入排序是插入排序方法中较为简单和常用的一种。

（1）基本思想

将整个数据表（n 个记录）看成是由无序表和有序表两个部分组成，初始状态时，有序表中仅有第一个记录，排序共需进行 $n-1$ 趟，每趟排序时将无序表中的一个记录插入有序表中的恰当位置，最终使整个数据表有序排列。

（2）排序过程

对于关键字序列{38，20，46，<u>38</u>，74，91，12，25}进行直接插入排序，排序过程中每趟排序的结果如图 9-1 所示。在关键字序列中存在两个相同的关键字 38，我们在后面一个 38 的下面加线以示区别。

```
初始状态  [38] [20  46  38  74  91  12  25]
第一趟    [20  38] [46  38  74  91  12  25]
第二趟    [20  38  46] [38  74  91  12  25]
第三趟    [20  38  38  46] [74  91  12  25]
第四趟    [20  38  38  46  74] [91  12  25]
第五趟    [20  38  38  46  74  91] [12  25]
第六趟    [12  20  38  38  46  74  91] [25]
第七趟    [12  20  25  38  38  46  74  91]
```

图 9-1 直接插入排序过程示例

（3）算法描述

```
//采用直接插入排序实现顺序表的升序排列，L 为顺序表指针
 void InsertSort(SeqList *L)
 {int  i,j,n;
  n=L->length;
  for(i=2;i<=n;i++)   //外循环控制排序的总趟数
   {L->list[0]=L->list[i];    //用数组中下标为 0 的单元存放待插元素
    j=i-1;    //从有序表中的最后一个位置开始向前查找插入位置
    while (L->list[0].key<L->list[j].key)
    { L->list[j+1]= L->list[j];  //将有序表中比待插元素关键字值大的元素后移
      j--;     //继续向前查找
    }
    L->list[j+1]= L->list[0];
    //将待插元素放在有序表中第一个小于等于待插元素的元素之后
```

```
   }
  }
```

（4）算法说明

算法中设置 list[0]有两个作用：一是用于保存待插记录 list[i]的值，以免在后移过程中被覆盖而丢失；二是作为"监视哨"，这个作用和前面介绍的顺序查找中 list[0]的作用相同。外循环控制排序共进行 $n-1$ 趟，每趟将无序表中的第一个记录插入有序表中，算法最终实现数据表按关键字值升序排列。

（5）算法分析

直接插入排序算法的执行效率与数据表的初态有关。当数据表初态有序排列时效率最高，每趟排序都不执行内循环（不作记录后移），时间复杂度为 $O(n)$；当数据表初态逆序排列时效率最低，每趟排序都需进行 $i-1$ 次（i 为外循环控制变量）比较和后移，时间复杂度为 $O(n^2)$。在平均情况下，其时间复杂度为 $O(n^2)$。

直接插入排序中需要使用 L->list[0]作为辅助空间，故空间复杂度为 $O(1)$。

经证明，直接插入排序算法具有稳定性。

9.2.2 折半插入排序

折半插入排序又称为二分插入排序，其在进行元素插入时使用了折半查找的思想。

（1）算法思想

折半插入排序的思想与直接插入排序十分类似，也是将待排序数据表由无序表和有序表两个部分组成，其差别仅在于：将一个无序表元素向有序表中插入时，采用折半查找寻找插入位置。

（2）排序过程

对于同一组数据，折半插入排序算法得到的各趟结果与直接插入排序算法完全相同。

（3）算法描述

```
//采用折半插入排序实现顺序表的升序排列，L 为顺序表指针
void BinaryInsertSort(SeqList *L)
 {int  i,j,n,low,high,mid;
  n=L->length;
  for(i=2;i<=n;i++)   //外循环控制排序的总趟数
   {L->list[0]=L->list[i];    //用数组中下标为 0 的单元存放待插元素
    low=1; high=i-1;  //在有序表采用折半查找确定插入位置
    while (low<=high)
     {mid=(low+high)/2;
      if(L->list[0].key< L->list[mid].key)
         high=mid-1;  //缩小查找区间至前半个子区间
      else
         low=mid+1;  //缩小查找区间至后半个子区间
      }
     for(j=i-1;j>=low;j--)
       L->list[j+1]= L->list[j];
         //将有序表中比待插元素关键字值大的元素后移
     L->list[low]= L->list[0];
```

```
        //将待插元素放在有序表中第一个比待插元素小的元素之后
    }
}
```

（4）算法说明

在有序表中采用折半查找为待插元素寻找插入位置时，查找区间迅速缩小。当查找区间缩小为空，即 low>high 时，查找过程结束，low 对应的位置就是待插元素在有序表中的正确位置。

（5）算法分析

由于折半查找比顺序查找的效率高，因此折半插入排序的平均性能比直接插入排序要好。折半插入排序过程中排序关键字的比较次数与数据表初态无关，在插入第 i 个元素时，需要进行 $\lfloor \log_2 i \rfloor + 1$ 次比较，才能确定该元素的插入位置。因此，当数据表初态正序排列时，折半插入排序的关键字比较次数比直接插入排序还多。此外，虽然折半插入排序减少了排序过程中的关键字比较次数，但元素的移动次数与直接插入排序相同，即最好情况下（正序）移动次数为 0，最坏情况下（逆序）移动次数为 $n(n-1)/2$。因此平均情况下，折半插入排序的时间复杂度与直接插入排序相同，仍为 $O(n^2)$。

折半插入排序中需要 L->list[0]作为辅助空间，故空间复杂度为 O(1)。

和直接插入排序相同，折半插入排序也具有稳定性。

9.2.3　希尔排序

希尔排序又称为缩小增量排序，是在分组概念上的直接插入排序。

（1）基本思想

将待排序的整个数据表（n 个记录）首先按照一个较大的增量间隔进行分组，对每个组内的元素分别采用直接插入排序的思想进行排序，之后逐步缩小增量间隔，重复上面的排序过程，直至增量间隔缩小为 1，即所有 n 个记录在同一组内，此时整个数据表元素就实现了有序排列。

（2）排序过程

对于关键字序列{38，20，46，<u>38</u>，24，91，12，75}进行希尔排序，排序过程中每趟排序的结果如图 9-2 所示。

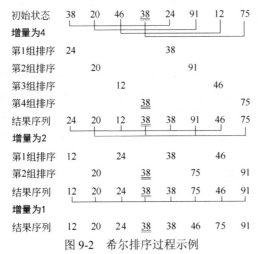

图 9-2　希尔排序过程示例

从上图可以看出，对于 8 个记录构成的数据表，若初始以 4 为间隔进行分组，共分为 4 组，每组 2 个记录；在各组分别进行直接插入排序后，再缩小间隔为 2，共分为 2 组，每组 4 个记录；对这 2 个组再分别排序后，将间隔缩小为 1，此时所有记录都在同一组内，再进行排序后就可以使得整个数据表有序排列。

（3）算法描述

```
//对顺序表按照 d 数组中的 num 个增量序列进行希尔排序，L 为顺序表指针
void ShellSort(SeqList *L, int d[], int num)
{
  int i,j,k,m,n,gap;
  for(m=0;m<num;m++)   //按照不同的增量分别进行 num 次分组插入排序
  {gap=d[m];        //gap 保存每次分组的增量间隔 d[0]~d[num-1]
   for(k=1;k<=gap;k++)  //每次排序的分组数为 gap 个
      for(i=k;i<=L->length;i+=gap)
      //对每个组中的元素进行直接插入排序，组内相邻元素的间隔为 gap
      { L->list[0]=L->list[i];  //保存待插元素
       j=i;
       while(j-gap>0&&L->list[j-gap].key>L->list[0].key)
       //在有序表中查找插入位置
       { L->list[j]=L->list[j-gap];  //当前查找位置元素后移
         j-=gap;  //在组内向前查找下一个元素
       }
       L->list[j]= L->list[0];  //将待插元素插入有序表中
      }
  }
}
```

（4）算法说明

希尔排序是一种基于分组概念上的直接插入排序。在排序初期，分组间隔取值较大，每组元素个数较少，排序速度较快；随着间隔取值逐步减小，虽然组内元素个数增加，但由于前期的排序成果，数据表中元素已经逐步趋于有序，直接插入排序对基本有序的数据表效果很好，因此排序算法的效率仍然较高。在希尔排序的整个过程中，元素关键字值的比较次数和元素的移动次数均小于直接插入排序。

（5）算法分析

希尔排序算法的时间复杂度分析较为复杂，其效率与增量序列的选取相关。研究结果表明，当增量序列取值合理时，希尔排序算法的时间复杂度约为 $O(n^{1.25})$。当 n 很大时，希尔排序仍能具有很高的效率，因此很多实际应用问题中的排序程序都选用了希尔排序。

显然，希尔排序与前两种插入排序算法相同，都使用了 L->list[0]作为辅助空间，故空间复杂度也为 O(1)。

由图 9-2 可以看出，希尔排序是一种不稳定的排序算法。

9.3 交换排序

交换排序是通过对数据表中的记录进行两两比较，次序不符合要求就交换的方法实现数据表的有序排列。本节将介绍两种常用的交换排序方法：冒泡排序和快速排序。

9.3.1 冒泡排序

（1）基本思想

冒泡排序的基本思想是：将 n 个记录看作按纵向排列，每趟排序时自下至上对每对相邻记录进行比较，若次序不符合要求（逆序）就交换。每趟排序结束时都能使排序范围内关键字最小的记录像气泡一样升到表上端的对应位置，整个排序过程共进行 $n-1$ 趟，依次将关键字最小、次小、第三小、……的各个记录"冒到"表的第一个、第二个、第三个、……位置上，就像重量轻的气泡在上，重量沉的气泡在下一样，故形象地取名为冒泡排序。

（2）排序过程

对于关键字序列{38，20，46，<u>38</u>，74，91，12，25}进行冒泡排序，排序过程中每趟排序的结果如图 9-3 所示。

初始状态	第一趟	第二趟	第三趟	第四趟	第五趟	第六趟	第七趟
38	12	12	12	12	12	12	12
20	38	20	20	20	20	20	20
46	20	38	25	25	25	25	25
<u>38</u>	46	25	38	38	38	38	38
74	<u>38</u>	46	<u>38</u>	<u>38</u>	<u>38</u>	<u>38</u>	<u>38</u>
91	74	<u>38</u>	46	46	46	46	46
12	91	74	74	74	74	74	74
25	25	91	91	91	91	91	91

图 9-3　冒泡排序过程示例

根据冒泡排序的基本思想，对于一个具有 n 个记录的数据表，排序共需进行 $n-1$ 趟。但在上例冒泡排序的过程中，我们发现在第四趟排序时，所有进行比较的相邻记录均无逆序，即此时数据表已升序排列，因此后面的各趟排序都不需要再进行。为了在数据表已排列有序的情况下，能够提前结束排序过程，在下面的冒泡排序算法中使用了 flag 变量来实现这一目的。

（3）算法描述

```
//采用冒泡排序算法实现顺序表的升序排列，L 为顺序表指针
void BubbleSort(SeqList *L)
{int i,j,n,flag;
 DataType temp;
 n=L->length;
 flag=1;
 i=1;
 while((i<n)&&(flag==1)) //外循环控制排序的总趟数
  {flag=0;
```

```
    for(j=n;j>i;j--)  //内循环控制一趟排序的进行
      if(L->list[j].key< L->list[j-1].key)
          //相邻元素进行比较，若逆序就交换
        {flag=1;
         temp=L->list[j];
         L->list[j]=L->list[j-1];
         L->list[j-1]=temp;
        }
      i++;
      }
    }
```

（4）算法说明

算法中用于控制排序总趟数的外循环使用了两个循环条件，其中 $i<n$ 控制排序最多进行 $n-1$ 趟，而 flag==1 控制在数据表已排列有序时提前结束排序。当在某趟排序过程中未发现一次逆序情况，即未进行一次交换时，就可确定数据表已有序排列，此时通过将 flag 置为 0 就可以控制结束排序。

（5）算法分析

冒泡排序算法的执行效率与数据表的初态有关。当数据表初态正序排列时效率最高，排序只需进行一趟，时间复杂度为 $O(n)$；当数据表初态逆序排列时效率最低，需进行 $n-1$ 趟排序且每次比较都要进行交换，时间复杂度为 $O(n^2)$。在平均情况下，其时间复杂度为 $O(n^2)$。

冒泡排序在实现相邻元素交换时需要使用 temp 变量作为辅助空间，故其空间复杂度为 $O(1)$。

经证明，冒泡排序算法具有稳定性。

9.3.2 快速排序

（1）基本思想

快速排序是目前最快的内部排序方法，其基本思想是：通过把数据表中的第一个记录放到表中恰当位置上，将原表划分为两个子表，同时对其他记录进行适当调整，使得前面子表中记录的关键字值均小于等于此记录的关键字值，后面子表中记录的关键字值均大于等于此记录的关键字值。接着再对两个子表分别进行这样的操作，递归执行此过程，直到各子表长度都小于等于 1，此时数据表就已经有序排列了。

（2）排序过程

对于一个数据表 list[s]～list[t]，通过扫描的方法来寻找 list[s]插入位置及对其他记录进行调整，一趟快速排序的具体排序过程如下：

① 首先将 list[s]的值保存到 list[0]中，即 list[0] = list[s]，两个整型变量 i 和 j 在扫描前分别指示表的最左端和最右端，即 i = s，j = t。

② 扫描先从 j 所指的位置开始向左扫描。若 list[j].key≥list[0].key，则 $j=j-1$，继续向左扫描；若 list[j].key<list[0].key，则将 list[j]放到前面的子表中，即 list[i] = list[j]，换位后改变扫描方向，$i=i+1$，开始从 i 位置向右扫描。

③ 向右扫描时，若 list[i].key≤list[0].key，则 $i=i+1$，继续向右扫描；若 list[i].key>list[0].key，

则将 list[i]放到后面的子表中，即 list[j] = list[i]，换位后改变扫描方向，j=j-1，开始从 j 位置向左扫描。

④ 重复向左扫描过程②和向右扫描过程③，直至 i=j。由于扫描过程中对各记录的调整，此时该位置之前记录的关键字值均小于等于原表中记录 list[s]的关键字值，该位置之后记录的关键字值均大于等于原表中记录 list[s]的关键字值，这个位置就是为原表中记录 list[s]所寻找的恰当位置。list[s]的值在排序过程中可能已被覆盖，因此步骤①要将其先保存在 list[0]中再开始扫描和换位过程。最后只需将 list[0]插入，即 list[i]= list[0]，一趟排序结束。

对于关键字序列{38，20，46，38，74，91，12，25}进行快速排序，一趟排序的过程和各趟排序的结果如图9-4（a）和（b）所示。

图 9-4　快速排序

（3）算法描述

```
//实现快速排序中对表 L->list[low] ~ L->list[high]的一次划分，L 为顺序表指针
int QuickPass(SeqList *L,int low,int high)
{int i,j;
 i=low;  j=high; //i 指示扫描区间的左端，j 指示扫描区间的右端
 L->list[0]=L->list[i]; //list[0]用于存放划分基准元素，即表中的第一个元素
 while(i!=j) //重复向左向右的扫描，直至找到划分点，即 i 和 j 重合的位置
 {while((L->list[j].key>=L->list[0].key)&&(i<j)) //从右向左扫描
    j--;
  if(i<j) //若发现小于基准元素关键字值的元素，将其放到前面子表并改变扫描方向
  { L->list[i]= L->list[j];
    i++;
  }
```

```
    while((L->list[i].key<=L->list[0].key)&&(i<j))  //从左向右扫描
      i++;
    if(i<j)  //若发现大于基准元素关键字值的元素，将其放到后面子表并改变扫描方向
    { L->list[j]=L->list[i];
      j--;
    }
  }
  L->list[i]=L->list[0];  //将基准元素插入划分点位置，完成一次划分
  return i;  //返回划分点位置
}

// 采用快速排序对表中元素 L->list[s]~L->list[t]进行升序排列，L 为顺序表指针
void QuickSort(SeqList *L,int s,int t)
{int i;
 if(s<t)  //只要排序区间中的元素超过 1 个，继续进行快速排序
  {i=QuickPass(L,s,t);  //对表 list[s] ~ list[t]进行一次划分
   QuickSort(L,s,i-1);  //递归调用对划分得到的两个子表分别进行快速排序
   QuickSort(L,i+1,t);
  }
}
```

（4）算法说明

快速排序算法是一个递归算法。只要子表中的记录个数大于 1，就递归调用 QuickSort 对此子表继续进行快速排序。在 QuickSort 算法中通过调用函数 QuickPass 来实现表的一次划分，此函数的返回值为划分点的位置。

（5）算法分析

快速排序算法的执行效率同样与数据表的初态有关。当数据表每次划分得到的子表长度均衡时，算法的效率较高，时间复杂度为 $O(n\log_2 n)$；当数据表初态有序排列时，算法的效率最低，时间复杂度为 $O(n^2)$。在平均情况下，其时间复杂度为 $O(n\log_2 n)$。

快速排序需要通过递归实现，递归过程中需要使用栈来存放每次调用时断点的相关数据，栈的容量与递归调用次数一致。最好情况下的空间复杂度为 $O(\log_2 n)$，最坏情况下为 $O(n)$。

经证明，快速排序算法不具有稳定性。

9.4 选择排序

选择排序是通过每一趟排序过程中从待排序记录中选择出关键字最小（大）的记录，将其依次放在数据表的最前（后）端的方法来实现整个数据表的有序排列。常用的选择排序方法主要包括简单选择排序和堆排序两种，其中堆排序是一种基于完全二叉树的简单选择排序改进算法。

9.4.1 简单选择排序

（1）基本思想

简单选择排序方法的基本思想是：第一趟排序在所有待排序的 n 个记录中选出关键字最小

的记录，将它与数据表中的第一个记录交换位置，使关键字最小的记录处于数据表的最前端；第二趟在剩下的 $n-1$ 个记录中再选出关键字最小的记录，将其与数据表中的第二个记录交换位置，使关键字次小的记录处于数据表的第二个位置；重复这样的操作，依次选出数据表中关键字第三小、第四小、……的元素，将它们分别换到数据表的第三、第四、……个位置上。排序共进行 $n-1$ 趟，最终可实现数据表的升序排列。

（2）排序过程

对于关键字序列{38，20，46，<u>38</u>，74，91，12，25}进行简单选择排序，排序过程中每趟排序的结果如图 9-5 所示。

```
初始状态      38  20  46  38  74  91  12  25
第一趟排序    12  20  46  38  74  91  38  25
第二趟排序    12  20  46  38  74  91  38  25
第三趟排序    12  20  25  38  74  91  38  46
第四趟排序    12  20  25  38  74  91  38  46
第五趟排序    12  20  25  38  38  91  74  46
第六趟排序    12  20  25  38  38  46  74  91
第七趟排序    12  20  25  38  38  46  74  91
```

图 9-5 简单选择排序过程示例

从上面排序过程的第二、四、七趟可以看出，可能某趟排序时选出的记录正好处于其在有序序列中的正确位置，此时，不需进行交换。在下面算法中交换元素之前，我们加入了条件判断以避免不必要的赋值操作。

（3）算法描述

```
//采用简单选择排序算法实现将顺序表的升序排列，L 为顺序表指针
  void SelectSort(SeqList *L)
  {int i,j,k,n;
  DataType temp;
  n=L->length;
   for(i=1;i<=n-1;i++)   //外循环控制排序的总趟数
    {k=i;  //k 用于记录当前最小元素的下标，初值为待排序范围第一个元素的下标
    for (j=i+1;j<=n;j++)  //在待排序范围内寻找关键字最小的记录
       if(L->list[j].key<L->list[k].key)
       //若排序范围中发现更小元素，则更新 k 值
         k=j;
     if(k!=i)   //将排序范围中找到的最小元素与表前端对应位置上的元素进行交换
     {temp=L->list[i];
      L->list[i]=L->list[k];
      L->list[k]=temp;
     }
    }
  }
```

（4）算法说明

算法中的 k 变量用于记下从待排序记录中选出的当前关键字最小的记录的下标，k 的初值为待排序记录范围中的第一个记录的下标，经过和每一个待排序记录关键字的比较，在每趟排

序结束时，k 的值就是本趟所选出的关键字最小的记录的下标。

（5）算法分析

简单选择排序算法中关键字的比较次数与数据表的初态无关。排序共进行 $n-1$ 趟，在第 i 趟排序中总是需要进行 $n-i$ 次比较，其平均时间复杂度为 $O(n^2)$。

简单选择排序需要 temp 作为交换元素的辅助空间，故其空间复杂度为 $O(1)$。

经证明，简单选择排序算法不具有稳定性。

9.4.2 堆排序

在简单选择排序中，元素以线性表形式存放，每次选择元素时都需要对待排序范围的 m 个元素进行 $m-1$ 次比较，因此算法时间效率较低。若能采用顺序存储形式的完全二叉树存放待排序的元素，则每次选择元素时只需进行树的深度 h 次比较，从而使算法效率得到提高。堆排序正是利用了这种树形选择的思想，在原有的简单选择排序基础上对其进行了改进。

（1）基本思想

堆排序的实现可以分为两个步骤：第一步，创建初始堆；第二步，通过多次元素交换及重新调整堆实现排序。堆排序中采用的堆有两种，最大堆（也称大根堆）和最小堆（也称小根堆）。在最大堆中，每个结点的关键字值均不小于其孩子结点的关键字值；类似地，在最小堆中，每个结点的关键字值均不大于其孩子结点的关键字值。显然，在最大（小）堆中，堆顶元素的关键字值为堆中所有元素中的最大（小）值。利用最大堆可实现数据表的升序排列，利用最小堆则可实现数据表的降序排列。由于本章介绍排序算法均以升序为例，在此主要介绍最大堆的建立，最小堆的建立算法与之类似，读者可仿照最大堆的建立算法稍加修改得到。

① 创建堆　为了使采用顺序结构存储的完全二叉树中的 n 个结点满足最大堆的定义，需要从完全二叉树的叶子结点开始逐个对每个结点的位置进行调整。由于完全二叉树中的每个叶子结点均无孩子结点，因此所有叶子结点都符合最大堆的定义，调整位置只需从第一个非叶子结点开始即可。在 n 个结点对应的完全二叉树中，由于所有序号大于 $\lfloor n/2 \rfloor$ 的结点都是叶子，故只需将序号为 $\lfloor n/2 \rfloor$、$\lfloor n/2 \rfloor-1$、$\lfloor n/2 \rfloor-2$、$\cdots$、2、1 的各结点作为根结点的子树调整为最大堆。

对于长度为 n 的数据表 list，在将以序号为 i 的结点 list[i] 为根结点的子树调整为最大堆时，首先选出其左孩子结点 list[2*i]（序号为 $2i$）和右孩子结点 list[2*i+1]（序号为 $2i+1$）中关键字较大的一个；之后将其与对应的根结点 list[i] 进行比较，若其关键字值大于根结点，则将其与根结点的值进行交换，否则，不交换。若结点 list[i] 的左右孩子均为叶子结点时，只需要一次调整即可，否则，由于前面对根结点的调整使得其左右子树可能不再符合最大堆的定义，因此需要按照同样的过程继续进行下面各层的调整。

对于关键字序列{38，20，46，<u>38</u>，74，91，12，25}创建最大堆的过程如图 9-6 所示。关键字序列所对应的原始二叉树如图 9-6（a）所示，对应的结点序号分别为 1～8，创建过程依次将序号为 4、3、2、1 为根的子树调整为最大堆。4#结点为根的子树本身符合最大堆要求，不需要进行调整；3#结点为根的子树需要将根结点与其左孩子进行调整，如图 9-6（b）所示；2#结点为根的子树需要将根结点与其右孩子进行调整，如图 9-6（c）所示；1#结点为根的子树需要先将根结点与其右孩子进行调整，如图 9-6（d）所示，之后继续向下对其右子树进行调整，如图 9-6（e）所示。最终创建的最大堆如图 9-6（f）所示。

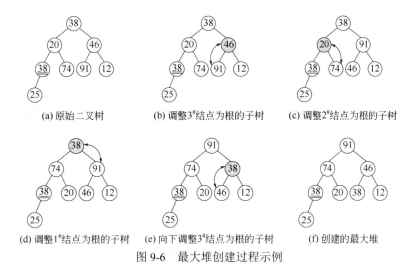

(a) 原始二叉树　　　　(b) 调整3#结点为根的子树　　　(c) 调整2#结点为根的子树

(d) 调整1#结点为根的子树　　(e) 向下调整3#结点为根的子树　　(f) 创建的最大堆

图 9-6　最大堆创建过程示例

②　进行堆排序　　在初始最大堆已经建立好的前提下，堆顶元素 list[1]即为待排序序列中选择出的关键字值最大的元素，将其与数据表中的最后一个元素 list[n]进行交换，完成第一趟排序；接下来，在第二趟排序中，将剩下的元素序列 list[1]~list[n−1]重新调整为最大堆，再将堆顶元素 list[1]与 list[n−1]进行交换；重复此过程，直至整个数据表有序排列，排序共需进行 n−1趟。显然，在某一趟堆排序中，当堆顶元素被交换到数据表后面的对应位置后，重新将以 list[1]为根结点的子树调整为最大堆的方法与创建最大堆时所用的调整算法完全相同。

（2）排序过程

对于关键字序列{38，20，46，$\underline{38}$，74，91，12，25}进行堆排序，初始最大堆如图 9-6(f)所示，排序共进行七趟，每趟排序在待排序范围生成最大堆并将堆顶元素交换到数据表后端对应位置。具体排序过程中的最大堆调整情况及对应的顺序存储结构如图 9-7 所示，随着排序的进行，堆排序的范围逐步缩小，不再参与排序的结点在图中用虚线框标出。

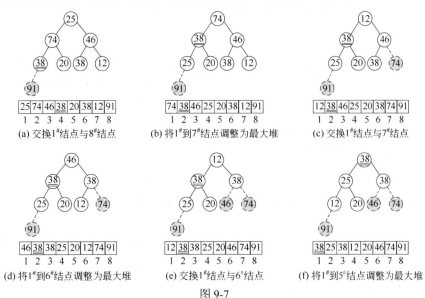

(a) 交换1#结点与8#结点　　(b) 将1#到7#结点调整为最大堆　　(c) 交换1#结点与7#结点

(d) 将1#到6#结点调整为最大堆　　(e) 交换1#结点与6#结点　　(f) 将1#到5#结点调整为最大堆

图 9-7

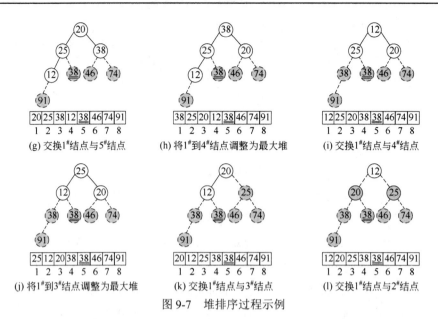

图 9-7 堆排序过程示例

（3）算法描述

在堆排序中，无论创建初始堆还是重新调整堆都需要通过以下堆调整算法来实现。

```
//将顺序表 low 到 high 区间中的元素自顶向下调整为最大堆，L 为顺序表指针
void HeapAdjust(SeqList *L, int low, int high)
{
  int i,j;
  DataType temp;
  i=low; //i 记下最初被调整的结点序号
  j=2*i; //j 为第 i 个结点的左孩子对应的序号
  temp=L->list[i]; //保存最初被调整的结点值，即根结点
  for(;j<=high;j*=2) //自顶向下对结点进行调整
  {
    if(j<high&&L->list[j].key<L->list[j+1].key)
        j++; //找出 i 号结点的左右孩子中关键字值较大的一个并用 j 记下其下标
      if(temp.key>=L->list[j].key) //j 号结点与其双亲结点进行比较
        break;
      else //将 j 号结点上移至其双亲结点位置
        { L->list[i]=L->list[j];
          i=j; //调整继续向下层结点进行
        }
  }
  L->list[i]=temp; //把最初被调整的结点放在合适位置
}
```

创建初始堆的过程，就是反复调用 HeapAdjust 函数，依次从后向前将以每个非叶子结点为根的子树调整为最大堆的过程。

```
//创建最大堆的函数，L 为顺序表指针
void HeapCreate(SeqList *L)
{ int i,n;
```

```
n=L->length;
for(i=n/2;i>0;i--)
//多次调用 HeapAdjust 函数从后向前调整所有非叶子结点，形成最大堆
  HeapAdjust(L,i,n);
}
```

在堆排序算法中，首先需要为待排序的数据表创建初始堆，之后还要多次将选择出的堆顶元素与数据表后端对应位置元素进行交换并重新调整堆。具体算法如下。

```
//采用堆排序对顺序表进行升序排列，L 为顺序表指针
void HeapSort(SeqList *L)
{ int i,n=L->length;
  DataType temp;
  HeapCreate(L);  //创建最大堆
  for(i=n;i>1;i--)  //控制堆排序共进行 n-1 趟
  { //将当前最大堆的堆顶元素与数据表末端对应位置上的元素进行交换
    temp=L->list[1];
    L->list[1]=L->list[i];
    L->list[i]=temp;
    HeapAdjust(L,1,i-1);
    //将数据表前面 i-1 个元素进行重新调整形成新的最大堆
  }
}
```

（4）算法说明

堆排序算法是在完全二叉树的顺序存储结构基础上实现的一种选择排序方法，在某趟排序中，需要自顶向下逐层重新调整堆中结点的位置，整个过程中结点的比较和交换次数不会超过树的深度。

（5）算法分析

在堆排序算法中，数据表中元素关键字的比较次数等于创建初始堆所需比较次数与每趟排序调整堆所需的比较次数之和。由于堆排序是基于完全二叉树的排序，把一个以非叶子结点为根的完全二叉树调整为堆及每次堆顶元素交换后进行堆调整时的时间复杂度均为 $O(\log_2 n)$，因此整个算法的时间复杂度为 $O(n\log_2 n)$，且在最坏情况下其时间复杂度也为 $O(n\log_2 n)$。

堆排序中需要变量 temp 作为交换元素的辅助空间，故其空间复杂度为 $O(1)$。

经证明，堆排序算法不具有稳定性。

9.5　归并排序

归并排序是通过逐步合并有序子表进行排序的一种方法，本节将讨论归并排序中最常用的二路归并排序。

（1）基本思想

二路归并排序的基本思想是：首先将待排序的 n 个记录看作 n 个长度为 1 的有序子表，然后从第一个子表开始，对相邻的子表进行两两合并，接着再对合并后的有序子表继续进行两两

合并，重复以上的合并工作，直至得到一个长度为 *n* 的有序表。

（2）排序过程

对于关键字序列{38，20，46，38，74，91，12，25}进行归并排序，排序过程中每趟排序的结果如图 9-8 所示。

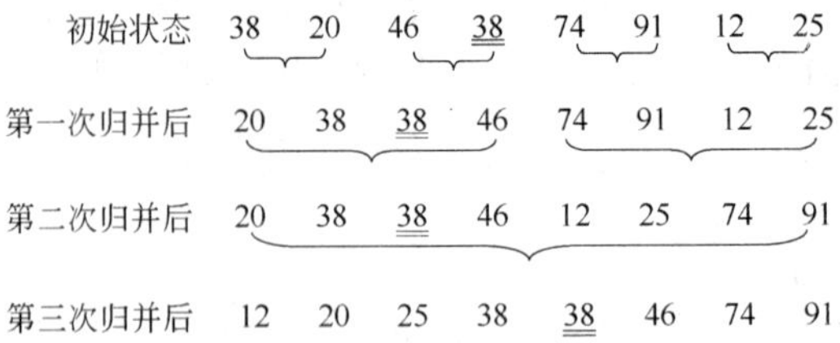

初始状态　38　20　46　38　74　91　12　25

第一次归并后　20　38　38　46　74　91　12　25

第二次归并后　20　38　38　46　12　25　74　91

第三次归并后　12　20　25　38　38　46　74　91

图 9-8　归并排序过程示例

（3）算法描述

通过上例可以看出，要实现归并排序需要编写两个算法。其一是完成一趟二路归并排序的算法，其二是完成归并两个有序子表的算法。

```
//归并 sr 所对应顺序表中两个有序子表的算法，合并后的结果存放于 tr 中
//子表 1 为 sr->list[s]~sr->list[m],子表 2 为 sr->list[m+1]~sr->list[t]
void Merge(SeqList *sr,int s,int m,int t, SeqList *tr)
{ int i,j,k;
  i=s;  //i 用于保存 sr 对应的前面子表中的当前元素位置，初值为 s
  j=m+1;  //j 用于保存 sr 对应的后面子表中的当前元素位置，初值为 m+1
  k=s;  //k 用于保存归并后 tr 对应的顺序表中的当前元素位置，初值为 s
  while((i<=m)&&(j<=t))  //若前后两个子表中的元素均未全部合并
  {//将 sr 所对应前后两个子表中关键字较大的元素放入 tr 所对应的顺序表中
    if(sr->list[i].key<=sr->list[j].key)
      tr->list[k]=sr->list[i++];
    else
      tr->list[k]=sr->list[j++];
    k++;  //tr 对应的顺序表中的当前元素位置后移
  }
  while(i<=m)  //将 sr 所对应的前面子表中的剩余元素放入 tr 对应的顺序表中
    tr->list[k++]=sr->list[i++];
  while(j<=t)  //将 sr 所对应的后面子表中的剩余元素放入 tr 对应的顺序表中
    tr->list[k++]=sr->list[j++];
}

//二路归并排序的递归算法，sr 和 tr 分别指向排序前、后的顺序表
//s 和 t 分别用于存放 sr 所指向的待排序顺序表区间的左、右端点
void MergeSort(SeqList *sr,SeqList *tr,int s,int t)
{ int m;
  SeqList temp;  //temp 为暂存中间结果的辅助顺序表
  if(s==t)
    tr->list[s]=sr->list[s];  //若待排序区间仅有一个元素
  else
    { m=(s+t)/2;  //将排序区间一分为二
```

```
    MergeSort(sr,&temp,s,m);   //递归调用对前半个子表进行排序
    MergeSort(sr,&temp,m+1,t); //递归调用对后半个子表进行排序
    Merge(&temp,s,m,t,tr);   //对前后两个子表进行合并
  }
}
```

（4）算法说明

MergeSort 函数将原待排序区间一分为二，通过先对前后两个子表分别递归排序再进行两个子表合并的方法来实现每趟排序过程。在归并过程中需要一个辅助顺序表 temp，用于存放归并时得到的中间结果，以免归并过程中造成有效元素的丢失。

（5）算法分析

初始状态待排序的线性表可看成 n 个长度为 1 的有序表，经过第一次归并后得到的有序表个数减半，长度变为 2，第二次归并后有序表的长度增至 2^2，第 i 次归并后有序表长度为 2^i，当 $2^i \geqslant n$ 时归并排序结束。对于 n 个记录构成的数据表，共需进行 $\lceil \log_2 n \rceil$ 趟归并排序，每一趟排序中元素移动次数均为 n，因此，其时间复杂度为 $O(n\log_2 n)$。

在归并过程中需要一个和待排序顺序表等规模的顺序表 temp 作为辅助空间，故二路归并排序的空间复杂度为 $O(n)$。

经证明，二路归并排序是一个稳定的排序方法。

9.6　基数排序

前面几节介绍的所有排序算法都是建立在对元素排序关键字值大小进行比较的基础上，而本节介绍的基数排序则是一种借助于多关键字排序思想解决单关键字排序问题的方法。它将原排序关键字中的每一位都看作是一个关键字，例如，若原排序关键字为一个 0～999 的十进制整数，则可将原关键字中的每一位（百位、十位和个位）分别看作是一个介于 0 和 9 之间的关键字。根据原关键字中每一位的值，对待排序记录进行若干趟"分配"与"收集"来完成数据表的有序排列，属于典型的分配类排序。

（1）排序思想

设原排序关键字为一个 d 位的十进制正整数，分解可得到 d 个介于 0 和 9 之间的数位关键字。排序时从权值最低的数位开始，首先按照关键字的值将待排序的各个记录分配到编号为 0～9 的各个子序列（"桶"）中，之后再按照"桶"号从小到大和进入"桶"中的先后次序收集各个"桶"中的记录，从而完成一趟排序过程。这样的过程共重复 d 次，实现按照原排序关键字分解得到的每一位关键字的分配和收集，最终即可完成基数排序。

在基数排序中，所谓的"基"是指分解之后的每一位关键字可能的取值数，如对于本节例子中的十进制数，每一位关键字的取值范围为 0～9，其基数为 10。显然，在基数排序中，分配所需的"桶"的个数取决于基数值。由于收集各个"桶"中的记录时，是按照分配过程进入"桶"中的先后次序进行的，即各个记录在进出"桶"时满足先进先出的原则，所以各个"桶"中记录的存储需借助队列实现。在本节算法中，具体采用链式队列来实现"桶"中记录的分配与收集。

（2）排序过程

若对于关键字序列{426,210,107,89,256,325,563,<u>210</u>,732,841}进行基数排序，排序的过程如图 9-9 所示。

（3）算法描述

在下面的基数排序算法中，用于分配和收集记录的十个"桶"（对应于数位关键字 0~9）均采用链式队列结构，且各个链队列的队头队尾被组织到一个一维数组 q 中。程序中所使用的链队列相关数据类型定义和入队及出队算法见本书 3.2.4 节，在此略去。

```c
#define d 3 //关键字的位数
#define rd 10  //基数
//提取整数 x 中从左向右数的第 k 个数位
int GetDigit(int x, int k)
{ int i;
  for(i=1;i<=d-k;i++)
    x/=10;
  return x%10;
}
//采用基数排序实现顺序表升序排列，L 为顺序表指针
void RadixSort(SeqList *L)
{int i,j,k;
 DataType x;
 LinkQueue q[rd];
 for(i=0;i<rd;i++)
 //初始化 rd 个用于存放记录的空队列，作为分配和收集记录的桶
 { q[i].front=(NodeType*)malloc(sizeof(NodeType));
   //为每个队列的队头结点申请空间
   if(q[i].front==NULL)
     exit(1);
   q[i].front->next=NULL;  //置空队
   q[i].rear=q[i].front;
 }
 for(k=d;k>=1;k--)
 //按照各个记录排序关键字中第 k 个数位的值分配和收集各个记录
 { for(i=1;i<=L->length;i++)  //分配记录
   { j=GetDigit(L->list[i].key,k);  //获得当前记录关键字中第 k 位的值
     AddqueueL(&q[j],L->list[i]);  //将当前记录分配到对应的桶中
   }
   j=0;
   for(i=0;i<rd;i++)   //收集记录
     while(q[i].front->next!=NULL)  //若当前桶非空
     { DelqueueL(&q[i],&x);  //按照先进先出的次序收集各个桶中的元素
       L->list[++j]=x;  //将收集到的各个记录放回到顺序表中
     }
 }
}
```

（4）算法说明

基数排序是通过多趟分配和收集操作实现的，排序的趟数由排序关键字的位数 d 决定。在排序过程中，依次根据排序关键字中从右向左的顺序，按照每个数位的数值进行记录的分配和收集。在每趟分配和收集过程中，通过采用队列来保证"桶"中元素存取顺序的先进先出。

（5）算法分析

对于 n 个记录的线性表采用以上基数排序算法进行排序，若每个记录的排序关键字位数为 d，基数为 rd，由于一趟分配的时间复杂度为 $O(n)$，一趟收集的时间复杂度为 $O(rd)$，整个排序共进行了 d 趟分配和收集，因此该算法的时间复杂度为 $O(d(n+rd))$。

基数排序中需要使用队列作为辅助空间临时存放 n 个数据表元素，故其空间复杂度为 $O(n)$。

由于队列具有先进先出的特性，因此保证了基数排序的稳定性。

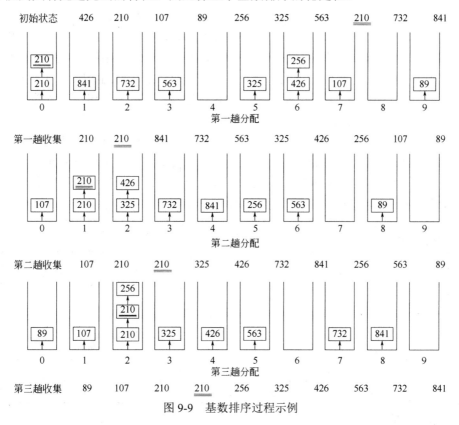

图 9-9 基数排序过程示例

9.7 多关键字排序

前面介绍的排序算法都是按某一个关键字进行排序的，但在实际中我们可能会遇到排序关键字不止一个的复杂排序问题。例如，对某个班的学生按考试成绩（如表 9-1 所示）排列名次。要求按总分由高到低排列；若总分相同，则按数学成绩由高到低排列；若总分和数学成绩都相同，则按英语成绩由高到低排列。这个排序问题的排序关键字包括总分、数学成绩和英语成绩，这种需要按多个关键字进行的排序就称为多关键字排序。在多关键字排序中，各个关键字的级别有高低之分。如在上面的问题中，关键字总分的级别最高，其次是数学成绩，关键字级别最低的是英语成绩。要解决这类多关键字排序问题其实并不困难，只要通过多次调用前面所学的单关键字排序算法分别对各排序关键字进行排序即可完成，但在编写算法时需要注意以下的问题。

在人工完成多关键字排序时，人们总是先按级别最高的关键字进行排序，在排序过程中若发现有关键字值相同的记录，再对这些记录按级别较低的关键字进行排序。如在前面的问题中，人们会首先按总分进行排序；若发现有多个总分相同的记录，再对其按数学成绩排序；若这些记录中有的记录数学成绩也相同，这时再按英语成绩排序，……。但在用计算机完成这个任务时，如果还采用人工排序的方法，由于按不同关键字进行排序的记录个数不同，算法实现起来非常麻烦。在计算机算法中对于多关键字排序问题通常采用的方法是：按关键字级别由低到高的顺序依次对所有记录进行排序，即首先按级别最低的关键字对所有记录进行排序，再按级别次低的关键字对所有记录进行排序，……，最后按级别最高的关键字对所有记录进行排序。这样做，每次排序的关键字虽然不同，但排序的对象总是整个数据表，即每次排序的表长是固定的，实现起来很方便。由于对高级别关键字的排序在后，所以保证了决定最终排序结果的是级别最高的关键字。对于高级别关键字值相同的记录，其排列次序则由前面的排序结果决定，即由较低级别关键字的排序结果决定。为了保证做到这一点，要求按高级别关键字排序时不能改变关键字值相同的记录的相对次序，即这些记录在排序前和排序后的相对次序要保持不变，这就要求除第一次排序外，其余各次排序都必须选用具有稳定性的排序算法。否则，按较低关键字进行的排序就变得毫无意义。例如，对上面提到的某班学生的考试成绩进行排序，在按总分进行排序之前，即在按数学成绩排序后，张三排在王五之后。接下来在按总分进行排序时，若选用的是一个不稳定的算法，则总分相同的张三和王五的记录在排序后相对次序就可能会发生改变，即张三排在了王五之前，这样就会得到错误的排序结果。

表 9-1 学生成绩表

学号	姓名	数学	英语	语文	总分
1	张三	80	80	80	240
2	李四	70	70	70	210
…	…	…	…	…	…
18	王五	90	80	70	240
…	…	…	…	…	…
30	赵六	90	70	80	240

综上所述，在编写多关键字排序算法时，一定要做到：

① 先按级别低的关键字进行排序，后按级别高的关键字进行排序；

② 除第一次排序外，其余各次排序均必须采用稳定的排序算法。

9.8 小结

本章介绍了多种内部排序方法，包括插入排序中的直接插入排序、折半插入排序和希尔排序，交换排序中的冒泡排序和快速排序，选择排序中的简单选择排序和堆排序，以及归并排序和基数排序。在学习这些排序算法时，应关注每种排序算法的基本思想、排序过程、具体实现、时间复杂度、空间复杂度及稳定性。在具体应用中，应能根据数据表的规模、存储结构、关键字的初始排列情况以及实际问题对算法性能的各方面要求，选择较为合适的排序算法。

为了便于对本章学习的各种排序算法的性能进行较全面的比较，表 9-2 中列出这些算法的时间复杂度、空间复杂度及稳定性。

表 9-2 排序方法的比较

排序方法	时间复杂度			空间复杂度	稳定性
	最好情况	最坏情况	平均复杂度		
直接插入排序	$O(n)$	$O(n^2)$	$O(n^2)$	$O(1)$	稳定
折半插入排序	$O(n\log_2 n)$	$O(n^2)$	$O(n^2)$	$O(1)$	稳定
希尔排序	—	—	$O(n^{1.25})$	$O(1)$	不稳定
冒泡排序	$O(n)$	$O(n^2)$	$O(n^2)$	$O(1)$	稳定
快速排序	$O(n\log_2 n)$	$O(n^2)$	$O(n\log_2 n)$	$O(\log_2 n)$	不稳定
简单选择排序	$O(n^2)$	$O(n^2)$	$O(n^2)$	$O(1)$	不稳定
堆排序	$O(n\log_2 n)$	$O(n\log_2 n)$	$O(n\log_2 n)$	$O(1)$	不稳定
归并排序	$O(n\log_2 n)$	$O(n\log_2 n)$	$O(n\log_2 n)$	$O(n)$	稳定
基数排序	$O(d(n+rd))$	$O(d(n+rd))$	$O(d(n+rd))$	$O(n)$	稳定

通过表 9-2 可以看出，算法实现较简单的直接插入排序、折半插入排序、冒泡排序和简单选择排序算法的时间效率较低，而算法实现较复杂的其他几种排序算法则时间效率较高。空间复杂度较高的快速排序、归并排序和基数排序都是时间效率较高的算法。各种算法各有优缺点，在实际应用中应权衡多种因素进行选择，需考虑的主要因素包括：

① 数据表的规模　当数据表规模较大时，应选择时间效率高的排序算法。

② 稳定性要求　若排序关键字为主关键字，则无需考虑排序算法的稳定性；若排序关键字为次关键字，则通常需要选择稳定的排序算法；对于某些特定问题，如多关键字排序，则必须采用稳定的排序算法。

③ 数据表的存储结构　本章所介绍的所有排序算法，虽然都是采用顺序表实现的，但直接插入排序、冒泡排序、简单选择排序和归并排序等算法均可以方便地应用于链表上。特别是当数据表中记录个数较多且频繁进行增删操作时，可考虑采用链式存储结构实现。但是本章介绍的某些排序算法，如折半插入排序、希尔排序、快速排序和堆排序难以在链表上实现。

④ 数据表的初态　大多数排序算法的效率高低与待排序的数据表初态相关。例如，当数据表初态基本有序时，采用直接插入排序、冒泡排序这样的简单排序算法即可实现高效的排序，而采用快速排序则速度较慢。当数据表初态分布均匀时，采用快速排序可以取得较高的效率。

习题

一、单项选择题

1. 下列排序方法中关键字比较次数与记录初始排列状态无关的是（　　）。

A. 简单选择排序　　　　B. 直接插入排序　　　　C. 冒泡排序　　　　D. 快速排序

2. 在直接插入、冒泡、快速排序和简单选择四种排序方法中，平均时间复杂度最低的排序方法是（　　）。

A. 直接插入排序　　　　B. 冒泡排序　　　　C. 快速排序　　　　D. 简单选择排序

3. 从未排序的序列中依次取出一个元素与已排序序列中的元素进行比较，然后将其放在已排序序列的合适位置，该排序方法称为（　　）。

A. 插入排序　　　　B. 冒泡排序　　　　C. 快速排序　　　　D.选择排序

4. 从未排序的序列中挑选元素，并将其与数据表前端对应位置上的元素进行交换，这种排序方法称为（　　）。

A. 插入排序　　　　B. 交换排序　　　　C. 选择排序　　　　D. 归并排序

5. 快速排序属于（　　）排序。

A. 插入　　　　B. 交换　　　　C. 选择　　　　D. 归并

6. 图书馆里计算机类书籍区共有 10 列书架，书架上的书籍原本都是按照编号排列有序的，但现在有少量书籍被读者放错了地方，要在最短时间内将这些书籍重新整理为有序排列，应该使用（　　）排序方法。

A. 插入　　　　B. 归并　　　　C. 选择　　　　D. 快速

7. 下列排序方法的执行过程中，占用内存空间最大的是（　　）。

A. 堆排序　　　　B. 归并排序　　　　C. 希尔排序　　　　D. 快速排序

8. 堆的形态为一棵（　　）。

A. 二叉排序树　　　　B. 完全二叉树　　　　C. 平衡二叉树　　　　D. 满二叉树

9. 当数据表初态基本有序的情况下，应选择（　　）排序方法，从而使得排序效率最高。

A. 简单选择排序　　　　B. 归并排序　　　　C. 直接插入排序　　　　D. 快速排序

10. 以下关于排序算法的说法中正确的是（　　）。

A. 稳定的排序算法执行效率优于不稳定的排序算法

B. 排序算法都是应用在顺序表上的，在链表上无法应用

C. 在顺序表上可以应用的排序算法都可以应用在链表上

D. 对同一组数据采用不同的排序算法，排序的结果有可能不同

11. 对同一组数据分别采用直接插入排序和二分插入排序进行排序，二者可能存在的不同之处在于（　　）。

A. 排序的总趟数　　　　　　　　　　　　B. 排序过程中占用的辅助内存空间大小

C. 整个排序过程中的关键字比较次数　　　D. 整个排序过程中的元素移动次数

12. 若待排序数据表中元素的关键字序列如下，则采用快速排序效率最高的是（　　）。

A. {12,24,35,47,60,88,91}　　　　　　　B. {47,24,12,35,88,91,66}

C. {91,60,88,47,35,24,12}　　　　　　　D. {47,12 24,35,91,88,60}

二、填空题

1. 在冒泡、快速、直接插入、简单选择四种排序方法中，排序的趟数与数据表的初始排列顺序无关的是＿＿＿＿＿＿排序方法。

2. 对 7 个元素构成的线性表进行快速排序时，在最好情况下共需进行＿＿＿次划分，在最差情况下共需进行＿＿＿次划分；在最好情况下共需要进行＿＿＿次比较，在最差情况下共需进

行_____次比较。

3．快速排序当数据表每次划分得到的子表长度均衡时，算法的效率最高，时间复杂度为_____，快速排序当数据表初态为有序排列时，算法的效率最低，时间复杂度为_____。

4．n 个元素构成的降序顺序表，采用冒泡排序按照关键字升序排列时共需进行_____趟排序。

5．对于 n 个元素构成的数据表采用二路归并排序方法，整个排序过程共需进行_____趟。

6．常见的排序方法有插入、交换、选择和归并等几大类，其中，希尔排序属于_____类排序方法，堆排序属于_____类排序方法。

7．采用冒泡排序对一组记录（50，40，95，20，15，70，60，45，80）进行升序排列时，第一趟中相邻元素的交换的次数为_____次，整个排序过程中共需进行_____趟。

8．对由 10 个记录构成的数据表进行冒泡排序，整个排序过程中所需进行的最大交换次数为_____，最小交换次数为_____。

9．对由 10 个记录构成的数据表进行直接插入排序，整个排序过程中所需进行的最大比较次数为_____，最小比较次数为_____。

10．已知数据序列{8,15,10,21,34,16,12}构成最小堆，若在序列尾部插入新元素 17 后再将其调整为最小堆，则调整过程中所需进行的元素比较次数为_____。

三、简答题

1．排序算法的稳定性是指什么？在本章所学习的所有排序算法中，哪些算法具有稳定性？

2．对于一组给定的关键字序列{53，87，12，61，70，68，27，65}，分别写出采用（1）直接插入排序、（2）折半插入排序、（3）希尔排序（增量依次取 4、2、1）、（4）冒泡排序、（5）快速排序、（6）简单选择排序、（7）堆排序、（8）二路归并排序进行升序排列时的每趟排序结果（关键字序列变化情况）。

3．对于由 n 个元素构成的数据表，若初始状态已按关键字正序排列，则分别采用直接插入排序、冒泡排序和简单选择排序，排序过程中所需的关键字比较次数及元素移动次数分别是多少？若初始状态为按关键字逆序排列，则以上三种算法在排序过程中所需的关键字比较次数及元素移动次数又分别是多少？

4．对 n 个元素构成的线性表进行快速排序时，所需进行的比较次数依赖于元素的初始排列顺序。

（1）$n=7$ 时，在最好情况下需要进行多少次比较？说明理由。

（2）$n=7$ 时，给出一个最好情况的初始排列实例。

5．（1）判断数据序列{68,50,42,35,15,46,30,27,19,22}是否构成最大堆。若不是，则将其调整为最大堆。

（2）判断数据序列{16,20,35,57,66,51,58,49,72,64}是否构成最小堆。若不是，则将其调整为最小堆。

6．若有关键字序列{519,472,305,86,232,710,538,61,425,664}，请写出采用基于链队列的基数排序方法进行排序时每一趟分配和收集的过程。

四、算法设计题

1．写出以单链表为存储结构实现直接插入排序的算法。

2. 设计一算法实现，对一个整型顺序表中的元素按升序（从小到大）的顺序排列。要求：

（1）排序采用冒泡排序方法实现；

（2）每趟冒泡产生一个最大数沉到待排序线性表的最下端。

3. 试编写一个双向冒泡排序，即在排序过程中相邻两趟排序向两个相反的方向冒泡。

4. 写出以单链表为存储结构实现简单选择排序的算法。

5. 写出以单链表为存储结构实现冒泡排序的算法。

6. 对于参加某次英语竞赛的所有选手的成绩进行排序，已知每位选手的信息包括姓名、系别和笔试、口语、听力三门比赛成绩，要求对所有选手按总分由高到低进行排序；若总分相同，则按笔试成绩由高到低排序；若总分和笔试成绩均相同，则按口语成绩由高到低排序。最后打印出本次英语竞赛的排行榜，格式如下：

名次	姓名	系别	笔试	口语	听力	总分
1	张三	中文	96	98	95	289
2	李四	计算机	97	95	95	287
…	…	…	…	…	…	…

参考文献

[1] 严蔚敏，李冬梅，吴伟民. 数据结构：C 语言版. 北京：人民邮电出版社，2015.

[2] 严蔚敏，吴伟民. 数据结构（C 语言版）. 北京：清华大学出版社，2009.

[3] 严蔚敏，吴伟民，米宁. 数据结构习题集（C 语言版）. 北京：清华大学出版社，2009.

[4] 耿国华. 数据结构——C 语言描述. 第 2 版. 北京：高等教育出版社，2015.

[5] 朱站立. 数据结构——使用 C 语言. 第 4 版. 西安：西安交通大学出版社，2009.

[6] 殷人昆. 数据结构（C 语言版）. 第 2 版. 北京：清华大学出版社，2017.

[7] 姚全珠，雷西玲，李晔. 软件技术基础. 北京：高等教育出版社，2009.

[8] 胡元义，等. 数据结构教程. 西安：西安电子科技大学出版社，2012.

[9] 胡元义，等. 数据结构教程习题解析与算法上机实现. 西安：西安电子科技大学出版社，2012.

[10] 张小丽，等. 数据结构与算法. 北京：机械工业出版社，2007.

[11] 李春葆，等. 数据结构教程. 第 2 版. 北京：清华大学出版社，2007.